U0367397

孙宝国，工学博士，教授，中国工程院院士、香料和食品风味化学专家，北京工商大学原校长，现任中国食品科学技术学会理事长、国酒研究院院长。构建了肉香味含硫化合物分子特征结构单元模型，研究成功了一系列重要肉香味食品香料制造技术，奠定了我国3-呋喃硫化物系列和不对称二硫醚类食品香料制造的技术基础；凝练出了“味料同源”的中国特色肉味香精制造新理念，研究成功了以畜禽肉、骨、脂肪为主要原料的肉味香精制造技术，奠定了我国肉味香精制造的技术基础；致力于白酒化学研究，提出了白酒“健康、风味双导向”的发展思路，倡导白酒生产现代化、市场国际化。主持国家自然科学基金项目7项，国家973、863和国家科技支撑项目7项。获授权发明专利20余项。作为第一完成人获国家技术发明奖二等奖和国家科学技术进步二等奖4项。

孙宝国　李金宸　主编

化学工业出版社
·北京·

内容简介

基于近年来国内消费者对国际酒文化日益浓厚的兴趣，以及对高品质生活方式的追求，作为介绍世界酒种的科普图书，本书从中国市场及全球视野出发，创新性地将广泛流行的世界酒种科学、系统地划分为三大类别——蒸馏酒、发酵酒以及利口酒，并以此构建编写知识框架。针对每一酒种，详述其定义、历史文化，并以深入浅出的语言解析其独特的酿造工艺与风味形成的科学原理，特别介绍各酒种的主要生产国及代表性酒品的风味特征，科学性与可读性并重的原则，使阅读过程既是知识的探索，也是精神的享受。

本书面向广大的酒文化爱好者及酒类行业从业者，旨在成为广大读者了解全球酒类知识的权威指南。本书适合不同类型的读者，力求从初学者到专业人士，都能有所收获。

图书在版编目（CIP）数据

万国酒闻 / 孙宝国，李金宸主编. -- 北京 : 化学工业出版社，2025. 3. --ISBN 978-7-122-47217-5

Ⅰ. TS262

中国国家版本馆 CIP 数据核字第 2025FU3955 号

责任编辑：赵玉清　　文字编辑：周　倜
责任校对：王　静　　装帧设计：尹琳琳

出版发行：化学工业出版社
（北京市东城区青年湖南街 13 号　邮政编码 100011）
印　　装：中煤（北京）印务有限公司
880mm×1230mm　1/32　印张 $10^1/_2$ 插页 1　字数 291 千字
2025 年 3 月北京第 1 版第 1 次印刷

购书咨询：010-64518888　　售后服务：010-64518899
网　　址：http://www.cip.com.cn
凡购买本书，如有缺损质量问题，本社销售中心负责调换。

定　　价：69.00 元

前言

在全球化背景下，酒作为饮食文化的重要组成部分，其多样性与复杂性日益受到消费者的关注。中国美酒与世界美酒早已水乳交融，不同酒种的风味与历史都展示出美酒的魅力与文化。随着经济全球化的深入，中国俨然成为对世界酒种品类最包容的市场之一，具有巨大的潜力和发展空间，尤其是随着品质化、个性化、多元化消费需求不断升级，以中国酿酒行业为代表的全球酒业均在寻求创新融合的发展途径。本书旨在搭建一座连接过去与未来、东方与西方的桥梁，全方位、多层次地展现全球酒文化的博大精深，为读者呈现一场跨越地域与文化的酒类知识盛宴。

以《万国酒闻》为题，本书用分类讲述的表达形式，结合编写组成员的科学研究工作，首次对中国消费市场普遍流行的世界酒种进行系统的归纳与总结。在有限的篇幅内，用清晰、简明、通俗、严谨的语言，对世界酒种的概念、特色、酿造工艺、风味特点以及饮酒常识、不同酒种历史文化等进行全面介绍。全书涵盖酒种全面，力争成为社会大众了解、研究、品味世界酒种的一部“小百科”。

本书通过整合最新的科学研究成果，力求在保持高度科学性的同时，又不失实用性。无论是对于想要提升个人品鉴能力的酒品业余爱好者，还是需要深化理论知识与实践技巧的酒业从业人士，本书都能提供权威、准确的信息支持，成为提升个人修养与职业技能的得力工具。

在介绍传统酒类知识的基础上，本书亦不忽视对行业创新趋势的关注。通过对新兴酒品、创新工艺的探讨，激发行业内的思考与灵感，推动酿酒技艺的传承与革新，助力酒业可持续发展。

本书由中国工程院院士、国酒研究院院长孙宝国教授，北京工商大学李金宸副教授主持撰写，参加撰写工作的还有北京工商大学郑福平教授、黄明泉教授、孙金沅教授、孙啸涛副研究员、李贺贺副研究员、吴继红副教授、张宁副教授、赵东瑞副教授、王柏文副教授、董蔚副教授、孟楠副教授、刘梦瑶博士等。此外，本书的部分图片由烟台张裕集团有限公司、北京燕京啤酒集团有限公司、赣州轻云清酒业有限公司及通义万相AI绘画创作模型等提供与生成。在此一并表示感谢。

由于我们学识和水平的局限，书中疏漏和不妥之处，敬请各位读者批评指正。

孙宝国

2024年9月

北京工商大学

目录

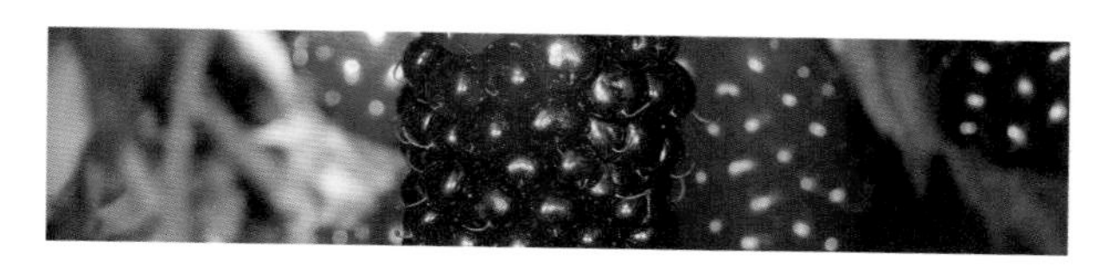

发酵酒

万国酒闻

世界酒种概述

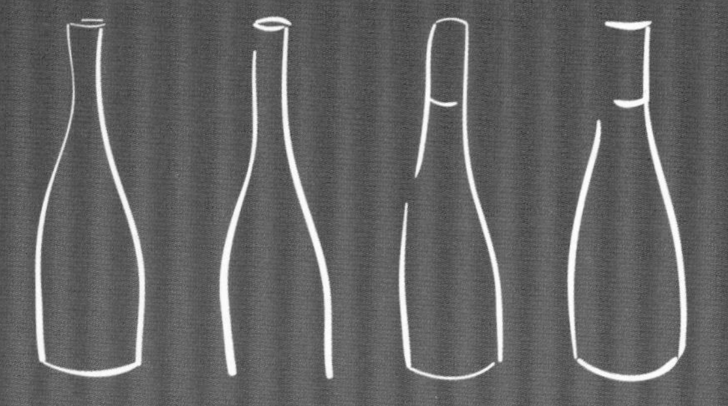

1.1 世界酒种的分类

由目前的考证可知，酒起源于9000多年以前，成熟果实或谷物在野生酵母的作用下自然发酵产生酒精，从而出现了酒。啤酒、黄酒、葡萄酒被称为世界三大古酒，均具有超过7000年的历史。随着人类对微生物和酿造工艺认知的加深，酒的酿造从自然发酵向人工酿造转变，原料种类逐渐丰富，工艺逐渐复杂，流程逐渐精细，发展至今，已经衍生出20余个大类酒种。由于不同国家或地区的历史背景不同、物种不同、工艺发展进程不同，而发展出不同类型的酒，因此，世界各地的酒产业才呈现出百花齐放的态势。例如，中国的白酒、墨西哥的龙舌兰酒、法国的葡萄酒、俄罗斯的伏特加酒、苏格兰的威士忌等。根据酒的酿造过程中是否需要蒸馏，可以将酒分为蒸馏酒和非蒸馏酒。由于蒸馏工艺具有富集乙醇、提高酒精度的作用，因此，蒸馏酒的酒度通常会高于30%（*v/v*），非蒸馏酒的酒度则低于30%（*v/v*）。例如，葡萄酒是非蒸馏酒，酒精度一般不高于15%（*v/v*）；而白兰地是葡萄酒经蒸馏获得的蒸馏酒，酒精度一般不低于40%（*v/v*）。目前，属于蒸馏酒的有白兰地、威士忌、伏特加、朗姆酒、金酒、龙舌兰、烧酒等；属于非蒸馏酒的有啤酒、葡萄酒、西打酒、普逵酒、韩国米酒、蜂蜜酒等。

1.2 世界酒种的历史

（1）白兰地的历史

白兰地在我国历史悠久，著名专家李约瑟（Joseph Needham）曾发表《白兰地当首创于中国》一文来论证，而《太平御览》中记载了唐太宗参与酿制的葡萄酒“凡有八色，芳辛酷烈”就是指的葡萄蒸馏酒—— 白兰地的风味。《本草纲目》中也有提到唐朝葡萄酒烧酒，这就是早期的白兰地（图1-1）。采用传统技法畅销于全世界的夏朗德干邑，是法国烈酒中的高级品，干邑必须是产自干邑区，即法国夏朗德省核心区。17世纪夏朗德地区生产了以葡萄酒为原酒的烈性酒。夏朗德的葡萄园有2000多年的历史，19世纪地理学家亨利 • 戈刚（1811—1881年）根据该地区生产的白兰地的品质，研究了6个产区的土壤等级，1909年划定干邑产区，1938年干邑实行原产地命名制。

图 1-1 葡萄与白兰地

（2）威士忌的历史

苏格兰和爱尔兰之间关于威士忌的起源争端尚未解决，在爱尔兰，威士忌的拼写是Whiskey，而在苏格兰，威士忌的拼写是Whisky。苏格兰威士忌在1495年6月1日出现在林多丽丝修道院的一个金库卷上，上面记载了修道院的僧侣约翰·科尔用麦芽制酒的过程。1826年，罗伯特·斯坦因完善了第一个柱式蒸馏器，比传统的壶式蒸馏器的效率更高。1830年埃涅阿斯·科菲进一步改进了柱式蒸馏器并将其命名为科菲蒸馏器。爱尔兰威士忌的第一次书面记录是1405年。1966年由约翰·詹姆森父子、约翰·波尔斯父子和科克三家酿酒厂共同组建了爱尔兰酿酒集团，使用柱式蒸馏器开始生产混合威士忌，复兴了爱尔兰的威士忌行业，使之获得重生。威士忌在很长一段时间内主要是一种农产品，利用不能保存的剩余农作物来制取，作为交换货物的媒介。早期的威士忌与当今的烈酒相似，在19世纪后半叶才发展起来，随着消费量的增加，同时技术提高，威士忌的质量、产量和生产效率都有明显的提升，尤其是当使用柱式蒸馏和连续蒸馏工艺后，威士忌的生产开始进入工业化生产时代。

美国的第一批威士忌可能是黑麦威士忌，而酿酒师可能是18世纪和19世纪来到宾夕法尼亚州的中欧移民。阿巴拉契亚山脉和阿勒尼格山脉之间的地区是美国威士忌的发源地，通过俄亥俄河进行运输。之所以使用黑麦，是因为酿酒者的家乡种植黑麦，黑麦是一种很常见的谷物。通常也会在蒸馏酒中添加香草和水果进行调香调味。日本威士忌诞生的一个关键人物是鸟井信治郎，他在1899年经营了一家酒类商店，并对西方酒产生了广泛的了解和浓厚的兴趣，1907年他完成了一张令人满意的混合酒的配方，并称之为甜蜜制酒—— 赤玉波特风格加强酒，这是一种类似于威士忌的酒精饮料，受到日本人的喜爱。竹鹤政孝被认为是日本的“威士忌之父”，1923年他将在苏格兰学习的威士忌知识都投入日本列岛第一家蒸馏酒厂的开办中，并将苏格兰传统与日本风格相结合，生产出广受欢迎的威士忌，其中三得利集团生产的威士忌产量占日本威士忌总产量的60%。但日本威士忌并非都是日本风格，当地法律也允许酒厂以“日本威士忌”命名含有苏格兰或者美国威士忌的混合威士忌产品。

（3）伏特加的历史

Vodka音译为伏特加，在斯拉夫语中，voda的意思是水，ka是带有感情色彩的后缀，意思是“小的”。1751年正式使用“伏特加”一词，1950年在鸡尾酒的浪潮中，伏特加流传到世界各地，1992年结束了俄罗斯对伏特加的垄断生产。关于伏特加到底是源于俄罗斯还是波兰，仍存有争议，但根据相关的历史记录，波兰首次出现关于伏特加的记载，最早可以追溯到1405年，而直到1751年，俄罗斯才出现关于伏特加的书面记录。

（4）朗姆酒的历史

作为印度洋地区朗姆酒生产的先驱，波旁岛（法国大革命时期改名为留尼汪岛）经历了糖和朗姆酒产业的黄金时代。要更好地了解留尼汪岛的朗姆酒历史，就必须追溯甘蔗的种植史。17世纪法国殖民者开始种植甘蔗，将甘蔗榨出甘蔗汁，并经发酵得到了最早的朗姆酒（图1-2）。1704年最早一批的蒸馏器被运送到岛上，1884年制糖工业迅速发展，120家制糖企业供应40家朗姆酒厂，留尼汪岛开始大量生产并且向大陆城市输送朗姆酒。1972年所有的朗姆酒生产者整合产能，创建了一个具有统一商标的朗姆酒品牌，于是“夏雷特朗姆酒”诞生并大获成功，它也是法国本土销量第二的朗姆酒，是留尼汪岛的象征。而在加勒比地区，甘蔗仍然占据这里的热带群岛。1493年源自亚洲的甘蔗被输入到加勒比群岛，1811年一位法国的化学家发现可以用甜菜制糖，使得朗姆酒迅速发展。1996年马提尼克岛的农业朗姆酒获得原产地命名控制。

图 1-2 甘蔗与朗姆酒

（5）金酒的历史

金酒是一种色泽清亮、充满杜松子味和植物味的烈酒，关于其起源一直存在诸多争议。金酒，又称“琴酒”，杜松子味是金酒的灵魂。它诞生于17世纪的荷兰。在威廉三世统治英国时，英国海军从荷兰运回了大批金酒，这种酒的配方传到英国并流行起来，在1736年受到政府监管。18世纪英国人经过努力，于19世纪初将金酒打造成为一种著名的烈酒，并在维多利亚女王时代（1837—1901年）成为英国的民族饮料。英国人把金酒带到菲律宾，开始了广泛生产，1980年在欧洲的酒吧里金酒成为主要的酒精饮料。跟它的前身杜松子酒一样，金酒也是以谷物烧酒作为基酒，然后用杜松子加香，再加以芫荽和其它香药草作为加味物质的一种烈酒，也称作杜松子酒（Genever）。为了适应英语的发音需要，他们把金酒改称为“Gin”。金酒的包容度极高，可融合的原料种类最为丰富，其复杂的香气是调配鸡尾酒的优秀搭档。

（6）龙舌兰的历史

龙舌兰酒的历史源远流长，可以追溯至公元3世纪的墨西哥和中美洲地区。根据历史学家的考证，当时的印第安人已经开始利用龙舌兰的根茎进行发酵酒的生产（图1-3）。然而，由于当时的酿酒技术较为落后，这些酒并未经过蒸馏处理。随着时间的推移，到了1519年，西班牙殖民者的到来带来了先进的蒸馏工艺，使得原本的发酵酒得以通过蒸馏过程转化为更为纯净和高度的酒精饮品，也就是如今所说的龙舌兰酒或Tequila。只产于墨西哥的梅斯卡尔酒是一款龙舌兰酒。在1世纪，普逵（发酵的龙舌兰汁）是从龙舌兰植物中获取的第一种饮料，被用于宗教活动。1873年因为火车路线开通，墨西哥梅斯卡尔酒首次出口到美国。1994年创立了梅斯卡尔酒的相关认证。2000年梅斯卡尔酒出现在纽约的酒吧，后来出现在欧洲的酒吧。

图1-3 采摘龙舌兰

（7）烧酒的历史

韩国烧酒起源于13世纪，韩国人从蒙古人那里学会了蒸馏技术，蒙古人是从波斯人那里学来的如何制作阿拉克酒（茴香味烧酒），因此在韩国开城及其周边区域，烧酒又被称作“阿拉克酒”。自此韩国人就开始从大米中蒸馏阿拉克烧酒，供医学使用。1919年平壤出现了第一家烧酒厂。20世纪中后期，韩国大米实行配给制，烧酒不再用大米制取。

日本烧酒最初产于九州岛，现在日本全国各地都能生产烧酒，尤其是在南方的炎热天气下更适合生产日本烧酒。任何含有淀粉的原料都可以制作日本烧酒，因此也有人称之为“日本伏特加”，但日本烧酒的酒精度较低，约为25%（*v/v*）。16世纪蒸馏技术传到日本，1605年红薯传入日本，2019年日本约有650种烧酒品牌。

（8）啤酒的历史

据考古学家研究，啤酒的起源可以追溯到公元前6000年左右古巴比伦人用黏土板雕刻的献祭用啤酒制作法，距今已有8000年左右的历史。当时啤酒的原料主要是大麦、小麦、米等谷物，经过自然发酵，产生了含有一定酒精度的酒液。最早的啤酒可能起源于两河流域的苏美尔人，他们在青铜器时代便已掌握了啤酒酿造技术。古埃及时期，啤酒成为生活中不可或缺的一部分。考古发掘中，专家们发现了许多古埃及墓葬中的啤酒遗迹，证明当时的埃及人已经掌握了相当成熟的啤酒酿造技术。当时的啤酒酿造过程包括研磨谷物、加水发酵等步骤，酿出的啤酒口感浓郁，营养价值高。啤酒在古埃及社会具有重要的社会地位，作为礼品赠送给官员，也用于祭祀活动。古罗马时期，啤酒逐渐传播至欧洲各地。罗马人将啤酒视为野蛮民族的饮品，但随着罗马帝国的扩张，啤酒也逐渐被接受。尤其在北欧地区，由于葡萄种植条件受限，啤酒成为主要的酒精饮品。在罗马时期，啤酒酿造技术得到了进一步发展，开始尝试使用不同的谷物、酵母和调味料，创造出多种风味的啤酒。在中世纪欧洲，啤酒酿造已经成为一门重要的工艺。修道院是当时啤酒酿造的主要场所，僧侣们研究并改进啤酒的酿造技术，创造出许多经典的啤酒风格。工业革命时期，啤酒酿造业得到了空前的发展。蒸汽机的发明使得啤酒生产从手工业向工业化生产转变，大大提高了生产效率。此外，科学家们在酵母研究方面取得了重要突破，使得啤酒的酿造更加精确和可控。例如，19世纪丹麦科学家路易斯・巴斯德成功鉴别出啤酒酵母，为啤酒生产带来了革命性改变。进入20世纪，啤酒市场日趋全球化。随着全球贸易的发展，各种啤酒风格在世界各地传播和交融。工坊啤酒的兴起，使得啤酒市场呈现出丰富多样的特点。许多小型酿酒厂以创新为核心，结合各地的传统技艺和当地风味，打造出独具特色的啤酒产品。这些工艺啤酒很受消费者欢迎，推动了啤酒行业的不断发展和进步。21世纪，啤酒行业继续创新发展，涌现出许多新型啤酒品牌和风格。

（9）葡萄酒的历史

人类第一次遇见葡萄酒是源于偶然的葡萄储存失败而得，只要有原始人类与野生葡萄生长的地方，就会有无意识的葡萄酒产生的事件。因此，要准确考证世界上第一次出现葡萄酒的时间和地点是不现实的，当前要研究葡萄酒的历史，只能是生产规模较大的葡萄酒在世界范围内的起源及传播，这也包含着人类有意识的选种、改造驯化、种植、酿造及葡萄酒流行的各种因素。科学家根据现有考古证据，推测葡萄酒的最早起源约在公元前7000年—公元前5000年，可能有多个起源中心，包括地中海东岸以及小亚细亚、南高加索、两河流域等地区，涵盖有叙利亚、土耳其、格鲁吉亚、伊朗等国家。中国河南舞阳的贾湖遗址中出土的陶器内壁上的沉淀物中存留有大米、蜂蜜、葡萄、山楂等成分，科学家认为在新石器时代前期的公元前7000年左右，中国人就已经开始酿造和饮用发酵酒；距今4800年左右的两城镇遗址（山东日照）存有使用野葡萄混合酿酒的证据，有理有据地反驳了葡萄酒是舶来品的观点。

根据葡萄种植的地理分布和生态特点，主要分为欧亚种群、东亚种群和美洲种群。葡萄酒的历史也与葡萄种群分布有关。对于欧亚种群葡萄酒的酿造历史，格鲁吉亚出土的部分陶罐碎片上的痕迹表明，其曾与葡萄酒中的酒石酸、苹果酸和丁二酸等接触过，这一发现证实古人已经开始酿造葡萄酒。在格鲁吉亚首都第比利斯的博物馆中收藏有土制“基弗利”，其外形矮胖、罐口宽阔，外壁上装饰有成串的三角形纹饰，象征着葡萄串，同时也预示着葡萄和葡萄酒最早出现的年代大约在公元前6000年。在两河流域扎格罗斯山脉背部的一个新石器时代小村庄哈吉菲鲁兹出土的陶罐（产自公元前5415年）中发现了残余的葡萄酒成分和防止葡萄酒变质的树脂，根据酒石酸盐的存在推测这些罐子曾经用来盛装葡萄酒；在两河流域还存在可以证明该地区葡萄酒酿造的历史遗物——滚印，距今约有6000年历史，是用大理石、石墨等材料制造的圆柱形石棒，用于防止杂物混入酒罐时在罐口封好的黏土上压制葡萄纹样式，根据这些不同的样式即可判断酿造主人。在古埃及卡姆瓦赛法老的古墓和纳卡法老的古墓壁画中发现有一个特别完整的描绘葡萄酒整个生产过程的场景，约在公元前1480年—公元前1425年，这说明当时古埃及的葡萄酒酿造已经高度发达了。

因此，葡萄的栽培及葡萄酒的酿造，起源于中国、格鲁吉亚、伊朗等地，后随着人类活动范围的扩大，逐渐通过商业、贸易、战争、移民和宗教等途径广泛传播。主要有两个方向，一个是向东传播，另外一个是向西传播。公元前2500年左右传至古埃及，公元前2000年传至古希腊，公元前800年，葡萄酒文明扩张到古罗马（意大利）的西西里（Sicilia）岛和普利亚（Puglia）。公元前600年—公元前100年传入高卢（法国）、葡萄牙、西班牙、德国、奥地利及北非。公元1400年—

1600年哥伦布发现新大陆，西班牙舰队把葡萄和葡萄酒带到了现今南非、墨西哥、秘鲁、智利、阿根廷等国。1769年传入美国加利福尼亚，1788—1819年传入澳大利亚和新西兰。

（10）西打酒的历史

西打酒也称作苹果酒，是一款历史悠久的饮料酒，可追溯到希伯来人。苹果酒是从西班牙阿斯图里亚斯和比斯开（巴斯克地区西北部）流传开来的，传说喝苹果酒是为了预防坏血病，后来流传到诺曼底，但直到11世纪（1802年）在该地区的证据才被挖掘出来，其生产主要集中在奥日、贝桑和岗城平原等地。随着压榨机的发明，苹果酒的产量大幅提升。15世纪苹果酒是巴斯和诺曼底地区都有的饮料，1532年诺曼底苹果酒成为受地名保护的产品。目前，法国是世界上排名第一的苹果酒的水果原料生产国，而巴斯－诺曼底地区是法国排名第一的产区。

16世纪在美洲大开发的进程中，魁北克地区由于缺乏黄金被欧洲垦荒者认为毫无吸引力。巴斯克人、布列塔尼人和诺曼底人的共同特点之一就是生产苹果酒。在1617年法国人路易埃贝尔在魁北克种下第一棵苹果树，苹果酒的生产史距今已有400多年，但直到1989年魁北克才生产了第一款苹果冰酒，2014年魁北克冰酒法定产区成立。

（11）日本清酒的历史

在1世纪前后，日本出现了水稻种植，之后便出现了清酒。在10世纪，一本佛教文集记述了十大清酒。12世纪，佛寺和神社是酿造清酒的主要场所。由于第二次世界大战引发的粮食危机和限制措施，日本清酒的生产从1943年起开始减少大米的使用量，而依靠在酿酒过程中添加酒精来提升酒度，第二次世界大战后限制解除，但仍有很多清酒品牌使用这种酿造工艺。

（12）蜂蜜酒的历史

蜂蜜酒是波兰最古老的酒精饮料之一。蜂蜜酒最早出现在青铜器时代，公元前3000年—公元前1000年的欧洲北部，也就是现今的丹麦地区。公元前6000年出现以蜂蜜为原料发酵的最早的考古痕迹。公元前350年，在亚里士多德的作品中发现蜂蜜酒配方的痕迹。2008年四种波兰蜂蜜酒获得欧盟专属命名。

1.3 酒文化

文化是指人类在社会实践过程中所获得的物质、精神的生产能力和创造的物质、精神财富的总和。“文化”这一概念在不同民族和社会中拥有多样化的定义，但普遍被视为一种社会行为、信仰、知识、艺术、法律、习俗以及任何其他一种能力和习惯，这些是人类作为社会成员所共有的。文化在不同的地理位置和人群之间展现出多样性，每个民族的文化都有其独特的特点和价值，体现了该民族的历史、环境、哲学、宗教和社会结构。对人类而言，文化不仅仅是身份和归属感的源泉，更是人类进化和社会发展的驱动力。文化促进了知识的传承，影响了价值观和行为准则，塑造了人们的世界观和人生观。文化的多样性丰富了人类的精神世界，促进了不同文化之间的交流和理解，增进了全球的和谐与合作。

在文化的众多组成部分中，酒文化是一个具有深远历史和社会意义的领域。酒在很多文化中不仅仅是一种饮品，它在社会交往、宗教仪式、庆典活动和日常生活中扮演着重要的角色。不同文化中的酒文化在一定程度上反映了不同地域的历史、农业、地理和宗教信仰。例如，葡萄酒在地中海地区的文化中占据着重要地位，与该地区的历史、宗教和社会习俗密切相关；而在东亚，如中国和日本，黄酒和清酒则体现了这些地区的传统酿造技术和审美观念。

总的来说，文化是人类社会的基础和灵魂，它不仅塑造了人类的生活方式，还影响了人类的思想和行为。酒文化作为文化的一个组成部分，展现了人类对美好生活的追求和享受，同时也是文化交流和传承的重要载体。

1.3.1 酒文化的定义

酒文化是指人类生产、消费、享受和交流酒类饮料的历史、习俗、实践和信仰的总和。它不仅包括酿造和饮用技术，还涉及酒与社会、经济、宗教和文化身份之间的复杂关系。酒文化的重要性在于其在人类历史上的普遍性和持久性，以及它对社会结构、文化交流和经济发展的深远影响。

酒文化可以被视为一种文化表达形式，它体现了人类对酒类饮料的制作、分配、消费和享受的社会习俗和文化实践。这种文化表达形式随时间、地点和社会群体的不同而变化，反映了人类多样化的生活方式和价值观。酒文化的元素包括酒的种类、酿造技术、饮用礼仪、与酒相关的节日和仪式、酒的象征意义以及酒在艺术和文学中的表现等。

1.3.2 酒文化的重要性

（1）社会与文化交流的媒介

① 酒常常作为社会互动的催化剂，通过共饮一杯促进人与人之间的联系。

② 酒文化促进了不同文化之间的交流与理解，通过探索、征服、贸易等方式传播。

（2）经济发展的驱动力

① 酒类产业在全球经济中占有重要地位，提供就业机会，促进旅游业发展。

② 葡萄酒、啤酒和烈酒等酒类产品的生产和出口为许多国家带来了显著的经济收益。

（3）宗教与仪式的组成部分

① 在许多文化中，酒在宗教仪式和庆典中扮演着核心角色，如基督教的圣餐、犹太教的逾越节和日本的神道仪式。

② 酒在这些场合中的使用体现了其神圣和净化的象征意义。

（4）文化身份与传承

① 特定类型的酒类饮料往往与特定的国家、地区或文化群体相联系，成为一种文化身份的象征。

② 通过传统酿造方法的传承和节日习俗的庆祝，酒文化也是文化遗产的一部分。

（5）艺术与文学的灵感源泉

① 酒经常出现在艺术作品和文学作品中，作为主题或象征，反映人类情感和社会现象。

② 从古代诗歌到现代电影，酒都是表达创造力、激情、悲欢离合的重要元素。

酒文化的发展和变革体现了人类文明的进步和社会的变迁。它不仅仅是关于酒类饮料的制作和消费，更是一个关于人类如何通过酒来定义自己、彼此连接和理解世界的故事。在探讨酒文化时，我们不仅能够洞察到饮食习惯的演变，还能深入了解人类历史、社会结构和文化价值的多样性。

1.3.3 古代酒文化

古代的酒文化在不同文明中展现了独特的面貌，反映了各自的社会结构、宗教信仰和经济活动。

（1）中东地区的酿酒起源

中东地区，尤其是今天的伊朗和格鲁吉亚地区，被认为是世界上最早的酿酒中心之一。考古学家在这些地区发现了距今约6000年至8000年的葡萄酒遗迹，表明这里的人们已经掌握了葡萄酿酒的技术。在古代中东，酒不仅是日常饮用的饮料，也是重要的宗教象征，用于各种宗教仪式中。

（2）古埃及与古巴比伦的酒文化

① 古埃及：在古埃及，酒被视为一种珍贵的饮料，主要供王室和贵

族享用。它被认为是豪华和地位的象征，并用于宗教祭祀，向诸如奥西里斯等神明献酒。古埃及人还相信酒有治疗疾病的功效。

② 古巴比伦：在古巴比伦，酒同样占据了重要地位。酒在法律文献中有所体现，如《汉谟拉比法典》中就有关于酒的规定，反映了酒在社会经济活动中的重要性。酒也是宗教仪式和社交活动中不可或缺的一部分。

（3）古希腊与古罗马的葡萄酒传统

① 古希腊：葡萄酒是古希腊文化的核心组成部分，与诗歌、哲学和戏剧一样重要。古希腊人认为酒是文明的赠礼，是酒神狄俄尼索斯的象征。他们举行的酒神节是重要的社会和宗教活动，体现了酒在社会凝聚力中的作用。

② 古罗马：在古罗马，葡萄酒的消费更加普及，成为普通市民日常饮用的饮料。罗马人将酿酒技术扩散到整个帝国，特别是在法国、意大利和西班牙等地区。葡萄园的扩张和葡萄酒的贸易对罗马经济产生了显著影响。

（4）中国的黄酒与酿酒技术

中国的酿酒历史悠久，黄酒是其中最具代表性的酒类之一。酿酒技术起源于中原地区，后逐渐传播至全国各地。在商周时期，酒已经成为宗教祭祀和宫廷庆典的重要组成部分。《诗经》中就有许多描述酒和饮酒习俗的诗歌。中国的酿酒技术，特别是使用酒曲的技术，对后世酿酒产生了深远影响。中国的酒文化强调酒在社交和礼仪中的作用，体现了酒与礼节、和谐的紧密联系。

这些古代文明对酒的不同使用和崇拜，不仅展示了酒在当时社会中的重要性，也为今天的酒文化和酿酒技术奠定了基础。

1.3.4 中世纪的酒文化

中世纪时期，酒文化在欧洲和亚洲继续演变和发展，适应了那个时代的社会、经济和宗教需求。

（1）欧洲的修道院酿酒

在中世纪欧洲，基督教修道院成为保存和发展酿酒技术的重要中心。修道士不仅酿造啤酒和葡萄酒以供自用，还将这些饮品作为医疗用途和宗教仪式的一部分。此外，修道院通过酿造和销售酒类获得收入，支持修道院的运作和慈善活动。

① 技术创新：修道院在酿酒技术方面进行了许多创新，包括改进发酵过程和存储方法，这对后来的酿酒业产生了深远影响。

② 质量控制：修道院还对酒的质量进行严格控制，确保酿造出的酒符合高标准，这一传统对欧洲的酒文化产生了长远的影响。

（2）亚洲的酒文化继续发展

在亚洲，尤其是中国、日本和朝鲜半岛，酒文化也在中世纪时期继续发展。

① 中国：黄酒和其他种类的酒，如米酒和果酒，继续在日常生活和宗教仪式中占据重要地位。酒在文人雅集和官方宴请中被广泛享用，成为社交和文化活动的一部分。

② 日本：日本的清酒（日本酒）在这一时期开始出现。由于其独特的酿造过程和口感，清酒逐渐成为日本文化的重要组成部分。

③ 朝鲜：朝鲜半岛的传统酒类饮料，如麦酒和清酒，也在这一时期得到发展，与社交和宗教活动密切相关。

（3）酒在社会生活中的角色

在中世纪，酒在社会生活中的角色更加多样化和复杂。

① 社交与庆祝：酒是社交活动和庆祝场合不可或缺的一部分，用于增进友谊和团结。

② 宗教仪式：在许多文化中，酒继续被用于宗教仪式和节日中，作

为神圣的象征和供品。

③ 经济活动：酿酒业成为重要的经济活动，促进了当地经济的发展，尤其是在欧洲，酒的贸易对经济和社会产生了重要影响。

④ 医疗用途：酒也被视为一种药物，用于治疗各种疾病和不适。酒的消毒和防腐特性使其成为中世纪医学的一部分。

中世纪的酒文化展现了酒在不同文化中的多样性和深远影响，不仅作为一种饮料，而且在社会、经济和宗教方面都发挥着重要作用。这一时期的酒文化为后来的发展奠定了基础，影响了今天我们对酒的认识和享用。

1.3.5 近现代酒文化的变革

酒文化作为人类历史的一部分，经历了丰富的发展和变革，尤其是在近现代。

（1）工业革命对酿酒业的影响

工业革命是酿酒业发展的一个转折点，对酒文化产生了深远影响。这一时期，随着机械化生产的引入和生产效率的提高，酿酒业开始从手工作坊向工业化生产转变。这不仅使得酒的生产量大幅增加，降低了成本，也使得酒的质量更加标准化。此外，工业革命期间交通运输的改进，如铁路的发展，使得酒类产品能够更远距离、更广泛地分销，促进了酒文化的传播和交流。

（2）新世界与旧世界葡萄酒的竞争与发展

所谓的“新世界”指的是北美、南美、澳大利亚和新西兰等地区的葡萄酒产区，而“旧世界”则主要指欧洲传统的葡萄酒生产国，如法国、意大利和西班牙等。新世界葡萄酒的兴起打破了旧世界国家在国际葡萄酒市场上的垄断地位。新世界葡萄酒生产者采用现代化的酿酒技术和营销策略，生产出风格多样、口感新颖的葡萄酒，满足了不同消费者的口味需求，加剧了市场竞争。这促使旧世界葡萄酒产区也开始改革创新，加强品牌建设，从而推动了整个葡萄酒行业的发展和进步。

（3）精酿啤酒的兴起

近几十年来，精酿啤酒（Craft Beer）的兴起成为啤酒文化中一股不可忽视的力量。相对于大规模生产的商业啤酒，精酿啤酒强调小批量生产、手工酿造和风味的多样性。这种啤酒文化的兴起，代表了消费者对品质和多样性需求的增加，也反映了人们对传统酿造技艺和地方特色的重视。精酿啤酒的流行促进了啤酒行业的创新和多元化发展，形成了独特的酒文化社区和市场。

（4）禁酒令对美国酒文化的影响

1920年至1933年，美国实施了禁酒令，这一政策对美国的酒文化产生了深远影响。禁酒令期间，正规的酒类生产和销售被迫转入地下，催生了一系列非法酒吧（Speakeasy）和黑市交易。这段时期虽然抑制了酒类消费，但也促进了美国酒文化的多样化和复杂化。禁酒令废除后，美国酒文化经历了重新整合和爆发期，形成了今天多元化、富有活力的酒文化生态。

（5）现代酒文化的全球化

随着全球化的推进，世界各地的酒文化越来越多地相互影响和融合。国际贸易、互联网和社交媒体的发展，使得不同国家和地区的酒类产品和酒文化更容易被全球消费者接触和接受。这不仅促进了酒类产品的国际流通，也促使酒文化交流和创新，产生了新的酒类风格和饮酒习惯。全球化也带来了对地方特色和传统酿造技艺的重视，鼓励了地方酒类产品的保护和推广。

近现代酒文化的变革，反映了技术进步、市场需求和社会政策等多方面因素的综合作用。这些变化不仅丰富了人们的饮酒体验，也促进了酒文化的多样性和发展。

1.3.6 酒类饮料依赖与健康问题

酒类饮料的消费与酒文化紧密相关，但随之而来的酒类饮料依赖和健康问题也不容忽视。这些问题影响了酒文化的形态和发展方向，尤其是在法律政策、文化观念以及市场趋势等方面。

（1）法律、年龄限制与消费责任

世界各国对酒类饮料消费有着不同的法律和年龄限制，这些规定旨在减少酒类饮料滥用和相关健康问题的发生。例如，许多国家设定了法定饮酒年龄，禁止未成年人购买和消费酒类饮料。此外，一些国家还实施了酒后驾车的法律限制，以减少因酒类饮料影响所造成的交通事故。这些法律和政策不仅反映了对公共健康的关注，也体现了对消费者责任的强调。随着社会对酒类饮料问题认识的深入，越来越多的公共健康倡导和教育项目被推行，旨在提高人们的饮酒意识和责任感。

（2）文化挪用与酒的商业化

酒文化的商业化在全球范围内普遍存在，随之而来的文化挪用问题也引起了广泛关注。一些商业品牌在推广其酒类产品时，可能会使用特定文化元素，如传统节日、宗教仪式等，这有时会被视为对原有文化的不恰当使用或挪用。这不仅涉及对原有文化尊重和保护的问题，也反映了在全球化背景下，如何平衡商业利益与文化敏感性的挑战。对此，越来越多的声音呼吁进行文化教育，增强对不同文化传统的理解和尊重，以避免文化挪用的情况发生。

1.3.7 未来酒文化的趋势与展望

未来50年，世界酒文化的发展趋势将受到健康意识提高、消费者偏

好的变化、科技进步以及全球化等多种因素的共同影响。随着健康意识的增强，市场上可能会出现更多低度酒和无酒精饮料，满足消费者对健康饮酒选项的需求，同时保留社交和文化活动中的饮酒仪式感。此外，数字化和科技的发展，如在线酒类销售、虚拟品酒会和元宇宙虚拟饮酒社交，正改变着酒文化的面貌，为消费者提供新的体验方式，同时也为酒类品牌开拓新的市场提供机会。科技在酿酒过程中的应用，比如人工智能在风味分析和品质控制中的使用，预示着未来酒类生产将更加精准和个性化。

在这一背景下，中国作为一个历史悠久的文化大国，预计将在全球酒文化中扮演越来越重要的角色。未来酒文化的发展将是多元化和包容性的，不仅融合了传统酿造艺术和文化传统的精髓，而且适应了现代社会的健康观念和科技进步。随着对酒类饮料影响更深入的研究和对消费者需求更细致的理解，全球酒文化景观将继续演变，形成更加丰富和多样化的面貌。

综上所述，未来50年世界酒文化将是一个多元共融、创新发展的时代，而中国凭借其深厚的文化底蕴和市场潜力，有望在其中扮演越来越重要的角色，成为连接东西方酒文化的重要桥梁。

万国酒闻

蒸馏酒

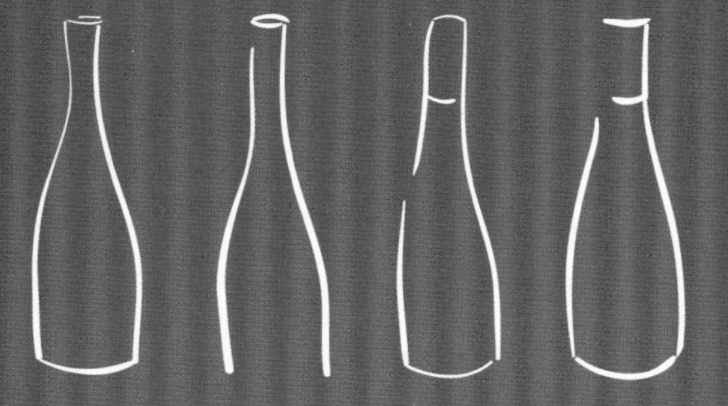

2.1 白兰地

2.1.1 定义及基本酿造工艺

（1）白兰地的概述

白兰地（Brandy）是指以水果或果汁（浆）为原料，经发酵、蒸馏、陈酿、调配而成的蒸馏酒。目前市面上最常见的白兰地是以葡萄或葡萄汁为原料加工而成，按照国际惯例，通常将其简称为白兰地。除葡萄外，其他水果，如苹果、梨和樱桃等也被广泛用于白兰地的生产，在命名时在产品名前冠以水果名称进行区分，如苹果白兰地、梨白兰地等。与其他蒸馏酒类似，白兰地的酒精含量范围很广，在35%~60%(*v*/*v*）之间，其中以38%~43%（*v*/*v*）最为常见。虽属烈性酒，但经过长时间的陈酿，其间还要经过多次勾兑，最后呈现出的白兰地具有金黄透明的颜色，具有愉快的芳香和绵柔协调的口味，饮用后给人以高雅、舒畅的享受。正如欧洲谚语所说，“没有白兰地的宴会，就像没有太阳的春天”，足见白兰地卓越不凡的产品品质。

白兰地的命名源于荷兰文Brandewijn，译为“烧制过的酒”，这恰好与白兰地的生产工艺相呼应，即将（葡萄）酒蒸馏后制得。世界上有很多生产白兰地的国家与地区，如西班牙、法国、德国、美国、中国等，其中以法国最为著名，特别是法国干邑地区，世界闻名的人头马、马爹利等白兰地品牌均产自该产区。法国也是世界公认的白兰地起源地，18世纪初，法国的夏朗德河（Charente）码头因交通方便，成为酒类出口的商埠。由于当时整箱葡萄酒运输占用的空间很大，于是法国人便想出了双蒸的办法，去掉葡萄酒的水分，提高葡萄酒的浓度，减少占用空间而便于运输，这就是早期的白兰地，实际上就是葡萄蒸馏酒。1701年，法国卷入西班牙战争，这种酒销路大减，酒被积存在橡木桶内（图2-1）。战争结束以后，人们发觉贮藏在橡木桶内的白兰地酒，酒质更醇，风味更浓，且呈现晶莹的琥珀色，这样，世界名酒白兰地便诞生了。至此，产生了白兰地的基本生产工艺，即发酵、蒸馏、陈酿，也为白兰地的发展奠定了基础。然而，英国著名史学家李约瑟博士认为，世界上最早发明白兰地的应当是中国人。明朝李时珍在《本草纲目》中记载：葡萄酒有两种，即葡萄酿成酒和葡萄烧酒。所谓葡萄烧酒，就是最早的白兰地。《本草纲目》中还写道：葡萄烧酒就是将葡萄发酵后，用甑蒸之，以器盛其滴露。这种方法始于高昌，唐朝破高昌后，传到中原大地。高昌即现在的吐鲁番，这说明我国在一千多年前的唐朝就用葡萄发酵蒸馏制作白兰地了。可见，白兰地的蒸馏技术起源于中国，而法国将其发扬光大。

图 2-1 陈放于码头的橡木桶

（2）白兰地的定义与分类

根据我国的国家标准定义，白兰地根据不同的分类标准有多种分类方式。不同分类标准下的产品互为补充，共同构成白兰地丰富多样的酒种类型。

首先，按照酿酒原料不同可分为葡萄白兰地和水果白兰地。葡萄白兰地以葡萄或葡萄汁（浆）作为原料酿造而成。依据葡萄原料的状态，葡萄白兰地细分为葡萄原汁白兰地和葡萄皮渣白兰地。葡萄原汁白兰地以葡萄汁、浆为原料，葡萄皮渣白兰地以发酵后的葡萄皮渣为原料，经蒸馏、在木桶中陈酿、调配而成。与此类似，水果白兰地包括水果原汁白兰地和水果皮渣白兰地。原汁白兰地和皮渣白兰地因其酿造原料的细微区别，从而生产出两类感官风味差异巨大的白兰地产品，丰富白兰地品类。

此外，白兰地可以按照生产工艺不同分为白兰地、调配白兰地和风味白兰地。调配白兰地是以水果蒸馏酒和食用酒精为基酒，经陈酿、调配而成的白兰地；风味白兰地是以白兰地为基酒，添加食品用天然香料、香精，可加糖或不加糖调配而成的饮料酒。调配白兰地和风味白兰地的生产不经前期发酵、蒸馏过程，直接以蒸馏酒为生产起始点，因此，陈酿与调配工艺会对酒体感官和风味产生巨大影响。

白兰地的酒龄（年份）是该酒种的一大讨论热点，酒龄是指该白兰地原酒在橡木桶陈酿的时间，以年表示。与白酒等其他蒸馏酒一样，白兰地在装瓶前会经过调配这一过程，以不同酒龄、不同陈酿风格的白兰地原酒进行调配，从而实现产品风味品质的最优表现。根据法规要求，白兰地成品酒中标示的酒龄为调配中所有原酒的最小酒龄。为了便于产品年份的分类，不同国家与产地对于不同酒龄的白兰地有各种各样的名称与标示。在法国干邑，陈酿等级最高的白兰地称为“XXO（Extra Extra Old）”，该种酒的陈酿时间为至少14年；接下来的分类依据陈酿时间递减排序依次为“XO（Extra Old）”“拿破仑（Napoleon）”“Reserve Rare/Reserve Royal”“VSOP（Very Superior Old Pale）”“Superior/Quality Superior”“VS（Very Special）”，其陈酿时间为至少10年、6年、5年、4年、3年和2年。在法国另一大白兰地法定产区雅文邑，有着相类似的陈酿标示规定。其陈酿时间按递减顺序依次为“XO（Extra Old）”“拿破仑（Napoleon）”“VSOP（Very Superior Old Pale）”“VS（Very Special）”，对应的陈酿时间为至少10年、6年、4年和1年。中国的白兰地酒龄标示也有详细明确的标准与规范。对于葡萄白兰地而言，其标示按陈酿时间递减顺序依次为“XXO”和/或“甄陈”、“XO”和/或“特陈”、“VSOP”和/或“久陈”、“VO”和/或“中陈”、“VS”和/

或“浅陈”，对应的酒龄分别为不小于14年、6年、4年、3年和2年。对于水果白兰地而言，其标示与葡萄白兰地相类似，分别为“XO”和/或“特陈”、“VSOP”和/或“久陈”、“VO”和/或“中陈”、“VS”和/或“浅陈”，对应的酒龄分别为不小于6年、4年、3年和0.5年。

（3）白兰地的酿造

白兰地，简单来讲，是将葡萄酒蒸馏陈酿后得到的产品。因此其酿造过程与葡萄酒的酿造有相通之处，然而，原酒发酵结束后的蒸馏、陈酿与勾调也是决定白兰地风味品质的关键生产工艺。生产工艺流程示意图（图2-2）简要介绍了白兰地的生产流程，其中，原酒发酵、蒸馏、

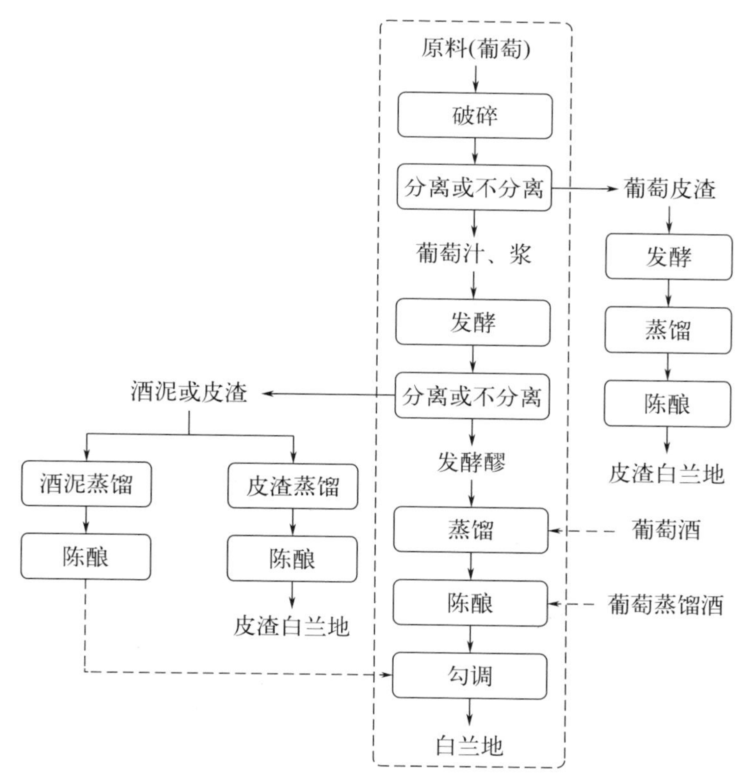

图2-2 白兰地生产工艺流程示意图
（虚线框内为葡萄白兰地的传统生产工艺，虚线箭头为可选流程）

陈酿与勾调是生产传统葡萄白兰地的工艺环节。

① 原酒发酵

葡萄白兰地的酿造原料范围较为苛刻，多选用抗病性强、成熟期长、酸度较高、香气弱或中性的葡萄品种，通常是一些不具有独特个性的品种，使用中性风味品种可以避免品种香气在蒸馏酒液中的浓缩，从而影响香气总体平衡；而高酸度则会抑制微生物污染，并有助于风味物质的积累。通常情况下，仅有白色葡萄品种用于白兰地酿造。在法国干邑，白玉霓（图2-3）是酿造优质白兰地最主要的葡萄品种。在中国，除了白玉霓外，龙眼（图2-3）、公酿1号等独具中国风味的本土葡萄品种也是酿造白兰地的常见原料。此外，也有酒厂使用一些非常规的葡萄品种酿造白兰地，从而使其酿造的白兰地具有独特的产区特性，如用琼瑶浆（玫瑰花香和茶香）、霞多丽和雷司令（明显的花香）及麝香葡萄（独特的麝香）等酿造白兰地。

生产白兰地的葡萄酒发酵操作基本与白葡萄酒的酒精发酵流程相同，葡萄在进行果梗去除、果实破碎后及时压榨得到葡萄汁，并将葡萄汁与果皮、果渣进行分离。在对葡萄汁进行适当澄清处理后接种专用酵

（a）龙眼

（b）白玉霓

图 2-3 龙眼与白玉霓葡萄

母，并确保其在低温环境中发酵，以最大程度地防止酒液氧化并保留香气。与普通的白葡萄酒酿造不同的是，白兰地原酒在酿造过程中一般不添加二氧化硫，这是因为二氧化硫会存留于葡萄酒中，并在后期蒸馏过程中一同被蒸出，进入蒸馏酒液，严重影响白兰地的风味品质。

② 蒸馏

白兰地的蒸馏方式多样，不同的蒸馏设备及方法是形成白兰地风格的重要影响因素之一，主要分为一次蒸馏和二次蒸馏工艺。无论一次蒸馏或是二次蒸馏，其关键点与白酒等其他蒸馏酒相类似，即合理掐取酒头、截取酒尾，从而高质高效地留取酒身部分作为蒸馏酒的主体。

一次蒸馏工艺，顾名思义，即通过一次蒸馏即可达到所需要的酒精度。常用的蒸馏设备有柱式、连续塔式等，通常可得到酒精度不超过75%（*v/v*）的蒸馏酒。此类蒸馏工艺效率较高，蒸馏出来的酒液风味较为细腻但略为单薄。

二次蒸馏工艺，即需要蒸馏两次方可达到目标酒精度。常采用铜质壶式蒸馏设备，由于设备限制，该蒸馏工艺在每次蒸馏时只可有限地提高酒液酒精度数。第一次蒸馏，又称粗馏，可生产出酒精度在25%~35%（*v/v*）的酒液；以此酒液为基酒进行第二次再蒸馏，从而生产出酒精度不超过75%（*v/v*）的葡萄蒸馏酒。此类蒸馏工艺较为传统，是法国干邑地区唯一法律许可的蒸馏方式，使用这种蒸馏方式生产出来的酒液，风味较为丰富厚重但略微粗糙。

壶式蒸馏器（Pot Stills）也被称为蒸馏壶，通常是铜制的，主要由蒸馏锅、预热器、蛇形冷凝器三大部分组成。锅体为圆壶式，锅底向内凸起以便利于排空。发酵后的酒液置于蒸馏锅中，锅底直接用火加热。当酒液加热时，酒精及挥发性成分会转化为蒸气并上升，通过蒸馏器的颈部管道，该管道类似于从容器顶部延伸出的烟囱。随后，这些蒸气进入冷凝器，在冷水的作用下冷却并转化为液体，形成馏出液。这种经过蒸馏得到的新酒液酒精含量较原液更高。在蒸馏原酒时，由于不同成分的沸点差异，它们会在不同的阶段被蒸馏出来。通常，蒸馏得到的液体分为三部分：酒头、酒身、酒尾。酒头富含酯类物质，而酒尾含有较多的杂醇油，在威士忌、白兰地等烈酒的蒸馏过程中，酒头和酒尾部分因其浓郁的香气而被特意保留。由于壶式蒸馏器仅能较少量地提高酒液的酒精度，因此需要多次连续蒸馏才能获得足够高浓度的酒液。

壶式蒸馏器（图2-4）的一个显著特征是其独特的鹅颈帽设计，也称为柱头部，它实际上是蒸馏锅的盖子。鹅颈帽的主要功能之一是防止蒸馏过程中的“扑锅”现象，另一个功能是使蒸气在此处部分回流，实现轻微的再蒸馏效果。鹅颈帽的体积通常占蒸馏锅体积的10%。不同尺寸和形状的鹅颈帽对精馏效果有不同的影响，进而影响最终产品的品质。一般来说，鹅颈帽体积越大，精馏效果越显著，产品的口感越趋于中性，香气成分相对减少。

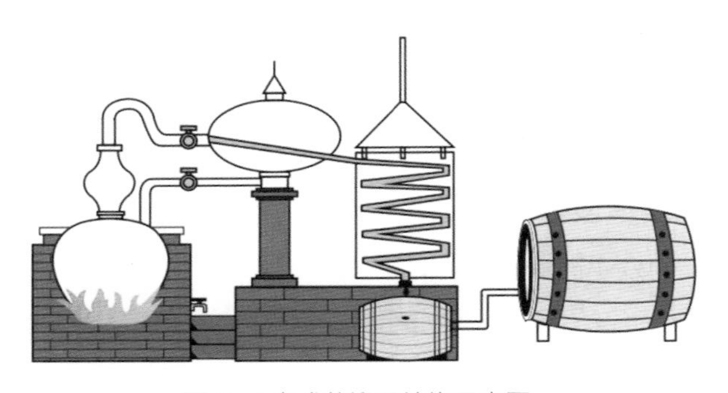

图 2-4 壶式蒸馏器结构示意图

③ 陈酿

橡木桶陈酿是许多西方蒸馏酒增添风味的重要工艺，白兰地也不例外。经过发酵、蒸馏而得到的原白兰地，无色透明，香气浓烈，口味辛辣，必须经过橡木桶的长期贮藏，勾兑调配，才能成为真正的白兰地。白兰地经过在橡木桶里多年的陈酿，产品的色、香、味会显著改变。橡木桶中的多糖、香气成分、单宁、色素等物质溶入酒中，使本来没有颜色的酒，变成琥珀色，并增添了特有的陈酿香气，从这个意义上说，白兰地是有生命的。

白兰地酒质的好坏以及酒品的等级与其在橡木桶中的陈酿时间有着紧密的关系，因此，陈酿对于白兰地来说至关重要，其中陈酿时间的长短更是衡量白兰地酒质优劣的重要标准，可以说陈酿贡献了白兰地最终质量的60%以上，越是高档白兰地越是如此。陈酿在改善质量的同时也以牺牲数量为代价，因为一部分白兰地会随着时间的推移慢慢地蒸发掉，导致白兰地酒精含量降低，体积减小。据研究，仅在法国干邑（Cognac）地区，一年蒸发掉的酒约有2000万瓶，占总量的3%~5%，有人笑称这些蒸发掉的酒是被天使偷喝掉了，亦称为“天使的分享（Angel’s share）”。

橡木对白兰地的风味品质有着至关重要的作用。橡木对颜色的影响显而易见：白兰地从蒸馏器蒸出来的时候几乎无色，但是在橡木桶中逐渐变成深琥珀色。不过，如果通过白兰地颜色越深来推断酒龄越长，是错误的。颜色深可能意味着更长时间的陈酿，但是橡木桶、橡木制品和焦糖色也会对其有影响。一个用新橡木做的木桶比一个已经用了两三年的橡木桶赋予的颜色更深。此外，橡木的来源、纹理，以及木桶在制作过程中加热的温度，都会对白兰地的品质产生影响。

在陈酿过程中，橡木还会提供无数种香气（图2-5）。在橡木桶制

图 2-5 橡木桶的香气

造，即烘烤过程中，将橡木加热至160℃产生香辛料的气味，至180℃产生焦糖和巧克力的气味，超过200℃产生咖啡和烟熏的气味。随着时间的推移，白兰地获得香辛料、香草醛、肉桂、丁香、肉豆蔻、可可、核桃、椰子、橡木、雪松和檀香的香味。这些香气物质会随着时间的推移，迁移至白兰地中，赋予酒体独特复杂的风味。

④ 勾调

白兰地的勾调，即勾兑与调配，是白兰地装瓶前最后一个重要的工艺环节。该步骤以完善优化酒体风味品质、保持产品品质均一稳定为主要目标，主要涵盖白兰地不同基酒间的勾兑以及最终酒体的调配。

勾兑是用不同类型（容器、年份、产地、品种等）的白兰地，按照感官质量平衡性和协调性的要求调配成品的过程。由于要求成品具有稳定的质量，而每年用来勾兑的白兰地原酒质量不同，因此勾兑是一项非常精细的工作，酿酒师必须具有一定的经验。勾兑可以在陈酿的不同时期进行。其中，将年份相差太大的酒结合在一起比较困难。将3年和15年的酒勾兑是不可能的，它们的感官特征是完全对立的。因此，有经验的酿酒师会通过搭建“感官桥”来进行勾兑，如先用3年和5年龄白兰地勾兑，10年和15年龄白兰地勾兑，最后再将两者勾兑在一起。

勾兑完成，调配紧随其后，该步骤通过一定的工艺操作使装瓶产品获得最终的质量特征。根据中国相关法规标准及国际标准，白兰地在调配过程中允许使用少量添加物以实现对产品质量的合理调整。如多次加水以降低酒度，添加糖以弥补白兰地中天然糖分不足并调整糖度口感，添加焦糖色以调整色度，添加橡木提取的橡木液以调整酚类物质含量等。

勾调完成后的白兰地会继续贮存一段时间以确保各组分间的完全融合，提高白兰地的风味协调性及稳定性。

2.1.2 风味特点

香气是一种可以被嗅觉感知的挥发性化合物。与品尝葡萄酒相比，鼻子对评价蒸馏酒更重要。白兰地的独特之处在于其香气的多样性，且其浓度随蒸馏而升高。葡萄品种是白兰地基础芳香基的主要因素。例如，干邑最基本的葡萄品种是白玉霓。白玉霓不是芳香型的，其酿造的白兰地香气不会太重，具有优雅的口感。每一种风土气息都与特定的香气联系在一起：干邑大香槟区花香微妙、迷人、强劲、优雅；小香槟区的果香边缘带有一丝紫罗兰和鸢尾的香味。

第一次发酵增加酯类香气。酵母将糖转化为酒精，产生挥发性化合物，主要是醛类、醇类、酸类和酯类，赋予白兰地果香和花香。如果香气不是太浓，它会产生其它有助于白兰地平衡的化合物。第二次发酵为苹果酸乳酸发酵，将苹果酸变为口感柔和的乳酸。白兰地的特性取决于葡萄汁的类型。

两次蒸馏有助于保持葡萄的风味和葡萄酒的新鲜度，橡木桶赋予白兰地许多新的香气，随着时间推移，白兰地的香气和颜色发生变化。在成熟过程中，橡木桶会每二十年或三十年以4.54g/L的速度释放出一些特定物质。这个过程对花香和口感有很大的影响。干燥的环境可以促进白兰地特性的发展，而潮湿则可以使白兰地更圆润。

陈酿，可以增加单宁，圆润香气。速度取决于原始的风土条件，例如，香槟和边沿区的干邑成熟较慢。白兰地的香气根本上取决于它的年龄。最年轻的白兰地具有果香（杏、桃或梨的香气）、花香（玫瑰、紫罗兰、雏菊）和木香（橡木和香草味）。在十年到十五年之间的白兰地表现出杏仁、榛子、核桃、鸢尾、丁香、野生康乃馨的香气；如果酒龄更长，则是巧克力、乳香、皮革、生姜、肉桂或咖喱的香气。二十年后，白兰地会表现出肉豆蔻、樱桃、橙子、橙花、茉莉花、金银花和藏红花的香气。更长酒龄的白兰地，则会带来干果、檀香、雪松、肉豆蔻的香气，除此之外还有椰子和百香果的香气。深度陈酿的白兰地会表现出陈旧、灌木、蘑菇和核桃油的香气。那些香气会一直持续到品尝后的那一天，然而对于最好的干邑，大约可以持续一周。

描述陈年干邑感官质量的词汇达500多种，对于新干邑和白兰地有将近300种的描述术语。

根据干邑地理标志产品要求，其感官质量特性包括感官复杂性与香气细腻度：最年轻的酒的香气由花果香主导；随着陈酿进行，演变出因橡木接触所带来的特征风味，口感越发圆润，伴有漫长余味；颜色随陈酿而逐渐加深，从初始的淡黄色/金黄色变为琥珀色，甚至带有红褐色的色调。

随着陈酿时间的延长，干邑白兰地质量特征表现为：

果香特征19种，包括李、梨、杏、桃、榛子、花生、杏仁、核桃、橙、樱桃、果酱、李干、干果、荔枝、麝香葡萄、蜜饯、椰子、西番莲、可可果。

植物特征14种，包括牵牛、雏菊、玫瑰、葡萄花、野石竹、干花、蓝蝴蝶花、鸢尾、紫丁香、茉莉花、忍冬、风信子、橘子花、水仙花。

香料特征10种，包括甜椒（蔬菜和辣椒）、紫罗兰、丁香、胡椒、肉桂、咖喱、姜、藏红花、核桃、香脂。

橡木特征10种，包括橡木、香草、烟草、皮革、巧克力、乳香、松树、雪茄、檀香、桉树。

上述词汇是按照果香、植物香、香料香和橡木香（图2-6）对40年以上干邑的分类描述，在实际中经常使用到。

图 2-6 白兰地的四大香气特征

雅文邑在感官质量特性中展现出平衡又芳香的风味特点，且随陈酿过程而逐渐演变。年轻的酒清新、温暖，带有新鲜水果、鲜花和木头的香气；陈年的酒更加圆润丰满，香气中充满煮熟或甜水果、香料的气味，整体复杂且优雅。颜色由浅黄色向橙色、琥珀色转变，最终为红棕色。

2.1.3生产国

（1）法国

法国白兰地以干邑、雅文邑最为著名。干邑位于法国西南部的阿基坦盆地，土壤中白垩含量很高，它地处波尔多北面和大西洋沿岸的内陆地区，左侧被大西洋包围，右侧为中央山麓丘陵地带。干邑由于靠近大西洋，因而有着稳定的温带海洋性气候，素来雨量适中，全年平均气温大约13℃，冬季也不会太冷，此地光照充足，昼夜温差较大。雅文邑位于法国的西南部，在波尔多南面，距干邑产区150英里[1]，距大西洋海岸100英里，背倚比利牛斯山脉。雅文邑气候温和，日照充足，冬季降雨充沛。

法国白兰地的历史可追溯到1310年，距今已经有700多年。据说是创造了阿拉伯安塔卢西亚文化的摩尔人发明的。相传当时人们在没有掌握保存葡萄酒的技巧之前，只想到把暂时喝不了的葡萄酒加热、蒸馏，去掉葡萄酒的水分，提高葡萄酒的纯度，减少占用空间而便于运输。17世纪时，波尔多酒商对其他产区的葡萄酒贸易征收重税，但是白兰地却可以免税，于是白兰地得到大力发展。

法国干邑白兰地通常带有非常显著的果香和花香，酒体轻盈到适中不等，口感饱满、圆润，入口后有极浓的蜂蜜和甜橙味，橡木味显著；回味绵长，尽显顺滑与果香的完美契合。典型的雅文邑带有干果的香气

[1] 1 英里 =1609.344 米。

（梅干、葡萄干和无花果）。雅文邑白兰地的口感和香气比干邑更加丰富和复杂，而且随着时间的推移，香气也会发生变化，更为细致和多样。

（2）西班牙

西班牙位于欧洲西南部的伊比利亚半岛，地处欧洲与非洲的交界处，西邻葡萄牙，北濒比斯开湾，东北部与法国及安道尔接壤，南隔直布罗陀海峡与非洲的摩洛哥相望。西班牙中部高原属大陆性气候，北部和西北部沿海属海洋性温带气候，南部和东南部属地中海型亚热带气候。

西班牙酿造烈酒的历史长达13个世纪。8世纪时，入侵伊比利亚半岛的伊斯兰摩尔人（Moors）带来了蒸馏技术，用以制作香水以及药用酒。到了16世纪时，将葡萄酒蒸馏制成烈酒销售在西班牙南部的赫雷斯（Jerez）地区已经十分普遍。彼时，荷兰商人十分热衷于来此采购烈酒，因为葡萄酒经过蒸馏，度数提高，可以经过长途运输而不变质。当地人用一种名叫Alquitaras的罐式蒸馏器和橡木柴火酿制而成酒精度不高于70%（*v/v*）的烈酒，并最大限度地保留酒中的香气。

（3）意大利

意大利位于地中海北岸，北部以阿尔卑斯山为界，与法国、瑞士、奥地利和斯洛文尼亚接壤，东、西、南三面临地中海，东部亚得里亚海为地中海边缘海，南部与突尼斯、马耳他隔海相望。意大利北部山区属于温带大陆性气候，而半岛、岛屿则属于亚热带地中海气候。意大利降水分布不均匀，南部半岛地区平均年降水量500~1000毫米；在巴丹平原地区，年降雨量约为600~1000毫米，雨季集中在夏季。

意大利的白兰地有着悠久历史，早在12世纪，意大利半岛上就已经出现了蒸馏酒，其生产白兰地的历史应该比法国还早。1948年实行了与法国白兰地统一的标准。

意大利最著名的白兰地为格拉帕（Grappa）。不同类型的格拉帕酒呈现出截然不同的风味，从绿色水果和白色花香到榛子和黑巧克力的香气。

（4）匈牙利

17世纪初，匈牙利语Pálinka一词仅表示烧焦的烈酒（谷物和水果烈酒）。但从20世纪下半叶开始，匈牙利语Pálinka代表了纯正的家用烈酒，大多由水果、果干、葡萄酒制成。然而，最早的匈牙利Pálinka并不是由高质量的水果制成的，而是由黑麦、小麦、玉米、荞麦、土豆蒸馏出来的酒，甚至更少来自甜菜或豌豆，直到20世纪上半叶用水果制成帕林卡酒才慢慢流行起来。使用不同水果酿造出的帕林卡具有不同的风味，比如梨子帕林卡通常是甜而具有清新的口感，而樱桃帕林卡则带有浓郁的果香。

（5）德国

坐落于欧洲的中心，东部与波兰交界，西南部与法国、奥地利接壤，北部与丹麦毗邻。从整体上看，气候自西向东由海洋性向大陆性过渡。西北部主要呈海洋性气候，夏季不热，冬季不冷；东部和东南部的大陆性气候特征显著，冬冷夏热。

德国自公元前2000年左右开始酿造葡萄酒，是欧洲最早的葡萄酒生产国之一。但直到12世纪，德国才开始正式生产白兰地。德国白兰地的水源来自莱茵河和莫泽尔河两条河流。这两条河流流经欧洲大陆腹地，净化度高，能够为其提供上好的水质。德国白兰地以其清纯、鲜爽、优雅的风格，在德国本土和世界范围内拥有非常高的知名度。

德国的雅克比白兰地颇负盛名，该酒口感柔和，带有葡萄清香和陈酿木香，沁人心脾，余香萦绕不散，饮用后给人以高雅、舒畅的享受。

（6）美国

位于北美洲中南部，本土以外拥有两块飞地——北美洲西北角的阿拉斯加州和太平洋中北部的夏威夷州。北与加拿大接壤，南靠墨西哥湾，与墨西哥陆上相邻，西临太平洋，东濒大西洋。美国主要的白兰地产区为加利福尼亚州，此地阳光充足，夏季干旱，冬季多雨，夏天气候暖和，冬天比较寒冷。

美国生产白兰地已有两百多年的历史，其制造方式现在均采用连续式蒸馏器，故其风味属于清淡类型。加州白兰地口味醇和优雅、甘洌，带有果香、花香、烘焙香和陈酿的木香等特殊的香气，入口后有浓郁的蜂蜜和甜橙的味道。

（7）中国

中国位于亚洲东部，太平洋西岸，亚欧大陆东部，海陆兼备。我国气候复杂多样，季风气候显著，具有显著的大陆性气候特征。

我国自古便有酿造白兰地的历史，《本草纲目》也曾有记载："烧者取葡萄数十斤与大曲酿酢，入甑蒸之，以器承其滴露，古者西域造之，唐时破高昌，始得其法。"而直至中国第一个民族葡萄酒企业——张裕葡萄酿酒公司成立后，国内白兰地才真正得以发展。1915年，张裕公司在巴拿马万国博览会（旧金山世博会）参展的可雅白兰地荣获甲等大奖（图2-7），我国有了自己品牌的优质白兰地，可雅白兰地也从此更名为金奖白兰地。

图 2-7 巴拿马万国博览会金奖奖牌

中国白兰地的整体风味特点可以用四个字来概括：香、醇、柔、润。相对于其他白兰地而言，可雅白兰地的口味更偏向优雅、自然。

2.1.4名酒

（1）轩尼诗（Hennessy）

1765年，爱尔兰人李察・轩尼诗在法国干邑创建了轩尼诗，他将自己酿造的白兰地寄回爱尔兰后受到了广泛欢迎和认可。轩尼诗XO（图2-8）是使用超过100多种的白兰地调和而成，并且最年轻的“生命之水”（白兰地）必须超过10年陈酿，当中还有部分超过30年的“生命之水”，所以其复杂感和醇厚度相当出色。该酒具有橡木与香草交织在一起的香味。口感有强烈的干邑辛辣味，独特的胡椒味与一丝巧克力味交织在一起。

图 2-8 轩尼诗 XO

（2）人头马（Remy Martin）

人头马是由雷米・马丁在1724年一手创立起来的，以法国干邑和大香槟区为基础设定品牌。人头马CLUB特优香槟干邑（图2-9）具有独具峥嵘棱角的瓶身，每一面都显露出与众不同。琥珀色的上品干邑，选用珍贵的“生命之水”调配而成。酿造白兰地的葡萄70%来自干邑的大香槟区，30%来自小香槟区。由于时间的酝酿令酒香更加成熟丰厚，层级丰富，渗透着香草、肉桂、花香、干果等馥郁香味。

图 2-9 人头马 XO

（3）张裕可雅白兰地桶藏15年XO

1915年，张裕公司在巴拿马万国博览会（旧金山世博会）参展的可雅白兰地荣获甲等大奖，可雅的名气享誉世界。2019年，张裕建成了中国第一个专业化的白兰地酒庄。

可雅白兰地桶藏15年XO（图2-10）以优质白玉霓葡萄为原料，低温采收，气囊压榨，清汁控温发酵，再经过夏朗德壶式蒸馏器二次蒸馏，蒸馏过程中掐酒头去酒尾，保留酒身。蒸馏后的原白兰地经过多种规格新老木桶搭配陈酿，多年份基酒科学调配而成。酒度为40%（*v*/*v*）。

酒体呈琥珀色，复杂又浑然一体的香气，深邃而优雅多变的花香，温湿的森林清新久远的清香，烤制的干果香并伴有丝丝优雅的烟草香，榛子香、肉桂、陈年酒香、玫瑰香、丁香、黑巧克力和檀香；无比浸润的口感，既有天鹅绒般质感又有着明确的骨架感，味道深刻而有广度。

图 2-10 张裕可雅白兰地

2.2 威士忌

2.2.1 定义及基本酿造工艺

威士忌（Whisky/Whiskey）是以谷物为原料，经糖化、发酵、蒸馏、陈酿、经或不经调配而成的蒸馏酒，其酒精度数在43%（v/v）左右，被英国人称为“生命之水”。威士忌的颜色从浅金色到鲜明的栗子色，这主要取决于酒桶的种类和威士忌在酒桶中成熟的时间。

威士忌按原料分为谷物威士忌、麦芽威士忌和调和威士忌。谷物威士忌是指以谷物为原料，经过糖化、发酵、蒸馏、经或不经橡木桶陈酿的威士忌（注：不包括麦芽威士忌）。用于生产谷物威士忌的谷物包括玉米、小麦、荞麦、黑麦、燕麦，以及未经过发麦工序变成麦芽的大麦等。来源于同一酒厂酿造的威士忌为单一谷物威士忌。此处的“单一”仅对酿造威士忌的酒厂数量进行限制，并不限制用于生产的谷物种类。由谷物酿制而成的威士忌，最具代表性的是美国的波本威士忌，使用51%~75%的玉米进行酿制，口感辛辣偏甜，成本较低。麦芽威士忌是以大麦为唯一谷物原料，经糖化、发酵、蒸馏，并在橡木桶中陈酿的威士忌（图2-11）。单一麦芽威士忌与单一谷物威士忌相似，原酒都是源于同一家酿酒厂，因此具有某一酒厂的鲜明风格。调和威士忌即将麦芽威士忌与谷物威士忌按一定比例混合而成。相对来说，调和威士忌的风味就温和了很多，口感、风味更为平衡。

威士忌的主要酿造原料是大麦、玉米、黑麦和小麦，大部分威士忌酿造的原料是使用以上四种谷物。随着酿造工艺以及非主流谷物原料的兴起，一些生产商正在转向使用口味各异的非主流谷物来生产与众不同的威士忌，这些谷物包括燕麦、高粱、小米和大米。以大麦为原料是大多数威士忌的特色，多为香料味、太妃糖味。这是由于大麦中含有高品质的淀粉和促进发酵的酶类，其中包括发芽大麦以及未发芽大麦。发芽大麦是麦芽威士忌的主要原材料。将大麦浸泡在水中，然后使其发芽，在这一过程中，可促使酶将淀粉转化为糖。使用麦芽为主要原料时，威士忌的口感偏甜。未发芽大麦或者新鲜大麦的含糖量较低，相较于以麦芽为主要原料生产的威士忌，未发芽大麦或者新鲜大麦生产的威士忌口感偏苦。玉米作为世界产量最高的农作物，常常用作美国威士忌的主要原料。与大麦不同的是，玉米中不含有酶类，因此在酿造过程中常常通过高温加热使淀粉糊化。以玉米为主要原料生产的威士忌口感偏甜，且有香草和枫糖浆香气。黑麦威士忌主要产自北美，在全球范围内越来越受欢迎。黑麦威士忌的口感偏苦，带有辛香味。在日本和美国的新威士忌中，大米清淡、微妙的味道很受年轻饮酒者和鸡尾酒爱好者的欢迎，以大米为主要原料的威士忌，其灵感来自以大米为原料的日本烧酒。

图 2-11 大麦与威士忌

威士忌的酿造工艺细分为以下几个主要流程（图2-12）：糖化、发酵、蒸馏、陈酿。

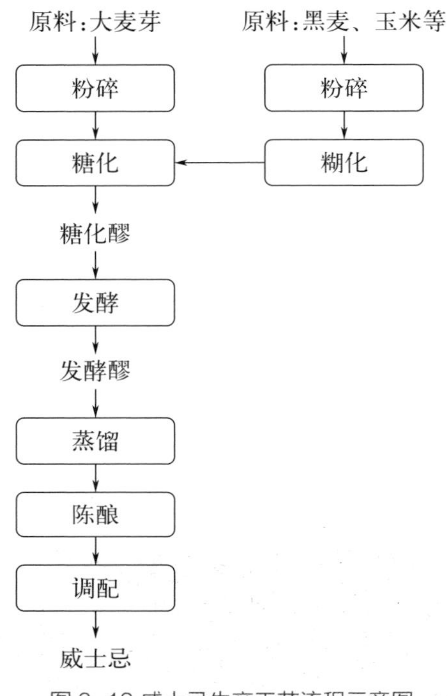

图 2-12 威士忌生产工艺流程示意图

（1）糖化

糖化是指将谷物中的淀粉转化为酵母可以直接利用的可发酵糖，即制备糖化醪的过程。大麦经过发芽处理后的大麦芽中富含糖化酶，相关酶类可在不同的最适作用温度条件下直接完成糖化过程。而其他谷物不含糖化酶，因此在糖化过程中需额外添加糖化酶或混合部分大麦芽以协助糖化。在大麦制备麦芽烘干过程中，部分厂商会使用泥煤（图2-13）作为燃料的一部分，从而赋予麦芽烟熏的风味。

（2）发酵

糖化完成后的糖化醪在酵母的作用下开始进行发酵。与白兰地的原酒发酵略有不同，威士忌的原酒发酵时间较短。如果酿酒师选择短时间发酵（48小时内），最终的威士忌会有更明显的麦芽特质；如果选择长时间发酵（超过55小时），会增加更多的酯类物质，香气更具复杂性，水果风味特征也更为明显。

图 2-13 泥煤

（3）蒸馏

蒸馏时使用壶式蒸馏器或者是柱式蒸馏器，这两者最大的区别在于，壶式蒸馏器能分批次蒸馏，主要用来蒸馏麦芽威士忌；柱式蒸馏器能够连续蒸馏，主要用来蒸馏谷物威士忌。壶式蒸馏器出来的酒液质感更厚重，能更多地保留发酵过程中产生的各种风味，包括大家喜爱的泥煤味，所以更适合麦芽威士忌。柱式蒸馏器经过数十道蒸馏隔板之后，一定程度上会去除酒液中大部分的风味物质，但酒液更纯净、酒精度更高，出来的风格更轻盈，更适合做调和威士忌的原料。波本威士忌的蒸馏过程常常需要用这两种蒸馏器共同完成。首先，使用柱式蒸馏器将酒精馏出，并初步划分风味；第二次蒸馏使用壶式蒸馏器。

（4）陈酿

在威士忌的陈酿过程中，所使用的橡木桶是非常重要的。通常认为，威士忌约60%~80%的风味来自橡木桶。欧美常见的白橡木和日本蒙古栎橡木均为较常用的威士忌陈酿橡木桶。新桶通常会给威士忌带来更浓郁的香气和口感，而二次使用的旧桶则会给威士忌带来更为柔和的口感和香气。在陈酿过程中，威士忌生产商通常会使用新桶和二次使用的旧桶来制作不同类型的威士忌。依据当地法规，美国波本威士忌和田纳西酸醪威士忌陈酿于全新炙烤橡木桶中，而苏格兰、爱尔兰、日本和加拿大威士忌陈酿于二次使用的旧桶，如陈酿过波本威士忌或曾用于发酵、运输雪莉酒的橡木桶等。

2.2.2 风味特点

威士忌（图2-14）有很多风味，主要分为八种风味，分别是谷物风味、果香风味、花香风味、泥煤风味、酒尾风味、硫黄风味、木质风味以及葡萄酒风味。

图 2-14 威士忌

谷物风味主要来自大麦麦芽，细分的话会有熟麦芽浆、熟蔬菜、麦芽提取物、谷粒、酵母等种类不同风味。大麦是威士忌中常用的原料之一，通常表现为一丝麦香和麦芽的风味。玉米常赋予威士忌一种甜味和丰富的口感，使得威士忌在口中留下一丝甜美的余味。小麦通常会使威士忌更加柔和和香甜，赋予威士忌一种柔滑的口感和清雅的风味。黑麦在威士忌中的使用可能会为其增添一些辛辣和坚果的味道，使得威士忌更加复杂和丰富。这些谷物风味的表现取决于威士忌的配方和酿造工艺，不同的威士忌品牌和类型会呈现出不同的谷物风味特点。

果香风味也就是酯香，来自发酵及蒸馏中的清甜、馥郁、圆润气味。在威士忌中，常见的有柑橘、柠檬、新鲜水果、熟果、干果等果香。一些威士忌会带有苹果的风味，通常表现为清新、清爽的口感，有时还伴随着一些微酸的味道。有些威士忌会带有梨的风味，梨的香气通常会使得威士忌更加柔和和清雅。桃子的风味可能会在一些威士忌中出现，通常表现为一种甜美和丰富的口感。也有些威士忌带有樱桃的风味，为威士忌增添一些甜美和复杂的味道。

花香风味的化学本质是醛类化合物，通常被描述为叶子、青草或稻香，有时候会有淡紫色紫罗兰（类似清爽甘草）或金雀花丛（似椰子糖）香气。威士忌可能会带有玫瑰花的香气，通常表现为一种甜美、芳香的花香味道。洋甘菊的花香可能会在一些威士忌中出现，通常表现为一种清新、柔和的花香味道，为威士忌带来温和的香气。桂花的香气有时也会出现在威士忌中，通常表现为一种甜美、芳香的花香味道，为威士忌增添了一些花香的层次和复杂度。

几乎所有的泥煤风味是由烘烤大麦麦芽的过程所赋予的，它们的化学本质是酚类化合物。威士忌中的泥煤风味通常指的是烟熏的味道，这种味道来自威士忌酿造过程中使用的烟熏麦芽。泥煤风味通常表现为烟熏、炭烤等味道，给威士忌带来一种浓烈的烟熏香气和口感。

威士忌的酒尾风味是指在品尝威士忌时，留在口中的余味和感觉。这一部分通常包括威士忌在口腔中的持久性、口感以及最终的味觉印象。通常而言，一开始会有烤饼干、烤面包的香味，接着会形成烟草、蜂蜜香味，最后会有一股熟悉的汗水味。一些威士忌的酒尾可能会经历口感上的变化，从最初的柔顺逐渐过渡到更干燥或更辛辣的感觉。这种变化可以增添品尝的趣味性。一些优秀的威士忌酒尾通常带有浓郁的余味，这可能是一种持久的香气、口感，给人留下深刻的印象。总体而言，威士忌的酒尾风味是一个多方面的体验，它反映了威士忌的质量、复杂性和独特性。

威士忌的硫黄风味通常是一种不受欢迎的特征，它可能表现为硫化氢、二硫化物或其他硫化合物的气味或味道。这种风味通常被认为是一种缺陷，因为它给威士忌带来难以愉悦的气味和口感。硫黄风味可能源自酿酒或威士忌生产过程中的多种因素，包括酒精发酵过程中的硫化氢产生、硫酸盐的存在、酒厂设备的清洁和消毒过程中使用的化学物质等。对于消费者来说，当品尝威士忌时，如果发现了明显的硫黄风味，可能意味着这款威士忌存在质量问题。

威士忌的木质风味是指在品尝威士忌时所体验到的与木桶陈酿有关的风味特征。这种风味通常是由威士忌在橡木桶中陈酿时与木桶内部交互作用而产生的。木桶中的橡木会赋予威士忌香草、橡木和淡淡的木质味道。这些风味通常被认为是威士忌陈酿过程中的积极特征，能够为饮酒体验增添复杂性和深度。木桶中的烤焦糖和香料风味也会逐渐渗入威士忌中，为其带来甜美的口感和复杂的香料味道。一些威士忌在陈酿过程中还会吸收木桶中坚果和水果的风味，如榛子、杏仁、橙子等，为威士忌增添更多的层次和丰富度。对于一些使用泥炭烟熏的威士忌来说，木桶中的烟熏和泥炭风味也会与威士忌融合，形成独特的口感和气味。木质风味是威士忌中常见且受欢迎的特征之一，它能够为威士忌带来复杂性、丰富度和独特性。

威士忌通常不会直接具有葡萄酒风味，因为它们是由不同的原料和酿造工艺制成的。然而，在一些特殊情况下，比如威士忌在陈酿过程中使用了原先贮存葡萄酒的橡木桶，则可能会使威士忌带有一些葡萄酒风味的特征。当威士忌在盛过葡萄酒的桶中进行陈酿时，桶内残留的葡萄酒风味物质可能会与威士忌发生交互作用，从而赋予其一些葡萄酒的风味特征。这些特征可能包括葡萄酒的果味、果酸和甜感等。然而，需要指出的是，这种葡萄酒风味通常只是威士忌中的一种附加特征，而不是其主要特征，且与陈酿使用的旧桶有密切关系。

2.2.3生产国

（1）英国（苏格兰）

苏格兰是英国领土的一部分，位于大不列颠岛北部，南界英格兰，北、东、西三面临大西洋、北海和爱尔兰海。苏格兰属于温带海洋性气候，全年气温均衡，既无严寒，也无酷暑，而且大多数情况下天气晴朗，由于纬度较高，因此苏格兰具有充足的日照时间。

苏格兰威士忌的历史可追溯到15世纪，当时苏格兰高地地区的人们开始用麦芽制作威士忌酒。在17世纪和18世纪，苏格兰威士忌开始逐渐普及，并成为苏格兰的主要产业之一。20世纪初，苏格兰威士忌逐渐在全球范围内流行起来，其与时俱进的技术和生产方法也使得威士忌产业得到进一步发展。今天，苏格兰威士忌已成为世界上最受欢迎的酒类之一。

苏格兰威士忌是以大麦、黑麦、燕麦、小麦、玉米等谷物为原料制作而成的蒸馏酒。以泥煤麦芽为主要原料的苏格兰威士忌有着浓烈的烟熏风味，口感醇厚劲道、甘洌，但又不失圆润绵柔。

（2）爱尔兰

爱尔兰西临大西洋，东靠爱尔兰海，与英国隔海相望，是北美通向欧洲的通道。气候温和湿润，为典型温带海洋性气候，四季区别不明显。年平均气温在0℃到20℃之间，常年多雨。

11世纪时，爱尔兰的僧侣们用谷物来制作大麦啤酒。中世纪早期，爱尔兰的僧侣走遍了欧洲境内，他们看到穆斯林用一种蒸馏器制作香水和医用药水，于是采用这种方法酿制美味的烈酒。

爱尔兰威士忌通常以柔和、平衡和清新的风格而闻名，这种风格使得爱尔兰威士忌适合广大消费者。爱尔兰威士忌常常展现出丰富的水果风味，如苹果、梨子和桃子等。这些水果风味通常清新而明亮，为爱尔兰威士忌增添了一种清爽的口感。一些爱尔兰威士忌可能具有香草和坚果的风味，如香草、杏仁和榛子等。这些风味使得爱尔兰威士忌更加丰富和复杂。此外，爱尔兰威士忌通常具有一定的甜味，且口感丝滑，使得其在口腔中的表现更加温和舒适。相比苏格兰威士忌，爱尔兰威士忌通常不具有明显的烟熏味道。爱尔兰威士忌有许多知名的代表品牌，包括詹姆逊（Jameson）、泰库尔莫（Tullamore）、布什米尔（Bushmills）、雷德布雷斯特（Redbreast）和米德顿（Middleton）。

（3）美国

位于北美洲中南部，北与加拿大接壤，南靠墨西哥湾，与墨西哥陆上相邻，西临太平洋，东濒大西洋。美国威士忌起源于肯塔基州，该州的气候为温带大陆性湿润气候，四季分明，冬季较为寒冷，夏季则相对较为温暖。

17世纪初期，殖民者从苏格兰岛带来了蒸馏器，美国威士忌的历史从此开始。18世纪，苏格兰岛和爱尔兰岛过来的移民来到新大陆，开始了威士忌的酿造，他们选择的原料是美国当地产的黑麦和玉米等。在18世纪中叶，美国威士忌才真正开始发展起来。

美国最具有代表性的威士忌为波本威士忌。波本威士忌使用的主要原料是玉米（图2-15），这赋予了波本威士忌独特的甜味和丰富的玉米风味。这种风味常常表现为玉米甜、玉米面包甚至玉米糖浆的味道。波本威士忌通常具有浓郁的香草风味，有时还伴随着焦糖或焦糖糖浆的甜味。这些风味使得波本威士忌口感丰富、复杂。波本威士忌通常在新

图 2-15 波本威士忌的要素

橡木桶中陈酿，因此常常具有明显的橡木风味。这种风味可能表现为香气浓郁的木质味道，有时还伴随着一些香料和坚果的风味。除此之外，波本威士忌通常具有一定的辛辣感，这源于其中的辣椒和肉桂等香料风味，同时也与酒精度有关。总体来说，美国波本威士忌以玉米甜、香草、橡木桶风味和辛辣感而著称。美国波本威士忌的代表品牌有杰克丹尼尔（Jack Daniel's）、金宾（Jim Beam）、威尔德特基（Wild Turkey）和布尔康（Bulleit）。

（4）日本

日本位于中国大陆之东北偏北、朝鲜半岛之东、西伯利亚以南。季风气候显著，但是日本的季风气候具有海洋性特征。与亚洲大陆同纬度地方相比，冬季较为温暖，夏季较为凉爽，降水比较丰富。

日本威士忌的起源可以追溯到19世纪末，当时一些日本人前往苏格兰留学，带回了苏格兰威士忌的制作技术和文化。直到20世纪初期，日本才开始真正酿制威士忌，这时的日本威士忌具有苏格兰风味，但是在制作过程中采用了日本自己的技术和材料。

日本威士忌因其独特的风味特点而备受赞誉，以精湛的酿造工艺和细致的陈酿方式著称，以轻盈、柔和和平衡的风格而闻名。这种风格能够使日本威士忌适合广大消费者，尤其是那些初次接触威士忌的人。日本威士忌常常展现出丰富的水果风味，如梨子、苹果和柑橘等。这些水果风味通常清新而明亮，为日本威士忌增添了清爽的口感。一些日本威士忌可能具有花香和香草的风味，如茉莉花、樱花和香草等。这些香气使得日本威士忌更加细腻和复杂。一些品牌或款式的日本威士忌可能会展现出轻微的烟熏特征，这种特征通常不会过于浓烈。总体而言，日本威士忌的风味特点通常体现出细腻和均衡。日本威士忌已经成为世界上备受瞩目的酒类产品之一，其代表品牌包括山崎（Yamazaki）、白州（Hakushu）以及尼康（Nikka）。

（5）加拿大

加拿大东临大西洋，西濒太平洋，西北部邻美国阿拉斯加州，南接美国本土，北靠北冰洋。加拿大的气候是大陆性气候，由于该国大部分处于极地，这就导致有寒冷的天气。冬天长期严寒，夏天短暂，中间季节——春季和秋季极短。但西南海岸处的气候比较温和。

加拿大开始生产威士忌是18世纪中叶，那时只生产裸麦威士忌，酒性强烈。19世纪以后，加拿大从英国引进连续式蒸馏器，开始生产由玉米酿制的威士忌，口味较清淡。20世纪后，美国实施禁酒令，加拿大威士忌蓬勃发展。加拿大威士忌以玉米和黑麦为主要原料。

加拿大威士忌通常以轻盈和柔和的口感而著称。这种风格使得加拿大威士忌适合广大消费者，尤其是那些偏好口感较为温和的人群。加拿大威士忌还常常展现出香草和淡果的风味，如苹果、梨子或者草莓等。这些风味通常清新而明亮，为加拿大威士忌增添了一种清爽的口感。一些加拿大威士忌可能具有一定的甜味，但通常不像美国波本威士忌那样浓郁。此外，一些轻微的香料风味，如肉桂或者丁香等，也可能在其中找到。总体而言，加拿大威士忌的风味特点往往干净而平衡，不会过于突出任何一种味道，而是让各种元素相互融合，呈现出一种和谐的口感。加拿大威士忌有以下著名品牌：克朗麦格雷格（Crown Royal）、吉伦帕蒂（Glenfiddich）和豪斯特尼（Hiram Walker）。

（6）中国

中国位于北半球、东半球，亚洲东部，太平洋西岸，亚欧大陆东部，海陆兼备。我国气候复杂多样，季风气候显著，具有显著的大陆性气候特征。

1912年，一位德国杂货铺老板在山东青岛开设了一家葡萄酒厂，两年后，这个小厂生产出了中国第一瓶威士忌，几年后，作坊被德商福昌洋行收购，福昌洋行对其投资，扩大生产。1930年，又被德商美口洋行收购，美口酒厂主要生产红葡萄酒和白兰地，威士忌只是间歇性生产。抗战胜利后，国民党政府接收了酒厂，并将美口酒厂合并进青岛啤酒厂，对外仍称美口酒厂。当时一些民间资本借助德国和日本人留下来的设备、工艺和技术，开办了自己的烈酒厂，当时青岛有十几家酒厂，都有自己的威士忌品牌。此后，中国的威士忌经过一系列挫折与机遇。如今的中国威士忌质量已经有了很大提升，为世界威士忌版图增添了真正的中国威士忌。

2.2.4名酒

（1）麦卡伦（The Macallan）

麦卡伦是一家历史悠久的苏格兰威士忌酿酒厂，麦卡伦威士忌以其丰富的橡木桶风味和浓郁的香草风味而著称。麦卡伦12年雪莉单桶威士忌（图2-16），经过传统壶式蒸馏，取二次蒸馏后16%的精华酒心部分。它融合了经典的麦卡伦风格和美国橡木的甜香，是一款圆润丰满的单一麦芽威士忌，具有完美的均衡感，并有蜂蜜、柑橘和生姜的风味。

图 2-16 麦卡伦 12 年雪莉单桶威士忌

（2）百龄坛（Ballantine’s）

百龄坛源自苏格兰爱丁堡，以优质的调和威士忌闻名。百龄坛特醇威士忌（Ballantine’s Finest）（图2-17）是百龄坛最著名的威士忌之一，由麦芽威士忌和谷物威士忌经复杂调和而来，基酒均在橡木桶中陈酿数年。百龄坛干果味较强烈，且余韵悠长。

图 2-17 百龄坛特醇威士忌

（3）芝华士皇家（Chivas Regal）

芝华士的历史追溯到200年前，其创始人芝华士兄弟在遍访欧美大陆后，成为十九世纪苏格兰调和威士忌的先行者。随后，芝华士又受到了英国女王和皇室的青睐，经过不断地改良生产工艺，终于造就了闻名遐迩的皇家礼炮威士忌。芝华士12年威士忌（图2-18）来源于多种不同的麦芽威士忌和谷物威士忌的调和，陈酿年份至少在12年以上。馥郁、顺滑的风味将时尚与口感完美融合，经典优雅，个性比较柔和，入口顺畅。

图 2-18 芝华士 12 年威士忌

（4）尊尼获加（Johnnie Walker）

尊尼获加起源于苏格兰，据称最早出现在16世纪。尊尼获加绿方威士忌（图2-19）是纯麦芽威士忌，所谓纯麦芽，就是指酿造原料只有发芽大麦，不包含其他谷物。和单一麦芽不同的是，纯麦芽是用了两家酒厂以上的原酒酒液调配而成。其口感包括花果清香、泥煤和独特的海盐风味。

图 2-19 尊尼获加绿方威士忌

（5）杰克丹尼（Jack Daniel's）

杰克丹尼来自美国田纳西州。这种威士忌以其独特的口感和香味而闻名，其历史可以追溯到1800年代末。杰克丹尼威士忌（图2-20）采用炭过滤技术制作而成，这种技术可使酒中杂质减少，口感更加醇厚。它的酒精度数较高，一般在40%（*v/v*）以上。杰克丹尼威士忌在全球范围内都有广泛的市场，是世界销量最大的威士忌之一，与肯塔基威士忌一起，被誉为美国两大传统威士忌品牌。

图 2-20 杰克丹尼威士忌

（6）皇冠（Crown Royal）

皇冠威士忌（图2-21）是加拿大威士忌酒的超级品。原来为纪念英皇乔治六世（King George Ⅵ）及玛利皇后（Queen Mary）访问加拿大而配制的皇冠威士忌，是目前世界上最畅销的优质加拿大威士忌。皇冠威士忌的选材多是来自Manitoba及周边地区的黑麦、玉米和大麦，水源来自经石灰岩天然过滤的湖水，口感柔滑，但在味觉上仍然很干净。除了奶油香草、精致的水果和花香，还具有焦糖和奶油糖果、胡椒香料（尤其是肉桂）和清淡的牛轧糖风味。皇冠威士忌是一种具有加拿大传统风格的标杆威士忌。

图 2-21 皇冠威士忌

（7）尊美醇（Jameson）

1780年，约翰•尊美醇在爱尔兰都柏林建立了都柏林蒸馏厂，驰名世界的尊美醇威士忌（图2-22）就此诞生。作为爱尔兰威士忌的杰出代表，尊美醇富含大麦清香，彰显出爱尔兰威士忌的独特风味。21年限量版威士忌Jameson Remixed Caribbean Beats，将爱尔兰壶式蒸馏的谷物威士忌和麦芽威士忌放入巴巴多斯Foursquare朗姆酒酒桶中陈酿18年，此后又将这批酒放入哈瓦那俱乐部朗姆酒桶陈酿3年才得到这款酒。此酒散发出温暖的香料、无花果、烤杏仁、麝香糖和椰子屑的芳香。同时肉桂、肉豆蔻、白胡椒、草本植物和泥土的复杂味道逐渐形成，增强了蒸馏酒中的水果香和甜味。余味绵长持久，水果和甜香料的香气在橡木和朗姆酒的调味下更加浓郁。

图 2-22 尊美醇威士忌

（8）皇家公鹿（Royal Stag）

皇家公鹿（图2-23）是由施格兰（Seagrams）于 1995 年推出的威士忌品牌。与其他的印度威士忌不同，该品牌使用苏格兰麦芽威士忌，摒弃传统印度威士忌添加从糖蜜中蒸馏出的中性烈酒的做法，是印度威士忌行业的先驱者。

图 2-23 皇家公鹿威士忌

（9）噶玛兰

噶玛兰是中国台湾省的威士忌企业，金车噶玛兰雪莉桶单桶纯麦威士忌（图2-24），该款威士忌在2015—2023年共8年手工挑选的西班牙欧洛罗索雪莉桶中成熟，丰富香郁，带有杏仁、干果香气，和香草的甜美芬芳，醇厚馥郁，齿颊留香，回味悠长，韵味十足。

图 2-24 金车噶玛兰雪莉桶单桶纯麦威士忌

2.3 伏特加

2.3.1 定义及基本酿造工艺

伏特加（Vodka）是以谷物、薯类、糖蜜及其他可食用农作物等为原料，经发酵、蒸馏制成食用酒精，再经过特殊工艺精制加工而成的蒸馏酒。

风味伏特加是以原味伏特加为基酒，突出了所加入的食品用香料味道的伏特加。

伏特加通常具有清澈透明的外观（图2-25），展现出高品质的纯净度，具有纯净、平滑的口感，不含杂质或异味，让人感受到清爽的口味。伏特加的酒精度通常较高，为30.8%~40.0%（*v/v*），根据原料和生产工艺的不同，可以呈现出各种口味和风格，满足消费者不同的需求和喜好。

图 2-25 纯净的伏特加

在斯拉夫文化中，伏特加通常都是直接饮用。冰镇后的伏特加略显黏稠，口感醇厚，入腹顿觉热流遍布全身，在寒冷的冬日，尤其温暖身心。

伏特加清澈纯净的特质，使其不仅能够直接饮用，更适合作为具有灵活性、适应性和变通性的鸡尾酒基酒。超过六成的鸡尾酒都会用到伏特加，伏特加也被认为位于六大基酒（伏特加、朗姆酒、金酒、龙舌兰、威士忌、白兰地）之首。

伏特加的生产工艺主要分为酿造原料的处理、糖化、发酵、蒸馏、加水稀释、过滤、勾调这六个主要步骤（图2-26），不同品牌和类型的伏特加可能会有一些特殊的制作工艺和步骤，以确保最终产品符合其特定的口味和质量标准。

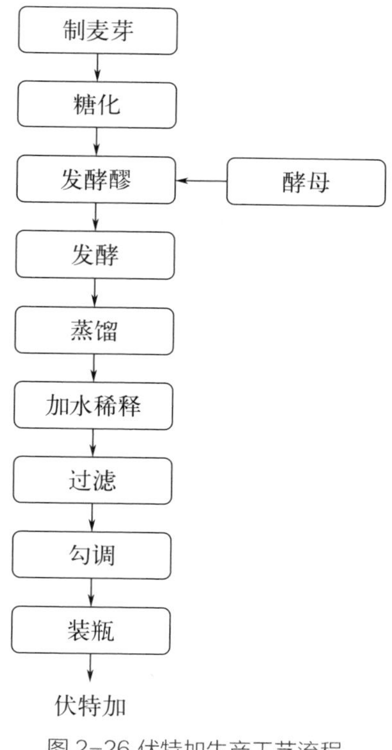

图2-26 伏特加生产工艺流程

（1）酿造原料的处理

不同地区气候条件的不同决定了不同地区的酿酒师偏爱不同的作物作为酿酒原料。伏特加的原料包括谷物、甘蔗、水果。谷物原料处理方式与威士忌相似，甘蔗原料的处理方式与朗姆酒相似，水果原料的处理方式与白兰地相似。谷物原料是使用最为广泛的。

在传统的伏特加的制作过程中，通常使用小麦、黑麦、大麦、土豆、玉米等粮谷类原料进行发酵，糖和糖蜜有时也会单独使用或添加到其他配料中以提升伏特加的品质。

不同的原料会给伏特加带来不同的风味和口感：小麦产生的口感更圆润，大麦更清冽，而黑麦伏特加则在强劲的口感中带着淡淡的香料味；土豆伏特加因其独特的风味而广受欢迎，口感较为柔和；玉米伏特加口感较为甜润，适合用于调制一些甜饮；此外，一些特殊口味的伏特加会使用独特的蔬菜、水果或草药作为原料，产生独特的风味，例如野牛草。

（2）糖化、发酵

伏特加酒的传统酿制工艺和世界上主要蒸馏酒酿制工艺基本相同，谷物原料首先需要经过蒸煮和糖化处理。俄罗斯的伏特加通常使用大麦作为原料，借助大麦芽进行糖化。基本的步骤是原料清洗破碎后加水蒸煮，使谷物中含有的淀粉充分糊化；待原料冷却后加入大麦芽或者小麦芽对糊化淀粉进行充分糖化；再将糖化后的混合物加入酵母进行发酵，使糖分转化为酒精。一般情况下，总的酒精发酵过程持续约40小时，酒精度达到9%（*v/v*）。通过以上糖化发酵过程，原料中的淀粉被转化为酒精，形成了伏特加的基础酒液，为后续的加工和调整提供了基础。这个过程对伏特加的口感和品质有着重要的影响。

（3）蒸馏

经过发酵获得的原酒，度数不高，需要引入蒸馏器中进行蒸馏。生产伏特加主要的蒸馏设备包括壶式蒸馏器、蒸馏塔以及带分馏盘的蒸馏器。

壶式蒸馏器的蒸馏原理与白兰地、威士忌等蒸馏酒相似，然而，在酒头、酒身与酒尾的选择中，传统伏特加追求的是纯净和中性口感，因此大多数伏特加只选取香气成分较少的中段进行保留。由于壶式蒸馏器仅能较少量地提高酒液的酒精度，因此需要多次连续蒸馏才能获得足够高浓度的酒液。用于制作伏特加至少会蒸馏三次，并使用活性炭过滤掉残留的风味物质以及杂质。

为了快速生产出高纯度的酒精，伏特加更多地使用塔式蒸馏器进行蒸馏。塔式蒸馏器蒸馏效率最高，复杂程度也是最高。多塔重复萃取差压精馏工艺是现在常用的蒸馏方式。塔一般分为板式塔和膜式塔，板式塔比较常见，整个蒸馏系统由粗馏塔、精馏塔和冷凝系统组成，塔高一般20~40米。以5座蒸馏塔组成的蒸馏系统为例，在蒸馏过程中，酒醪被加热，产生的蒸气向上进入第一座蒸馏塔，在那里与从顶部向下注入的水蒸气相遇。水蒸气帮助从酒醪中提取出酒精成分，而酒醪的剩余物，即酒糟，可以从底部排出。随后，含有约30%乙醇的混合蒸气上升至塔顶，并通过管道向下流入第二座蒸馏塔。在第二座塔的顶部，酒精得到进一步浓缩，完成初步的蒸馏过程。粗馏酒精在连续的三个蒸馏塔中进行精馏去除杂醇油和甲醇，最终得到的乙醇达到96%的纯度。经过精馏的乙醇通常没有杂味和初级原料的味道，但是容易具有爆辣感。

带分馏盘的蒸馏器简称为分馏器，它的蒸馏效果介于壶式蒸馏器和蒸馏塔之间。原理实际是多次回流与蒸馏，特点是比壶式蒸馏器得到的原酒酒度高，杂味较少，同时又可以更多保留原料的香气。

虽然现在大部分伏特加厂家都采用塔式蒸馏器生产伏特加，但部分伏特加品牌却有一些复兴壶式蒸馏器的趋势。除了那些类似精酿啤酒的手工伏特加厂牌，绝对伏特加也使用壶式蒸馏器。绝对伏特加在2004年推出了一个名为Level Vodka的子品牌，称其实现了连续蒸馏（塔式蒸馏器）与批次蒸馏（壶式蒸馏器）的完美平衡。

（4）加水稀释

蒸馏得到的伏特加原酒要进行加水稀释，如今的伏特加酒精度数通常为40%（*v/v*）左右，这是由于在19世纪时，俄罗斯化学家门捷列夫在研究了伏特加具有理想的酒精与水的质量比和体积比的可能性后，撰写了学术论文《酒精与水的混合》，通过研究人体生理学和酒精对人体的影响，认为伏特加酒中的最佳酒精浓度为40%（*v/v*），这一比例被认为是乙醇分子与水分子之间形成氢键的最佳结合点。可能是受到门捷列夫的影响，所以俄罗斯大多数伏特加都是40%（*v/v*）。不过在其他国家，蒸馏酒酒度更多是跟税收有关的。

在伏特加的生产过程中，水的质量对最终产品的口感和品质有着重要影响，用水标准见表2-1。自来水中的矿物质不仅会影响伏特加酒的稳定性，也会影响其风味，因此生产伏特加用水必须经过软化。水的软化是指通过去除水中的金属离子（如钙离子和镁离子）来减小水的硬度的过程。软化水可以帮助保护生产设备，减少设备的磨损，提高酒精的提取效率，同时也有助于提高酒精的纯度和口感，确保产品的一致性和最终产品的质量。

表2-1 伏特加用水标准

外观	气味	硬度	碱度	pH值
无悬浮物、无色透明	无气味	≤0.36mEq/L	≤0.776mEq/L	6.0~7.8

对水的软化方法通常有：

① 离子交换软化：通过离子交换树脂去除水中的硬度离子，可以有效去除水中的钙、镁等离子，使水变软。

② 反渗透软化：通过反渗透膜技术过滤水中的硬度离子和其他杂质，得到软化水。

（5）过滤

过滤是伏特加生产过程中不可或缺的一环，也是与其他烈性酒的主要区别。不同的过滤方法可以根据生产需求和产品要求进行选择和组合，以确保最终生产出高质量的伏特加产品。

由于制备伏特加酒要求酒中的非乙醇物质愈少愈好，酒愈净愈好，因此在发酵结束后会将酒液进行粗过滤，去除大颗粒的固体残留物和酵母等。这可以帮助净化酒液，提高后续处理步骤的效果。经过稀释的酒液常被倒入大型的白桦木活性炭过滤器中，进行细致的过滤过程，确保酒液与活性炭有充分的接触，以实现更深层次的净化。这一过程有助于去除酒液中的有害物质和不良气味，包括甲醛、甲醇、高级醇、酸类、色素、异味以及其他杂质，使酒液更加清澈透明，以保障其纯净的品质。有的学者认为这道工艺会给伏特加带来特殊的白桦香味。如今的生产过程中也有采用0.25μm的微孔滤膜代替活性炭进行伏特加的过滤，去除微小的颗粒、微生物和其他杂质，进一步提高酒液的纯度和透明度。

活性炭在过滤过程中，除了吸附水中的有机杂质外，还可能释放一些阳离子，如钙、镁、钡和锰离子，这会导致酒液的pH值上升。在去除食用酒精中的不饱和成分（如酸、酯、醛等）时，通常采用化学方法，包括添加氢氧化钠和高锰酸钾，这也会使酒液的碱性增强。因此，控制伏特加中的碱性物质含量是一个关键的技术参数，需要在生产过程中严格管理，以提高伏特加的感官体验和整体品质。

（6）勾调

伏特加的勾调是指在生产过程中对酒液进行调味和调整，以达到所需的口感、香气和平衡。为了迎合部分消费者喜好，部分伏特加也会在过滤后进行一些特定风味香精的添加，形成水果味或是一些药草香伏特加。传统伏特加的酿造中并没有这一步。

在伏特加的勾调过程中，通过添加水或其他原料来调整酒液的口感，使其更加柔和、平衡或清爽。根据产品配方和要求，添加香料或其他调味原料，调整酒液的香气，使其更加丰富和复杂。伏特加的勾调需要经验丰富的酿酒师或调酒师进行操作，他们会根据产品配方和要求，精确调配各种原料，以确保最终产品符合预期的口感和品质标准。例如，在伏特加中添加少量蜂蜜以增加伏特加的黏度或弱化烈酒的刺激一直是常见的做法。微量蜂蜜是许多现代俄罗斯伏特加酒中的首选顺滑剂，它可以使乙醇的胡椒味变得柔和并增加口感，糖还可以增强酒体风味。

2.3.2 风味特点

伏特加是一种多样化的烈酒，根据原料、生产工艺和陈酿方式的不同，可以呈现出各种不同的口味和风格。

GB/T 17204—2021《饮料酒术语和分类》中将伏特加分为伏特加和风味伏特加。传统伏特加以中性口味和清澈透明的外观为特点，通常不经过陈酿，口感干净清爽。风味伏特加在生产过程中添加水果、香草、辛香料等不同的调味料，赋予酒液不同的口味，如柠檬、蔓越莓、姜等，带有一定的甜味和丰富的口感。现在还有部分企业提出精品伏特加：采用精心挑选的原料和精密的生产工艺，经过多次蒸馏和陈酿，口感细腻丰富，带有独特的风味；有机伏特加：采用有机种植的原料酿造，不含化学添加剂和农药，口感清爽纯净，适合追求健康和环保的消费者。

GB/T 11858—2008《伏特加（俄得克）》中对伏特加的感官要求见表2-2，理化要求见表2-3。伏特加的口味和特点根据不同的种类和品牌而有所不同。风味伏特加使用了柠檬、橙子、芒果、黑醋栗、巧克力、咖啡等多种调味品。在过去几十年伏特加急剧扩张的消费市场中，风味伏特加显著增加了其吸引力的广度，吸引了大量的年轻消费群体。

表 2-2 感官要求

项目	伏特加	风味伏特加
外观	无色、清亮透明，无悬浮物和沉淀物	
香气	具有醇香，无异香	具有醇香以及所加入的食品用香料的香气
口味	柔和、圆润、甘爽、无异杂味	具有明显的所加入的食品用香料的味道
风格	具有本品特有的风格	

表 2-3 理化要求

项目	优级	一级	二级
酒精度[a]/（%vol） ≥	37.0		
碱度/mL ≤	2.5	3.0	3.5
总酯（以乙酸乙酯计）/ [mg/L（100%vol 乙醇）] ≤	4	6	8
总醛（以乙醛计）/ [mg/L（100%vol 乙醇）] ≤	10	15	25
甲醇 / [mg/L（100%vol 乙醇）] ≤	50		
高级醇 / [mg/L（100%vol 乙醇）] ≤	4	6	8

[a] 酒精度实测值与标签标示值允许差为 ±1.0%vol。

2.3.3 生产国

（1）俄罗斯

在古代俄语中，词语“Vodka”原指水，与“papka”（爸爸）和“mamka”（妈妈）等词语构词方式相同，以“-ka”结尾，反映了俄罗斯人对它们的浓厚情感。现代俄语中，“Vodka”指烈性酒，已脱离古代“水”的意义，中文译为“伏特加”。

关于伏特加的起源，不同的地区有着不同的说法。目前学界比较认同的说法是伏特加起源自俄罗斯，公元1428年，那时俄罗斯宗教代表团从意大利把当时的蒸馏技术带回了俄罗斯，渐渐地出现了一款蒸馏酒名叫伏特加。但当时的莫斯科大公瓦西里三世为了保护传统的蜜酒生产者利益，禁止国民销售并饮用伏特加。从1448年开始，欧洲的酒产量逐渐增大，在俄罗斯民间渐渐出现了一些具有伏特加风格的酒精饮料，不同地区利用当地的粮食类产物生产酒精并制成酒液促使俄罗斯酿酒业的诞生。1472年，约翰三世颁布了粮食酒专卖条例，在该条例中规定酒类生产由国家垄断，此时的俄罗斯开始形成酒产业且伏特加开始受到酒精工艺的影响。

16世纪初期，当时的酒在欧洲更多还是作为药用，而有一些俄国人已经开始饮用以酒精为原料的伏特加酒。但是当时的沙皇严格控制伏特加的生产和销售，使得伏特加成为当时的“国酒专卖”。1654年，乌克兰脱离了波兰统治，与俄罗斯合并。这时，伏特加酒渐渐在民间流传开来。当时的彼得大帝把伏特加酒的税收作为国库中最主要的财源。1751年6月8日，当时的沙俄皇帝叶卡捷琳娜一世签署了“拥有精馏伏特加酒蒸馏器的人员资格”的命令。在该命令中首次使用“伏特加”一词作为书面用语，这标志着“伏特加”一词首次出现在官方历史文件中得到官方认证。那时的精品伏特加十分昂贵，被当作身份和地位的象征。

在19世纪，面对普遍的酗酒问题，俄罗斯政府着手提高酿酒行业的标准。得益于工业革命的推动，这一时期的工业生产量和品质都有了显著提升，伏特加酒的品质也因此得到了显著改善。到了1895年，俄罗斯政府规定伏特加生产必须使用经过精炼的酒，并要求经过木炭过滤。这些规定逐渐塑造了伏特加如今纯净、透明和清澈的特质。俄罗斯伏特加最初用优质大麦为原料，之后逐渐改变用含有淀粉的马铃薯和玉米，使用白桦树的活性炭进行过滤，使原酒与活性分子充分接触得到净化，通过清除原酒中的油脂、酸类、醛类、酯类和其他微量成分，可以制得极为纯净的伏特加。这种酒液清澈透明，几乎不含其他香气，具有强烈的口感和直接的刺激感。俄罗斯是全球最大的伏特加酒生产和消费市场。根据行业研究数据显示，在2020年，俄罗斯伏特加酒产量超过7.9亿升，市场销量在疫情影响下仍展现出强劲增长势头。根据国际行业杂志*Impact*的数据显示，在俄罗斯市场中，销量增长最快的品牌是“阿尔汉格尔斯克”伏特加，较2019年同比增长了80.6%，达到2700万升；而市场销量最大的品牌是Smirnoff，达到了2.25亿升，销量小幅下滑了2%；除此之外，Nemiroff市场销量为4590万升、Grey Goose市场销量为2600万升、Finlandia市场销量为2500万升。总的来看，俄罗斯伏特加酒市场始终由本土品牌占据着主要份额。

在俄罗斯人看来，伏特加不仅仅是一种饮料，它还象征着国家的形象。伏特加、俄罗斯巧克力和套娃一起，构成了俄罗斯最具代表性的三大纪念品（图2-27）。在很多外事活动中都能看到伏特加的身影，伏特加也被当作热情的礼物送给国际友人。像中国的白酒一样，俄罗斯伏特加在一家团圆的餐桌上、亲朋好友的聚会上以及各类重要庆典和纪念活动中是必不可少之物。

伏特加

俄罗斯巧克力

俄罗斯套娃

图2-27 俄罗斯最具代表性的三大纪念品

（2）波兰

波兰起源说认为早期伏特加来自波兰当地的冰冻葡萄酒，当地习惯把葡萄酒进行冰冻处理，剔除结冰的部分并取用剩余液体。在酒液中酒精的冰点更低，故留下酒液中乙醇含量增加，与现在的蒸馏有着异曲同工的作用。波兰是热那亚商人到北欧各国的必经之路，很自然地成为伏特加的诞生地之一。那里的人们开始了解有关酒的知识可能是在12世纪左右。技术进步促使人们更加注重香草、香料和水果浸泡所带来的风味和口感。随着这些风味的普及，原本的酒精溶液逐渐演变成了酒。波兰史学家认为在公元1400年后蒸馏技术出现后，当时的波兰人将蒸馏技术引入酒的制作从而酿造质量更好的伏特加。公元1772年，波兰被分割成了俄国、普鲁士和奥匈帝国的一部分，波兰人认为伏特加是在这个时期由波兰传入俄国的。

波兰伏特加的酿造工艺与俄罗斯伏特加相似，区别只是波兰人更多使用黑麦、小麦、大麦作为原料，在酿造过程中，加入一些草卉、植物果实等调香原料，所以波兰伏特加比俄罗斯伏特加酒体丰富，更富韵味。2013年1月13日，波兰修订“波兰伏特加”的具体定义。一瓶酒要想称为“波兰伏特加”，至少要满足两条：首先，是要用波兰本地的这五种作物（黑麦、小麦、大麦、燕麦、黑小麦）或者土豆酿造的酒。其次，应该在波兰本地生产，不光需要在本地酿造，其他的生产环节，除了装瓶，也需要在波兰进行，只有经过净化和去除矿物质的水才可以用于酿造波兰伏特加。

波兰的酒类产品出口遍及欧洲各地，从西边的法国到东边的俄罗斯，包括荷兰、德国、丹麦、奥地利、匈牙利、摩尔多瓦、乌克兰以及黑海沿岸地区。酒类贸易在波兰的国民经济中占据了极其重要的地位。根据欧盟的数据，在2016年，波兰共生产了9820万升伏特加（100%纯酒精），出口额1.901亿美元，排名世界第四，仅次于俄罗斯、美国和乌克兰。在波兰，人口大约为0.38亿，其中大约30万人经常饮酒，而10万人对酒有依赖。波兰人均年消费烈酒量约为6公斤，其中70%的烈酒消费是伏特加，这意味着每年大约消费15.5万吨的伏特加。

（3）芬兰

芬兰伏特加选用纯正的冰川水及上等的六棱大麦为原料，品质纯净，独具天然的北欧风味。芬兰伏特加选用的冰川水是经过过滤10000多年的冰碛所得的清纯无比的天然冰川水，其天然品质绝对不是经过木炭过滤所能赋予的，天然清纯的冰川水再加上上等的芬兰六棱大麦，赋予芬兰伏特加最亲近大自然的清纯味道。

（4）瑞典

虽然伏特加酒起源于俄罗斯，但瑞典的“绝对伏特加”却在世界的伏特加知名品牌中名列前茅。绝对伏特加产自瑞典南部的小镇阿赫斯，1879年瑞典的酿酒师（Lars Olsson Smith）推出了一种去除烈酒中过量污染物的方法—— 连续蒸馏技术，一种超过100次蒸馏的创新工艺，彻底革新了瑞典传统的酿酒方法，有效去除了酿酒过程中的小麦残渣和水中的杂质，生产出口感柔和、清澈的酒。Smith将他所酿制的伏特加命名为Absolut Rent Branvin，意即“绝对纯净的伏特加”，因此他本人也被誉为“伏特加之王”。

位于瑞典南部的小镇Ahus以其特产的冬小麦而闻名，这些小麦赋予了当地伏特加独特的细腻口感和优质谷物风味。连续蒸馏法在酿造过程中使用的水质，取自深井中的纯净之水。这种酿造方法强调使用单一产地和当地原料进行生产。

（5）美国

美国地域广阔，人口众多，是一个多元文化的大熔炉。世界各地的移民将他们家乡的饮食文化引入美国，其中也包括他们各自的酒文化。在第二次世界大战开始时，俄罗斯制造伏特加酒的技术传到了美国，由于伏特加酒的工艺较简单，不需储藏，因此，美国许多企业都酿造伏特加酒，使美国也一跃成为生产伏特加酒的大国之一。

根据美国蒸馏酒委员会（Distilled Spirits Council of the US）的数据，伏特加是美国销量和销售额领先的烈酒，2022年，美国伏特加酒类的收入为72亿美元，同比下降了0.3%，销量下降了1.5%，为7690万箱九升装。尽管美国的销量有所下降，但预计到2030年，该品类在全球的价值将达到402.5亿美元。报告预测，预测期内的年均复合增长率为5.6%。高端及以上市场的增长更为积极，2022年的消费量增长了6%，预计至2027年的消费量年均复合增长率为3%。

（6）法国

法国一直以盛产优质的红酒和白兰地著名，但法国也利用了当地的农作物葡萄等来生产伏特加，使口感更柔顺。法国北部有着历史悠久的蒸馏工艺，结合法国首屈一指的勾调技术，酿造出了口味丰满的法国伏特加。最具盛名的就是法国干邑地区产的Grey Goose伏特加。

（7）中国

1897年随着中东铁路的修建，沙俄的势力与俄罗斯的侨民开始沿着铁路进入中国的东三省。此时哈尔滨成了大量俄国人的集中活动区，俄国人爱喝的伏特加渐渐流入中国。1900年俄国工程师柴可夫斯基在哈尔滨投资建设了中国最早的酒厂——柴可夫斯基酒精厂，为中国伏特加产业的出现奠定了基础。在1917年俄国十月革命后，伏特加的生产工艺开始流入中国黑龙江。此时在哈尔滨小型酒厂也慢慢出现，工艺的引入加上原料的充沛渐渐让伏特加的生产在中国东北站稳脚跟。目前哈尔滨以及安徽省宿州都有伏特加的生产厂家。

中国一直以来也是俄罗斯伏特加酒的主要买家。根据中国海关总署发布的数据显示，在2014—2021年11月份，中国伏特加酒进口金额呈现出波动增长趋势，截至2021年11月份达到了2365万美元，进口均价约为3.17美元/升，进口数量也增长到了745.2万升；而瑞典、意大利、俄罗斯、拉脱维亚等是中国伏特加酒的主要进口来源，其中从俄罗斯进口的伏特加酒进口数量为101.8万升，进口金额为308.5万美元。

2.3.4 伏特加在全球的流行和市场趋势

第二次世界大战之后，伏特加从东欧传播到欧美各国，凭借其独特风格和卓越品质，在国际市场上的需求量急剧上升。欧美地区发达的轻工业基础进一步优化了伏特加的内在品质，同时，伏特加的种类也变得更加多样化，使其成为全球范围内广受欢迎的蒸馏酒。

在2021年，疫情的逐渐好转以及大众消费能力的逐渐恢复，全球伏特加酒市场规模较上年呈现明显回升趋势，达到了3035亿元左右，并且预计在2022—2028年间仍将维持着接近3%的年均复合增长率，到2028年有望突破至3720亿元以上。从地区发展情况来看，以美国为代表的北美地区,以意大利、俄罗斯为代表的欧洲地区，是全球最重要的伏特加酒消费市场；与此同时，中国、印度等亚洲国家对包括伏特加在内的洋酒消费增长迅速，是全球伏特加酒的潜在消费市场。

随着人们对健康和品质的追求不断增加，伏特加作为一种相对清洁、低卡路里的酒精饮品，受到越来越多消费者的青睐。俄罗斯、波兰、瑞典等国家是伏特加的主要生产和消费国家，其传统的酿造工艺和优良的品质备受推崇。在欧洲，伏特加常被用于调制各种鸡尾酒，成为时尚、高雅的饮品选择。随着全球化的发展，伏特加在其他地区也逐渐受到欢迎。北美地区的消费者对伏特加的需求不断增加，特别是年轻一代消费者更倾向于选择伏特加作为饮品。在亚洲市场，尤其是中国市场，伏特加的消费也在逐渐增长，受到年轻人和时尚人士的青睐。

伏特加在全球的市场趋势呈现出多样化和活力。消费者对品质和健康的追求推动了伏特加市场的发展，各国的生产商和品牌也在不断创新和拓展，以适应不同地区和消费群体的需求。随着全球酒精饮品市场的竞争加剧和消费者口味的变化，伏特加行业仍将面临挑战和机遇，需要不断创新和提升产品质量，以保持市场竞争力和吸引力。伏特加作为一种传统的烈酒，有着悠久的历史和文化底蕴，吸引着人们对其传统和品质的追求。随着消费者对健康和天然食品的追求，未来伏特加市场可能会更加注重原料的质量和生产工艺的纯净度，推出更多健康、天然的产品。消费者对个性化和创新的需求不断增加，未来伏特加市场可能会出现更多创新口味和款式的产品，满足不同消费者的需求，例如,地域特色和文化传承、可持续发展和环保意识等。

2.3.5 名酒

（1）皇冠伏特加（Smirnoff）

皇冠伏特加自1818年在俄罗斯诞生，便获得了沙皇皇室的偏爱，以其纯净而强烈的口感享誉世界，引领了全球鸡尾酒的革新浪潮，并成为世界十大知名洋酒品牌之一。在帝俄时期，皇冠伏特加的酒厂在莫斯科成立，至今，皇冠伏特加的生产已经遍布全球。

皇冠伏特加（图2-28）作为市场上广受欢迎的品牌之一，在超过170个国家有销售，每日销量高达46万瓶，备受全球酒吧调酒师的喜爱。这款伏特加酒液清澈透明，无色，除了酒精的特有香气外，没有其他气味，口感清新且强烈，是制作鸡尾酒不可或缺的基酒之一。

皇冠伏特加通常采用优质的原料，精选小麦、玉米等，以及独特的脱盐水，确保产品的口感纯净和优雅。使用精湛的酿造工艺，先把纯酒精和脱盐水混合后，根据地区和品种的不同使用桦木炭或山毛榉炭过滤。经过多次蒸馏和过滤等步骤，以确保酒液的纯净和口感的平衡。再经过长时间的陈酿，让酒液在木桶中慢慢发展出独特的口感和香气。

皇冠伏特加以其高品质、独特口感和精美包装而著称，展现出高品质和奢华感，是伏特加爱好者和追求高品质烈酒的消费者的理想选择。

图 2-28 皇冠伏特加

（2）绝对伏特加（Absolut）

绝对伏特加（图2-29）是欧洲品牌，创于1879年瑞典，是享誉国际的顶级烈酒品牌，拥有多种口味的伏特加酒。虽然伏特加酒起源于俄罗斯（一说波兰），但是绝对伏特加却产自一个人口仅有一万的瑞典南部小镇Ahus。绝对伏特加不断采取富有创意而又高雅及幽默的方式诠释该品牌的核心价值：纯净、简单、完美。绝对伏特加除因纯净而著称外，也有众多的香料添加，它们香型丰富，香味稳定，例如，带来辛辣风味的不同种类胡椒，清香的柑橘加清新柔和的柠檬，经典的香草，以及果味清香，近年广受好评的桃和覆盆子。绝对伏特加凭借直率纯净的品质与高贵浓烈的芳香，不仅适合单独饮用，也能给各款鸡尾酒带来巧妙的修饰。

图 2-29 绝对伏特加

（3）灰雁伏特加（Grey Goose）

灰雁伏特加（图2-30）创立于1997年，是一款在法国干邑地区酿制的伏特加，独特的地理环境使之具有醇厚的品质，是法国最优质的伏特加之一。它由小麦酿造而成，口感柔顺，适合用来调配鸡尾酒。灰雁伏特加使用的水源取自法国中央高原地区，并经由大区富含钙质的土过滤；选用的小麦来自法国的面包之乡，宽广的拉波斯平原。这些原料的特点使其具有温和的酒性、软粒小麦细腻的芳香。在传统饮用伏特加的基础上，灰雁伏特加使用柑橘、柠檬、香草增加风味，广受消费者喜爱，被认为是酒吧最爱用的伏特加。

图 2-30 灰雁伏特加

(4)野牛草伏特加(Zubrowka)

野牛草伏特加(图2-31)是一家知名的波兰伏特加品牌,该品牌的历史可以追溯到16世纪,至今已有数百年的酿造传统。野牛草伏特加以其独特的野牛草风味而闻名于世,成为许多人喜爱的经典选择。早在400年前,人们就开始相信野牛草具有治疗作用,将野牛草添加到伏特加中。16 世纪,宫廷医生Stefan Falimirz编撰的植物标本集其中有一篇关于草药伏特加的章节,里面介绍了大约 70种配方,包括野牛草伏特加。

野牛草伏特加的特点在于其口感清爽、草本香甜,带有微咸的风味,让人回味无穷。野牛草是其独特的配方之一,为这款伏特加增添了独特的风味和香气。

野牛草伏特加通常可以单独饮用,也可以用来调制各种经典鸡尾酒,如野牛草马丁尼等。除了传统野牛草伏特加,Zubrowka还推出了其他口味的伏特加产品,如苹果口味的Zubrowka Biala苹果伏特加等,丰富了产品线,满足不同消费者的口味需求。总的来说,Zubrowka作为一家历史悠久且备受欢迎的伏特加品牌,以其独特的风味和优质的产品质量赢得了众多消费者的喜爱和认可。

图 2-31 野牛草伏特加

（5）霍尔捷茨卡伏特加（Khortytsa）

霍尔捷茨卡伏特加（图2-32）是一家知名的乌克兰伏特加品牌，以其优质的产品和丰富的口味而闻名。该品牌得名自乌克兰最大的岛屿霍尔捷茨卡岛，瓶标上印有品牌标志性的岛屿图案，展现了其与乌克兰文化和传统的紧密联系，象征着品牌的纯正和原始之美。霍尔捷茨卡伏特加作为乌克兰的一张名片，凭借其优质的产品和独特的口味，赢得了众多消费者的喜爱和认可，成为乌克兰伏特加市场上备受瞩目的品牌之一。

霍尔捷茨卡伏特加采用乌克兰特产的小麦和水源，经过多重蒸馏和过滤，保留了原料的纯净和天然风味，为其赋予了独特的口感和香气。霍尔捷茨卡伏特加的产品系列多样，满足了不同消费者的口味需求。霍尔捷茨卡伏特加适合单独饮用，也可以用来调制各种口感独特的鸡尾酒。

图 2-32 霍尔捷茨卡伏特加

（6）雪树伏特加（Belvedere）

雪树伏特加（图2-33）是一家享有盛誉的波兰伏特加品牌，其产品以高品质和精湛工艺而闻名。雪树伏特加采用波兰特产的丁香精制而成，经过多重蒸馏和过滤，保留了丁香的香气和口感，为其赋予了独特的风味。雪树伏特加作为波兰的一张名片，凭借其高品质的产品和独特的丁香风味，赢得了众多消费者的喜爱和好评，成为伏特加市场上的知名品牌之一。

图 2-33 雪树伏特加

雪树伏特加在市场上有多种系列，如Belvedere Pure（纯净款）、Belvedere Intense（浓香款）、Belvedere Unfiltered（未过滤款）等。雪树伏特加适合单独饮用，也可以用来调制各种经典鸡尾酒，如马天尼、莫斯科骡子等，为消费者带来不同的享受体验。

2.4 朗姆酒

2.4.1 定义及基本酿造工艺

（1）朗姆酒的概述

朗姆酒（Rum）是以甘蔗汁、甘蔗糖蜜、甘蔗糖浆（图2-34）或其他甘蔗加工产物为原料，经过发酵、蒸馏、陈酿、调配等多项工艺酿造而成的蒸馏酒，因此朗姆酒也被称为“糖酒”。它口感清爽、甜润、芬芳馥郁，常用作基酒用于鸡尾酒的调配（图2-35），饮用后使人心情愉悦。朗姆酒的酒精含量一般在30%~50%（*v/v*），酒体通常呈现出琥珀色、棕色或无色透明状。

图 2-34 朗姆酒的原料

朗姆酒的起源可追溯到加勒比海地区。自16世纪，此地广泛种植甘蔗并由此制备蔗糖，偶然发现了用甘蔗汁或糖蜜发酵和蒸馏可酿造出特殊的酒精饮料。早期朗姆酒的口感较为粗糙刺激，随着时间推移其生产酿造工艺不断完善，朗姆酒品质也大幅提升。目前，全球生产朗姆酒的地区很多，加勒比海地区的巴哈马、哥伦比亚、古巴、牙买加、圭亚那等国，拉丁美洲地区的巴西、巴拿马、哥斯达黎加等国以及印度-菲律宾产区。古巴被认为是朗姆酒的原产地，朗姆酒是古巴人的传统酒。1862年，古巴的百加得创造了古巴圣地亚哥最早的轻型朗姆酒，至今已享誉全球，成为朗姆酒的十大品牌之一。1966—1967年，古巴朗姆酒产业实现了空前的繁荣与发展，值得一提的是，古巴所有出口的朗姆酒都会贴上原产地质量保证标记，以此证明朗姆酒的高质量与产品真实性。20世纪随着古巴的开放，古巴朗姆酒重回市场，再现当初的辉煌。

图2-35 朗姆酒调配的鸡尾酒

（2）朗姆酒的定义与分类

根据我国工业和信息化部的推荐性行业标准（QB/T 5333—2018），朗姆酒是以甘蔗汁、甘蔗糖蜜、蔗糖或其他甘蔗加工产物为原料，经发酵、蒸馏、陈酿、调配而成的蒸馏酒，并且在其生产过程中不允许额外添加食用酒精。

朗姆酒的类型可以根据不同的原则或性质从多个方面进行划分，主要包括原料工艺、颜色、风格特征三个方面。

一是按照生产原料工艺的不同将朗姆酒分为农业朗姆酒、工业朗姆酒以及香料朗姆酒。农业朗姆酒是指通过发酵、蒸馏新鲜甘蔗汁而成的朗姆酒。欧洲对农业朗姆酒有严格的规定，要求只有在法国的海外部门和马德拉岛根据原产地命名控制（AOC）规定生产的朗姆酒才能被称为农业朗姆酒。工业朗姆酒是指以甘蔗糖蜜、甘蔗糖浆或废蔗糖为原料酿造而成的朗姆酒。农业朗姆酒和工业朗姆酒的区分多存在于法国系列朗姆酒中。香料朗姆酒在普通朗姆酒的基础上添加了香料或水果，多为肉桂、丁香、橙皮、肉豆蔻、迷迭香等，有些酒中还会加入着色剂，如焦糖色、糖浆等。

二是按照颜色分类可分为白朗姆、黑朗姆、金朗姆（图2-36），此种分类方式在朗姆酒中最为常见。白朗姆又称银朗姆，酒体颜色通常呈无色或淡颜色，其在蒸馏后需要经过活性炭过滤，然后在橡木桶中储存一年，有些甚至没有经过陈酿处理，因此整体口感较为清淡。黑朗姆酒体颜色较深，通常具有丰富的香气和浓郁的口感，其陈酿时间最长，通常会在内部经过重度烘烤的橡木桶中存放8~12年，有些还会在酒体中添加糖蜜添加物或焦糖色。金朗姆酒体颜色介于白朗姆和黑朗姆之间，通常呈现金色或琥珀色，储存工具要求是内部经过焦灼炭化的旧橡木桶，至少经过3年陈酿。

（a）　　（b）　　（c）

图2-36 白朗姆（a）、金朗姆（b）、黑朗姆（c）

三是按照酒体的风格特征不同可将其分为浓香型朗姆酒和清香型朗姆酒。浓香型朗姆酒风格浓重、强烈，具有复杂的香味和浓郁的口感，在发酵过程中需要接种细菌和酵母，经过相对较长时间的发酵与陈酿，陈酿时间大致为3年、6年、10年不等，有时为保证酒体颜色还会使用焦糖色，最终实现酒体酒香浓郁，味辛而醇厚。清香型朗姆酒发酵时只需接种酵母菌，蒸馏后需经活性炭过滤，除去致使酒体不平衡不和谐的成分。同时，清香型朗姆酒的发酵与陈酿周期短，只需在橡木桶中储存半年至一年即可进行后续勾兑等工艺，因此清香型朗姆酒酒体较轻，口感纯净清新，风味物质的含量较少，可用作多种鸡尾酒的基酒。

（3）朗姆酒的酿造

朗姆酒是以甘蔗汁、甘蔗糖蜜或甘蔗糖浆为原料，经过发酵、蒸馏、陈酿、调配而成的蒸馏酒。根据生产工艺的不同对朗姆酒存在进一步的区分，根据在发酵时是否接种丁酸菌可将其分为浓香型朗姆酒和清香型朗姆酒。图2-37简要介绍了朗姆酒的生产工艺，其中发酵、蒸馏、陈酿、调配是其不可或缺的酿造环节。

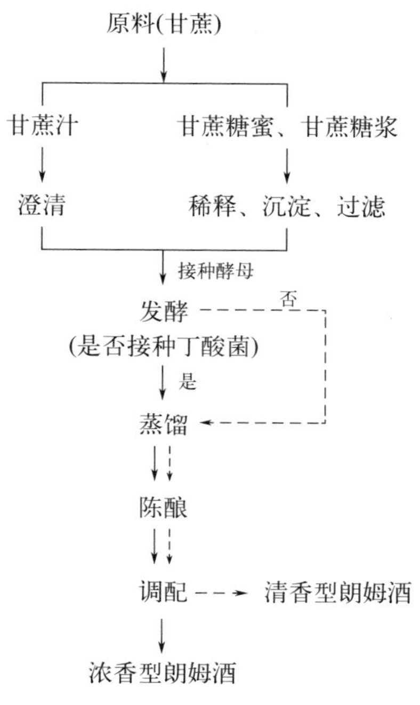

图2-37 朗姆酒生产工艺流程示意图
（虚线为清香型朗姆酒的生产工艺流程）

① **原料选择**

甘蔗汁、甘蔗糖蜜以及甘蔗糖浆三种不同原料酿造出的朗姆酒风味也存在不同之处，选择哪种原料与朗姆酒的生产类型有关。在清香型朗姆酒的生产中多采用甘蔗汁作为原料，其口感清爽、甘蔗果味较为丰富。甘蔗糖蜜与甘蔗汁相比水分更少，有更多的风味物质存在，因此以甘蔗糖蜜为原料酿造的朗姆酒风味更为馥郁，口感浓重，更适合浓香型朗姆酒的生产。甘蔗糖浆有时也会成为朗姆酒的生产原料，与甘蔗糖蜜相比，其成品酒的风味更接近于甘蔗汁的酿造效果。在实际生产中，甘蔗糖浆成本更低，因此是朗姆酒生产企业更为钟爱的原料。

选择不同原料也意味着要对其进行不同方式的前处理。当选用甘蔗汁时，其前处理方式较为简单，多为澄清工艺。而甘蔗糖蜜的处理需要经过几个不同阶段，与甘蔗汁相同，都需进行澄清处理，以除去其中的胶质物质，避免后期加热生成沉淀，但由于糖蜜具有一定的黏性，需要稀释后再经沉淀、过滤完成前处理，并根据其中总糖含量判断是否达到可发酵的水平，通常为10~12g/100mL。

② **原料发酵**

朗姆酒的发酵工艺主要是向原料中接种酵母菌，在浓香型朗姆酒的生产中还会接种丁酸菌以发酵产生丁酸，之后在合适的温度、pH、湿度等条件下进行发酵。所接种的酵母通常为裂殖酵母，裂殖酵母在朗姆酒发酵过程中能产生更多的香气化合物，最终酒体香气浓郁，更适合浓香型朗姆酒的生产酿造。在工艺的不断完善中发现此种酵母可用于多种酒类的生产酿造，包括葡萄酒、白酒、啤酒等，后来也证明啤酒酿酒酵母可用于朗姆酒的发酵生产。

发酵时长与朗姆酒的类型有关，有的仅需发酵2~4天，有的需要10~12天。并且在发酵过程中需要控制发酵温度、湿度、糖浓度、酵母数量等多种技术参数，由于朗姆酒发酵主要由酵母菌主导，因此还需额外关注细菌种类及数量，由此判断是否存在细菌污染，进而保证朗姆酒品质与风味。

③ **蒸馏**

蒸馏是所有蒸馏酒中必不可少的环节，也是最终产品质量的关键决定因素。不同类型的朗姆酒采用不同的蒸馏方式，其中最常见的为传统壶式蒸馏和连续蒸馏（塔式蒸馏）。

在传统壶式蒸馏中采用铜壶式蒸馏器经过二次蒸馏。第一次蒸馏后的酒体酒精度较低，仅能达到20%~30%（*v/v*），因此需进行第二次蒸馏以获得酒精度相对较高的原酒，第二次蒸馏后酒体的酒精度通常可以达到70%~80%（*v/v*），此种蒸馏方法得到的蒸馏酒口味纯净，酒体醇厚。

在连续蒸馏中对蒸馏器的改造以及蒸馏工艺的完善显得更加灵活，在连续蒸馏器对朗姆酒进行蒸馏时可以灵活选择进行串烧蒸馏还是二次蒸馏。在二次蒸馏的生产工艺中，塔板数相对较少，并且不同塔板间的温度存在差异，可以有效提高一次蒸馏酒的酒精度，达到40%~50%(*v/v*)，将其收集进行二次蒸馏以得到酒精度更高的酒液。除此之外，还可以选择增加塔板数，仅通过一次蒸馏即可获得高酒精度的朗姆酒原酒。连续蒸馏的蒸馏酒香气更加纯净，但口感较为清淡。

④ **陈酿与调配**

蒸馏后的朗姆酒进入陈酿阶段，陈酿过程会减弱新酒中不协调、不和谐的口感和香气，减弱刺激感，使酒体更加柔和。

朗姆酒的陈酿一般在烘烤过的橡木桶中进行（图2-38），已有实践表明橡木桶经过烘烤后可增加呈现出芳香气味的化合物，减少部分有害成分。在陈酿过程中，橡木桶中的香气化合物会溶解在酒体中，进而赋予朗姆酒芬芳馥郁的香气以及更为柔和醇厚的口感。值得注意的是，橡木桶的烘烤程度也会对最终酒的品质产生影响，轻度和中度烘烤可以提供宜人的气味，但重度烘烤易产生不愉快的焦糊味。

陈酿时间也与朗姆酒的类型有关。相比于清香型朗姆酒，浓香型朗姆酒的陈酿时间要长得多，有些甚至达到10~12年。英国有法令对朗姆酒等蒸馏酒的陈酿时间进行了规定：对于朗姆酒、威士忌和白兰地，必须经过3年的老熟，才可以在市场进行销售。足见陈酿对酒体品质提升的重要性。

调配是决定成品酒最终风味细节的关键步骤。对于一个朗姆酒生产企业，必然存在着不同年份不同种类的原酒，呈现出各种不同的风味。勾调师在明确成品酒的风味和类型后，对基酒进行调配，分类完善，这个过程就像是艺术家在创作，调酒师以酒为笔墨，以调酒容器为画卷，勾勒出朗姆酒独有的色彩与浪漫。

图 2-38 橡木桶常用于朗姆酒陈酿

2.4.2 风味特点

（1）整体风格特点

朗姆酒以甘蔗汁或甘蔗糖蜜等为原料，其酒体最为突出的风格就是口感甜润细致，与其他蒸馏酒相比酒精的刺激感较弱，整体风味芬芳馥郁，呈现出一定的水果香、海水味、蜂蜜香、焦糖香、木香、陈香、肉桂以及香草等的香气。朗姆酒整体风味的形成是由其中的香气活性化合物决定的，尽管这些化合物在酒体中占比很小，但仍对最终风格起到决定作用。朗姆酒中最具活性的风味物质主要有辛酸乙酯、2-甲基丙酸乙酯、丁酸乙酯、橡木内酯、β-大马酮、香草醛、糠醛、香兰素等。风味化合物的形成与许多因素有关，更是在多个过程中形成的。

首先口感甘甜细腻是朗姆酒的独特风格，无论是直接饮用还是和其他饮品混合调制都具有浓郁的甜味，这主要源自其生产原料。在朗姆酒的酿造中以甘蔗汁、甘蔗糖蜜等为原料，原料中含有丰富的有机化合物，不仅为甘蔗汁、甘蔗糖蜜提供风味，还可以通过发酵、蒸馏、陈酿等步骤直接或间接进入到朗姆酒中。直接进入酒体中就可以为酒体风味的形成直接贡献特定的香气，如甜香、果香、酸味等，还可以作为风味物质合成前体，通过化学反应进一步为朗姆酒的特殊风味做出贡献。例如甘蔗糖蜜中的3-甲基丁酸被认为是朗姆酒中2-乙基-3-甲基丁酸的前体物质，2-乙基-3-甲基丁酸为朗姆酒贡献一定的酸度。除此之外，朗姆酒中糠醛、二羟基丙酮、甲酸、月桂酸乙酯、2-甲酰组胺等化合物均来自原料。

在朗姆酒发酵过程中，存在多种微生物的协同作用，通过复杂的微生物群和酶系反应为朗姆酒提供了丰富的香气。主要发挥作用的微生物是酵母菌、细菌以及少量的霉菌，各菌种产生各自独特的代谢产物但又相互影响，最终实现朗姆酒风味的丰富与提升。如丁酸菌的主要代谢产物是丁酸，除了直接对朗姆酒的风味提供酸味外，还可以与酵母菌发酵产生的乙醇发生化学反应生成丁酸乙酯，为酒体进一步贡献令人愉悦的果香气。

朗姆酒的陈酿过程也会为其香气的形成“添砖加瓦”。朗姆酒通常在烘烤后的橡木桶中完成陈酿，在此阶段，除了橡木桶中的物质分子会溶解转移到酒体中，完成物质交换外，还会存在一些复杂的化学反应，如美拉德反应、酯化反应等，为完善朗姆酒的品质做出重要贡献。在美拉德反应中，朗姆酒的色、香、味都会受到一定的影响，首先美拉德反应的进行会使酒体颜色发生变化，陈酿时间越长的酒体呈现出更深的橙色甚至黑色。其次，美拉德反应会生成醛酮类、吡嗪类、呋喃类等挥发性风味化合物，为酒体增加烤香、陈香等较为醇厚、浓郁的风味。此外由于橡木桶内部是一种微氧的环境，在长期存放后能使朗姆酒色泽更加均衡，酒体质量趋于稳定，呈现更加圆润温和的口感与香气。

（2）不同品类风味特点

被称为“海盗之酒”的朗姆酒的发展与流派划分与曾经的殖民统治有密不可分的关系，经过长久的发展，目前主要形成英式朗姆酒、法国朗姆酒以及西班牙式朗姆酒三个流派。由于其酿造原料、工艺细节等的不同导致各流派间形成不同的风味体系。

在英式朗姆酒的酿造中，主要以甘蔗糖蜜作为生产原料，将传统壶式蒸馏器作为主要的蒸馏装置。因此英式朗姆酒的整体风味中甜味更重，带有更浓厚的甘蔗糖蜜的味道，酒液的黏稠度也更高，整体风格更加浓厚稳重，同时酒体颜色偏深，形成独具一格的风格。英式朗姆酒根据酿造过程中风味物质生成量可进一步分为淡香、中浓香以及浓香三种类型，3种朗姆酒酿造过程中风味物质的生成量逐渐增加，风味更加馥郁芬芳，酒香和甘蔗糖蜜香更加浓郁，口感也更加醇厚，并且随着在橡木桶中陈酿的时间不断增加，酒体的颜色也从透明、淡色等逐渐变为琥珀色、橙色甚至黑色。

法国朗姆酒对原料要求和分类更加严格，将以新鲜甘蔗汁为原料酿造的朗姆酒定义为农业朗姆酒，以甘蔗糖蜜、甘蔗糖浆或废蔗糖等制糖副产品为原料酿造的朗姆酒规定为工业朗姆酒。法国AOC规定农业朗姆酒中挥发性物质的含量100升100%（*v/v*）的酒精中必须不少于225克，因此法国农业朗姆酒被认为有更高的价值，经常与法国白兰地相提并论。这种朗姆酒口感较为干涩，没有浓郁厚重的香草等香气，整体风味较为清新，果香相对突出，并伴随着青草香等植物自然地风味，成为一类优雅的朗姆酒而受到消费者的推崇和喜爱。不同品牌的同类朗姆酒的风味也存在着细微的差异，如Rhum JM Blance作为经典的法国农业朗姆酒由新鲜甘蔗汁发酵而成，酒体光滑，整体风味表现为丰富的草本香气伴随着花香、果香以及酸橙皮等的香气，并且饮用后回甘明显。Duquesne Rhum Blance作为未经过陈酿的朗姆酒，其青草香和泥土香气更为凸显，并伴随着蜂蜜和水果香气等。

西班牙式朗姆酒主要集中在使用西班牙语的南美地区以及加勒比海地区，分布较为广泛。相较于英式朗姆酒和法国朗姆酒，西班牙式朗姆酒流入市场的时间较晚，因此没有前两种朗姆酒的流行趋势大。西班牙式朗姆酒的生产原料与英式朗姆酒相同，均使用甘蔗糖蜜，利用柱式蒸馏器进行蒸馏取酒，但不会进行很长时间的陈酿。西班牙式朗姆酒风味的形成主要取决于发酵以及陈酿过程，因此气候相差较大的朗姆酒产区所产出的西班牙式朗姆酒具有不同的风格。在气候较为温和的地区的朗姆酒整体香气较为典雅、醇厚、馥郁；而在气候较为炎热的地区，朗姆酒风格更加活泼，整个酒体更具活力。例如哈瓦那俱乐部生产的马西莫至尊朗姆酒产地为古巴，其酒液色泽诱人，呈现出琥珀色，并且酒体风味丰富且和谐，巧妙地融合了干果香、水果香、陈香、草木香等多种香气。

2.4.3 生产国

（1）古巴

古巴是目前公认的朗姆酒的原产地，国名源自泰诺语“coabana”，含义为“肥沃之地”“好地方”。古巴位于北美洲加勒比海北部，是大安列斯群岛中面积最大的岛屿，因其整体形状与鳄鱼极其相似，又被广泛称为“加勒比海的绿色鳄鱼”。古巴作为一个具有神秘色彩的热带国度，其地理环境丰富多样，不仅拥有海滩、珊瑚礁以及丰富的海洋生态系统，还拥有各色的山脉、丘陵和平原。整体呈现为热带雨林气候，只有在西南部沿岸背风坡地带表现出少有的热带草原气候，并且年平均气温较高，大约在25℃，降水量也较高，年平均在1000毫米以上。

提起朗姆酒在古巴的发展，不得不提起古巴独特的地理位置。古巴坐落于墨西哥湾与加勒比海的中心地区，北部与美国的佛罗里达半岛仅有一海之隔，西部与墨西哥的尤卡坦半岛也是一海之隔，同时还与加勒比海地区国家，如巴哈马、海地、牙买加等毗邻，被称为“墨西哥湾的钥匙”，是重要的海上交通战略要道。1494年哥伦布在第二次航行美洲时再次到达古巴，并带来了制糖甘蔗的根茎，也正是由于古巴优越的气候条件适宜，甘蔗得以在此地区生长而推广开来。后经商人、海盗等将使用甘蔗汁制作烈性饮料的方法传入古巴，古巴人除了用甘蔗制糖外，也将其酿造为早期朗姆酒，进而古巴朗姆酒发展流传至今。

古巴朗姆酒（图2-39）品类众多，白朗姆、金朗姆、黑朗姆均有生产。1966年和1967年，古巴朗姆酒的酿造就发展到了一个新的高度，自那时起，古巴所产的朗姆酒贴有原产地质量保证标记，表明朗姆酒的高质量。以百加得朗姆酒为例，百加得白朗姆较为特殊，具有一定的草本香气；百加得黑朗姆口感厚重，其中还补充了杏、核桃、热带水果等的香气，具有特殊的风格；而百加得金朗姆的口感顺滑、香甜气味较为浓郁。在世界十大朗姆酒的排名中，百加得、马西莫至尊、马利宝都产自古巴。

图 2-39 古巴朗姆酒

（2）牙买加

牙买加是加勒比海地区的一个岛国，东面为牙买加海峡，与海地遥遥相望，是加勒比海第三大岛，更是美洲与大西洋交汇点的岛国。由于其地理位置的特殊性，使得牙买加成为各国、各地区文化交融的地方。

也正是牙买加重要的地理位置，1655年英国舰队占领了牙买加，并将甘蔗幼苗引入该岛屿进行大量种植。牙买加是典型的热带雨林气候，全年温差不大，平均温度维持在22~31℃，降雨量充足，适合甘蔗的种植。在英国舰队占领牙买加后，英国水手和海军的日常配给由之前的法国白兰地逐渐变为朗姆酒，但是早期的朗姆酒酒精度较高，日常频繁、大量饮用导致军队中人员醉酒、酗酒严重。在未进行生产工艺改良前，人们将高酒精度的朗姆酒用水或果汁混合调配，形成早期的调配酒。至今牙买加仍盛产风格强劲的朗姆酒。

牙买加朗姆酒通常采用传统的壶式蒸馏，但在冷凝器与壶之间增加了两个“小罐子”，这两个小罐子赋予了牙买加朗姆酒独特的风味，相当于将蒸馏后的低度酒再次进行蒸馏提纯。牙买加朗姆酒风格强劲，除了酒精度高外，还富含大量的酯类化合物，不过这些酯类化合物在不同的品牌和类型的朗姆酒中物质的种类和浓度分布也不尽相同，有些果香浓郁，而有些则会出现较重的指甲油气味。

牙买加目前较大的朗姆酒集团有四家，分别是J. Wray & Nephew、Hampden、National Rums of Jamaica、Worthy Park。其中Hampden、National Rums of Jamaica均以朗姆酒中高浓度的酯类化合物含量而闻名，这也代表了牙买加朗姆酒主要的风格特点，特别是National Rums of Jamaica旗下的摩根船长更是成为世界十大朗姆酒品牌之一，受到广大消费者的喜爱。

（3）巴西

巴西位于南美洲东部，东临南大西洋，西面、北面、南面均与南美洲的国家相邻，是南美洲地理面积最大的国家，也是世界第五大国。亚马孙、巴拉那以及圣弗朗西斯科三大河系均在巴西境内，国家内部的河流数量多、水量大，主要分布在北部平原地区，巴西的西南部有水利枢纽伊泰普水电站。巴西的气候以热带气候为主，但由于地域宽阔，不同地区仍存在一定的差异：巴西北部属于热带雨林气候，平均温度较高，一般在28℃左右；中部属于热带草原气候，温度跨度较大，一般在18~28℃之间；巴西南部分属亚热带季风性湿润气候，平均温度在16~19℃之间。正是巴西适宜的气候和方便的地理位置才使得葡萄牙定居者在16世纪将甘蔗引入巴西地区，并顺利种植。

甘蔗的引入使得巴西朗姆酒发展的齿轮开始转动，当地人们发现使用甘蔗发酵能生产出一种甜味酒，由此开展了巴西朗姆酒酿造工艺的不断发展完善之路。卡莎萨（图2-40）则是巴西朗姆酒的代表，一度被称为巴西的“国酒”，曾因为早期朗姆酒酿造工艺的简单便捷，还将其称为“工人阶级精神”，但随着工业革命的进行以及高新技术的不断发展，朗姆酒的酿造工艺也逐渐变得复杂，卡莎萨的风味也逐渐变得丰富、多样，随着进出口贸易逐渐遍布全球。

卡莎萨朗姆酒与法国农业朗姆酒一样，均以新鲜甘蔗汁作为原料进行酿造，并以天然酵母等进行发酵。但卡莎萨的独特之处在于有些酒厂在进行酿造时会添加烤玉米、面粉等作为原料，甚至还会在发酵阶段用大麦麦芽来作为糖化剂进行混合发酵。这与朗姆酒的规定与定义并不相符，因此卡莎萨后来不再被称为巴西朗姆酒，而是作为一种新的酒类—— 卡莎萨甘蔗酒。与普通朗姆酒相比，卡莎萨也会存在一些特殊的风格特点，卡莎萨酒体的泥土气味会稍重，并且大多数酒液的口感都较为质朴，伴随着草本、木本植物的香气。据《巴西外贸年鉴》统计，卡莎萨酒已经成为世界三大蒸馏饮料之一，与苏格兰的威士忌、法国的白兰地和俄罗斯的伏特加一并成为人类酿酒史上的奇迹。

图 2-40 巴西国酒卡莎萨

（4）法国（马提尼克大区）

马提尼克是法国的一个大区，位于东加勒比海东部、小安的列斯群岛的向风群岛最北端，以岛上优美的自然风光享誉内外。岛上拥有火山和海滩，生产各种热带植物，包括甘蔗、棕榈树、菠萝等，曾被哥伦布誉为“世界上最美的国家”。马提尼克岛上属于热带雨林气候，全年温度较高且温差很小，一般维持在24~27℃。1~6月份马提尼克岛处于干旱时期，7~12月降雨量十分充足，雨水可保证岛上植物的种植。

马提尼克属法国区，因此朗姆酒的生产与分类都参照法国的标准，该地区生产的朗姆酒主要是农业朗姆酒。早期各国、各地区甘蔗的种植主要用于糖的生产，糖生产过程中的副产物糖蜜曾用于朗姆酒的生产。早期马提尼克种植的甘蔗同样用于糖的生产。但随着工业革命的进行，使得糖的制造原料从甘蔗逐渐转变为甜菜，生产原料的丰富使得糖价降低，使用甘蔗生产糖的高成本途径逐渐被市场弱化。此时，马提尼克地区部分厂家放弃了糖的生产，将所有鲜榨的甘蔗汁用于朗姆酒的生产酿造，这种朗姆酒就被定义为农业朗姆酒。

马提尼克朗姆酒符合法国AOC标准，表现出典型的法国朗姆酒风味的同时，也在众多的朗姆酒品类中占据自己的一席之地。以甘蔗汁为原料酿造的马提尼克朗姆酒具备更浓郁的甘蔗香气，并且通过改良发酵技术，将其进一步分为偏向清香型的朗姆酒和偏向浓香型的朗姆酒。前者适当缩短发酵时长，使得酒体轻盈，具有活泼的水果香气，伴随着轻微的花香以及海边种植的甘蔗独特的海水微咸的味道，口感丝滑、平和，不过回甘感相对较弱。而偏向浓香型的马提尼克朗姆酒酒体更为厚重，饮用后口感较干，仍以甘蔗风味为主导，伴随着咸酱香、蔬菜气味、草木香以及部分香料的气味。马提尼克的克莱蒙朗姆酒被评为世界十大朗姆酒之一，受到世界各国消费者的喜爱。

（5）墨西哥

墨西哥位于北美洲南部，北面与美国相邻，南面与危地马拉和伯利兹接壤，东面与墨西哥湾和加勒比海相邻，西南方濒临大西洋，是南美洲、北美洲陆路交通的必经之地，素有“陆上桥梁”之称。墨西哥国家分布跨度较大，地处亚热带和热带，并且国土中部被北回归线贯穿，因此全国气候复杂多样。在高原地区呈现热带高原气候特征，年平均温度维持在10~26℃；西北方向内陆表现为大陆性气候；沿海以及东北部呈现出热带气候，干旱与雨季分明，5~9月降雨量较多，10月~翌年4月大部分地区会出现干旱。

在墨西哥，朗姆酒的生产在融合古老传统的同时使用现代化的设备，是巴博萨朗姆酒的原产地。

2.4.4 名酒

（1）百加得（Bacardi）

百加得朗姆酒是由古巴百加得公司创立的高档型烈性朗姆酒品牌，是当今世界三大洋酒品牌之一，源于古巴的圣地亚哥，口感纯正、顺滑，以其独特的香气、辛辣的味觉刺激象征着拉丁加勒比精神的自由、色彩与激情。

古巴朗姆酒的起源可以追溯到哥伦布航海带来了甘蔗根茎，进而创造了古巴朗姆酒深入发展的机会。百加得朗姆酒的创始人是西班牙葡萄酒商人法昆多·百加得，当其移民至古巴圣地亚哥地区时，当地的朗姆酒行业虽已经开始发展，但仍处于初期阶段。此时酿造的甘蔗蒸馏酒口感粗糙，香气淡薄，后被认为只能算作朗姆酒的雏形。而当时法昆多志在改良此款蒸馏酒，发现来自法国干邑区的酵母适合用于朗姆酒的发酵生产，并且经过此发酵过程，朗姆酒风味更为丰富。除发酵阶段，法昆多还利用木炭过滤掉酒液中的杂质，酒体更为纯净，并且巧妙地使用橡木桶作为容器储存朗姆酒以进行短期简单的陈酿以增加风味。经过不断试验，百加得酿造出了世界上第一瓶酒体纯净清澈、口感柔和、圆润的白朗姆酒。自此，百加得朗姆酒便在历史的长河中起起伏伏，跌跌撞撞向前，成为世界三大洋酒品牌之一。

根据百加得朗姆酒的风格特点可进一步分为百加得白朗姆、百加得金朗姆和百加得黑朗姆（图2-41）。百加得白朗姆以其口感纯净、酒体轻盈著称，其口感清淡细腻，伴随着热带水果香气以及薰衣草等花香。百加得白朗姆生产酿造时使用单一的酵母菌进行发酵，将蒸馏后的酒体经活性炭过滤除去其中杂质，净化酒体，并且白朗姆的陈酿时间很短，甚至可以不陈酿。

百加得黑朗姆酒体颜色较深，近似红棕色。整体香气浓郁，口感醇厚温润，带有浓郁的热带水果香气。百加得黑朗姆在酿造时会选用重度烘烤的橡木桶进行较长时间的陈酿，有些还会使用香料汁或焦糖色进行调色。

百加得金朗姆酒香浓郁，呈现出果香和橡木香，口感稍显醇厚，介于白朗姆和黑朗姆之间，并且金朗姆层次也比较复杂。在其酿造过程中，在蒸馏后会在内侧灼烧过的橡木桶中完成陈酿阶段，最终形成金色或琥珀色的酒液。

（a）（b）（c）

图 2-41 百加得经典白朗姆（a）、金朗姆（b）、黑朗姆（c）

（2）摩根船长（Captain Morgan）

摩根船长朗姆酒品牌创建于1680年，其产地为牙买加。摩根船长朗姆酒承载着独特的冒险精神与追求自由的意志和决心。传闻摩根船长在进行海上航行时，发现了加勒比海岛，在阳光的照耀下他发现了一块长满甘蔗的沙滩，并下决心用甘蔗酿制成独特的朗姆酒。1667年牙买加总督向摩根船长颁发了船只和货物扣押的许可证，也正是由此，摩根船长成了一名具有合法性的“海盗”。1945年，受这段故事的影响，施格兰饮料公司在牙买加创立了摩根船长朗姆酒品牌。

摩根船长朗姆酒不仅承载着独特的精神与追求，更以其浓郁的香气和醇厚的口感闻名于世。根据风味不同，可将摩根船长朗姆酒进一步分为三类：摩根船长黑朗姆（图2-42）、摩根船长金朗姆、摩根船长白朗姆。相较之下黑朗姆风味更为浓郁，在饮用时，会先感受到朗姆酒特有的甜香，而后伴随着丰富的香料香气以及草木香、陈香等，酒体香气馥郁，口感醇厚，层次感分明。

图 2-42 摩根船长黑朗姆

摩根船长金朗姆酒味香甜，是具有令人愉悦香气的新型朗姆酒。金朗姆普遍酒性较为浓烈，但摩根船长金朗姆与众不同，其味道甘甜，主体是甘蔗的清香，相比黑朗姆香气更加淡雅，具有独特的香草香气，但又比白朗姆口感更为醇厚，香气更加馥郁。这源自于金朗姆独特的生产工艺，其蒸馏后在灼烧过的橡木桶中陈酿三年以上，并且在最后调配时会加入加勒比海岛当地的香料，产生独特的香草味，赋予摩根船长金朗姆独特的风味。摩根船长白朗姆相比之下则是酒体最为清澈透明、轻盈干爽，风味最为清冽纯净的一款酒。

（3）哈瓦那俱乐部（Havana Club）

哈瓦那俱乐部原产地在古巴，其发展史同样可以追溯到哥伦布将蔗糖引入古巴进行大批量种植利用。哈瓦那俱乐部名字的由来是古巴首都哈瓦那以及古巴朗姆酒的酿造艺术与传统。哈瓦那俱乐部朗姆酒以其独特的风味受到消费者的一致好评，Don José Navarro评论说：“哈瓦那俱乐部是如此独特、芬芳、醇厚、顺滑，它总是让我联想起一望无际的甘蔗田，”“别的朗姆酒总是太简单或者太冲了，哈瓦那俱乐部则风格强烈，同时也兼具复杂与和谐，带给人们丰满、感性的味觉体验，”“哈瓦那俱乐部口感持久，即使与果汁调配，它的香气也不会很快消逝，风味更是诱人。”

哈瓦那俱乐部（图2-43）中所有的朗姆酒都是经过陈酿的，较为经典的品牌有哈瓦那俱乐部7年、3年以及哈瓦那俱乐部白朗姆。经过独特的调配工艺最终造就了哈瓦那朗姆酒清爽温和、果香丰富、回甘明显、留香持久的风格特点，特别是哈瓦那俱乐部马西莫至尊朗姆酒更是巅峰之作，被称为“朗姆酒中的劳斯莱斯”，其香气丰富并且极具成熟优雅的特性，口感圆润丝滑、回味浓厚。如今哈瓦那俱乐部已经成为古巴朗姆酒的引领品牌，承担着将古巴朗姆酒传承与发扬的责任。

图 2-43 哈瓦那俱乐部朗姆酒

（4）马利宝（Malibu）

马利宝是一款较为特殊的朗姆酒品牌，产地在西班牙。除了是朗姆酒外，马利宝还是风味利口酒，其生产原料不仅仅是甘蔗，在早期，马利宝是用水果酒、风味朗姆酒和风味椰子调配而成的，是一款椰子朗姆酒。自1980年推出后，马利宝朗姆酒便以其独特的椰子风味迅速在市场发展，受到消费者的广泛喜爱。

马利宝椰子朗姆酒（图2-44）的酿造是通过甘蔗糖浆的发酵来进

行的，以朗姆酒为基础，添加适量的椰子汁与椰肉浆以及各种糖类，再经纯净的泉水与特定的酵母发酵而成，酒精含量普遍在21%（*v/v*）。在生产酿造时将发酵后的酒液进行三次蒸馏获得口味清爽、淡雅，香气醇厚、丰富的朗姆酒，并在酒中以椰子和糖来点睛，清新淡雅的朗姆酒中伴随着椰子清甜的香气，两相融合，最终呈现出和谐柔和的风味。最初马利宝朗姆酒只有椰子风味，发展至今除了经典的椰子风味外，还增加了多种口味风格，包括用香蕉、菠萝、芒果等调味的版本，而经典的椰子风味在世界椰子酒排名中位居第一。

图 2-44 马利宝椰子朗姆酒

2.5 金酒

2.5.1 定义及基本酿造工艺

（1）金酒的概述

金酒（Gin）是一种富含杜松子味的烈酒，通常是以谷物酒基为原料，通过对以杜松子（图2-45）为主的天然植物成分进行再蒸馏而成。金酒的风味取决于所使用的草药和植物，除了贡献主要风味的杜松子外，其他常见的成分包括香菜、当归根、肉桂、甘草、果皮和不同的浆果等。金酒一般有较高的酒精度，根据欧盟法规的规定，其最低酒精度为37.5%（*v*/*v*）。因此，常常作为调酒的基酒使用。其风格多样，包括伦敦金酒、伦敦干金酒、托尼克水金酒等，每种风格都有其独特的口感和香气特征。

图 2-45 杜松子

金酒的名称来源于荷兰文中的“Jenever”或“Genever”，意为“杜松子酒”，其历史可追溯至17世纪。在那个时期，荷兰人将酒与草药混合，用作利尿、清热的药剂，帮助在东印度地域活动的荷兰人预防热带疟疾病。在使用的草药中，杜松子具有浓郁的香味且具有药用价值，并被广泛用于酿制金酒，很快金酒受到荷兰及周边国家的欢迎。进入18世纪，金酒逐渐演变成为一种独特的饮品，在荷兰和英国流行。18世纪后期，随着英国工业革命的兴起，金酒的生产技术得到了进一步的改进和发展，逐步出现了不同风格和口味的金酒。至今，金酒已成为一种具有多样化风格和口味的蒸馏酒，深受全球消费者喜爱。不同品牌和生产商都在不断创新和发展金酒的配方和工艺，以满足消费者的需求。金酒作为一种经典的调酒基酒，在金汤力（Gin and Tonic）、马提尼（Martini）等各种鸡尾酒的调制中发挥着重要作用。

（2）金酒的定义与分类

金酒是以粮谷等为原料，经糖化、发酵、蒸馏所得的基酒，用包括杜松子在内的植物香源浸提或串香复蒸馏制成的蒸馏酒。金酒的分类方式多样，通常根据制作工艺、生产地区和风味特点等因素进行综合考虑。

根据生产方法（原料的选择、酿造方式以及蒸馏方法）的差异，金酒可分为不同的类型。首先，在原料的选择上，金酒通过使用不同的谷物（如大麦、玉米等）作为原料酿制而成，同时为增加金酒的风味，在酿制中添加天然植物提取物（如杜松子、柑橘皮、香料等）（图2-46）或人工合成的香料和添加剂，基于此，金酒可分为天然添加物金酒和人工添加物金酒。伦敦干金酒是金酒中最经典的类型之一。其主要采用了一次性加入所有植物提取物的方法，并在蒸馏过程中不允许添加其他香料或甜味物质。基于此，该金酒口感干净、清爽，以杜松子的香味为主导。根据酿造方式的差异，金酒分为酿造法金酒和中性酒基金酒。酿造法金酒是使用麦芽作为原料酿造的金酒，类似于威士忌的制作方法；中性酒基金酒是使用中性酒基（通常是谷物酒精）作为原料酿造的金酒。根据蒸馏方法的不同，金酒分为蒸馏法金酒和调和金酒。蒸馏法金酒是一种使用蒸馏法制作的金酒，主要通过使用杜松子和其他植物提取物在蒸馏过程中与金酒基酒一起蒸馏制备而成；调和金酒则是一种将杜松子和其他植物提取物直接与金酒基酒混合而成的金酒，并未经过蒸馏过程。

图 2-46 金酒的其他植物草本香料

金酒根据其生产地区的差异分为英式金酒、荷式金酒、美国杜松子酒等。其中出现了许多具有地理标志的金酒品牌，例如，普利茅斯金酒（扁鼻金酒）、猴王47金酒、添加利金酒、亨利爵士金酒、植物学家金酒等。金酒起源于荷兰，荷兰的金酒通常称为荷式金酒。其通常使用大麦作为主要原料，具有浓郁的麦芽香和香料味，这种类型的金酒往往只适用于纯饮。英式金酒，特别是伦敦干金酒，以其清淡而纯净的口味著称。伦敦干金酒采用玉米作为主要原料，通过连续蒸馏方式生产，其特点是口味干爽，香气优雅，非常适合作为鸡尾酒的基酒。伦敦干金酒的定义非常严格，不仅要求杜松子的香味必须占主导地位，还规定了具体的生产方式和酒精浓度。美国杜松子酒则展现了更多的创新性和多样性。美国的金酒生产商不拘泥于传统配方，而是大胆尝试加入各种本地植物和水果，创造出多种风味各异的金酒。这些金酒既有淡金黄色的，也有通过木桶陈年得到的更加复杂的香气和味道。普利茅斯金酒源自英国普利茅斯地区，是一种具有地理标志的金酒。其中，扁鼻金酒是一种生产于英国普利茅斯地区的地理标志金酒，与伦敦干金酒相比，该金酒具有更柔和、平衡的口感和更浓郁的香气特征。除此之外，其他具有地理标志的金酒在原料选择和酿造工艺上各有其特点，具有不同的风味特点。

根据其口感、气味和风格等差异，金酒分为干金酒、老汤姆金酒、现代风格金酒、果味金酒等。干金酒是一种风格较为干爽的金酒，通常具有清爽的口感和较为突出的杜松子风味，并伴有柑橘和香料的味道。老汤姆金酒则是在干金酒中使用糖、植物原料、蜂蜜或桶陈等赋予其甜味，是一种甜味金酒。现代风格金酒风味更加独特，除包含了传统的杜松子风味外，因添加了其他植物提取物或调味剂，致使味道更加多样化。因在酿造过程中添加了成熟的水果和香料，与传统金酒相比，果味金酒的风味更为丰富。

（3）金酒的关键生产工艺流程

金酒的生产工艺流程见图2-47。原料经过处理后进行糖化，将淀粉转化为可发酵的糖类，然后加入酵母进行发酵，产生酒精。发酵后的

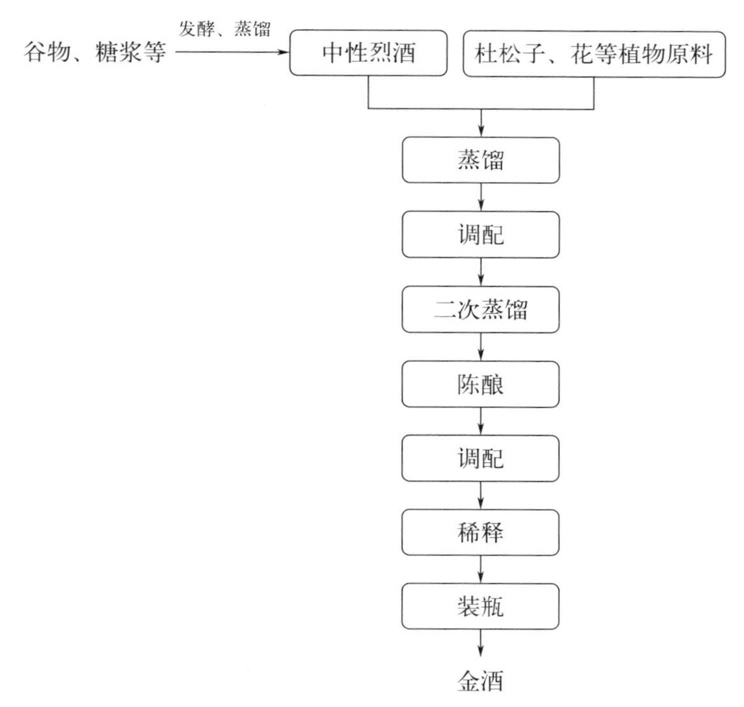

图 2-47 金酒生产工艺流程示意图

液体通过蒸馏分离出酒精和其他挥发性成分，随后加入香辛料进行二次蒸馏赋予其杜松子香味，然后进行陈酿，吸收木桶中的香气和风味。最后，酒液经过调配和勾兑，去除杂质后装瓶封存，销售。

① 基酒的制备

金酒的基酒一般是由谷物、糖浆等为原料，经发酵、蒸馏而成，通常被蒸馏至较高的酒精度以除去原料的气味得到中性烈酒，作为后续处理的基酒。

② 蒸馏

通过蒸馏法生产的金酒需要将基酒和植物原料共蒸馏，从而赋予金酒独特风味，这些植物原料通常包括水果、花、香草和香料等。其中，杜松子是最重要的植物原料。将这些植物原料按照特定的配方调配好后，通常需要在基酒中进行浸泡，使其中的风味成分在蒸馏过程中更容易被提取；一些不适合浸泡处理的草本原料会被放置在镂空篮中被蒸馏过程中产生的基酒蒸气所萃取。

通过混合法生产的金酒仅需将基酒与草本原料香精混合即可。

③ 二次蒸馏

为确保金酒的口感更加纯净和醇厚，酒体会经过二次蒸馏，以进一步提炼香气和风味物质。

④ 陈酿

金酒通常需要一定时间陈酿，使风味物质充分融合，且增添一些木质风味并使酒体更加平衡。

⑤ 勾兑

将蒸馏后的金酒进行勾兑，即混合不同批次的金酒，以确保产品的一致性。

⑥ 稀释

金酒在灌装之前需要进行稀释，使酒精度达到所需标准。

2.5.2 风味特点

（1）金酒总体风味特点

金酒的总体风味特点主要包括：浓郁的香气、丰富的口感、复杂的风味轮廓、醇厚而平衡以及悠长的回味。具体来讲，金酒具有浓郁而复杂的香气，这主要来自其特定的发酵和蒸馏工艺，以及长期的陈酿过程。这些香气包括水果香、花草、香料香等。在口感上通常呈现出丰富而平衡的特点，包括柔和的口感、丰富的质感和持久的余味。金酒的风味轮廓通常非常复杂，包括多种不同的味道和层次。这可能涵盖水果、坚果、香草、木质等各种味道，这些味道在口中交织出独特的风味体验。醇厚度和平衡度是其特色之一。尽管具有丰富的风味，但金酒通常能够保持醇厚而平衡的口感，不会出现过于刺激或单调的感觉。金酒通常具有长久的余味，品尝者在品尝后可以在口中留下持久的回味，这是其高品质和精致制作过程的体现。

从杜松子的清新芬芳到柑橘的醒目怡人，金酒以其独特及丰富的风味吸引着无数的酒类爱好者。金酒的独特之处在于其主要香料——杜松子，这种常绿植物的浆果赋予酒体草本清香、苦中带甜的特殊风味。除了杜松子，柑橘类水果也是金酒中常见的香料之一，柠檬皮、橙皮等为酒体带来了水果的酸香和清香。金酒的酿造还包括其他多种香料，例如香草、肉桂、岛桑、扁柏等，这些香料的组合使得酒体风味更有层次。其次，多数金酒在木桶中陈酿，酒体吸收木质香气，使其呈现出一种独特的木质风味。总体来说，金酒因多样的香料组合和清新的风味特征，使其不仅可以单独饮用，还可以成为众多经典鸡尾酒的基酒。其丰富的风味和均衡的口感为调酒师提供了广阔的创作空间。

（2）不同品类风味特点

金酒作为一种独特的烈酒，其因酒体生产工艺的差异，赋予了金酒不同的风味特点。一般来说，金酒的风味特点主要来自其所使用的植物材料、香料和调味品，以及酿造过程中的蒸馏技术和配方。伦敦干金酒干爽可口，以杜松子和柑橘类水果的清新香气为主，伴随着一丝辛辣的香料味道，得益于杜松子中的挥发性油（α-蒎烯、β-蒎烯，图2-48）、柑橘类水果中的柑橘醇和柠檬烯。草药金酒中因添加了各种草本植物和草药，其所含有的迷迭香酮、百里香酮等挥发性成分使该类型金酒的味道更加复杂，呈现出迷迭香、百里香等草本香气。调味金酒通过添加各种水果、香料或其他调味品，味道更加丰富多样，呈现出水果、香草、花卉等不同的香气。相比于传统金酒，现代风格金酒更加注重创新和多样性，其通过添加非传统的植物材料和调味品，赋予酒体更加复杂多变的风味。综上，不同种类的金酒因具有各自独特的风味物质，使得每种金酒都有其独特的口感和风味。

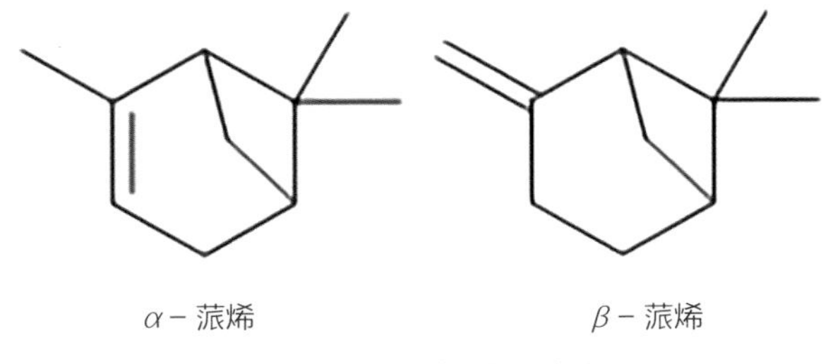

图 2-48 杜松子特征性香气物质

2.5.3 生产国

金酒因其独特的特点和风格，在世界各国广为流行。

（1）英国

英国是金酒的主要产地之一，其金酒产地遍布英格兰各地，伦敦、普利茅斯和约克郡等地区以其悠久的金酒生产历史而闻名。伦敦曾经是金酒的重要生产中心之一，有许多历史悠久的金酒厂，包括亨利爵士

（Hendrick's）和添加利（Tanqueray）等。普利茅斯位于英格兰西南部的海岸线上，也是金酒的重要产区之一。普利茅斯金酒以其浓郁的杜松子风味和清爽的口感而闻名，是英国金酒的代表之一。英国北部的约克郡地区也是金酒的产地之一。约克郡金酒以其独特的风味和口感而备受推崇，许多知名金酒品牌在此地生产。除了上述地区外，英国许多其他地区也生产金酒，如苏格兰边界地区和南部沿海地区等。总的来说，英国金酒的产地分布广泛，每个地区都有其独特的金酒风格和特点。这些地区的金酒生产商通过其丰富的传统和工艺，为消费者提供了多样化的金酒选择。

英国拥有众多知名的金酒品牌，如必富达（Beefeater）、亨利爵士（Hendrick's）、添加利（Tanqueray）等，它们各自拥有独特的配方和风格，满足不同消费者的口味需求。

（2）美国

近年来，美国的金酒产业蓬勃发展，成为全球金酒市场的重要力量。肯塔基州是美国著名的威士忌产区，同时也生产着一些优质金酒。该地区的金酒通常采用传统的生产工艺，注重使用优质的原料和酿造方法。纽约州是美国金酒产量较大的地区之一，尤其是长岛（Long Island）和哈德逊谷（Hudson Valley）地区。加利福尼亚州不仅是美国葡萄酒产区，也是金酒的生产地之一，该州的金酒通常采用当地丰富的水果和香料作为原料，呈现出丰富的口感和香气。其他地区如宾夕法尼亚州、密歇根州的金酒产业也比较发达，这些地区的金酒以其独特的风味和质地而闻名，受到消费者的青睐。

通常情况下，美国的蒸馏金酒在瓶底部有“D”字，这是美国蒸馏金酒的特殊标志。常见的知名品牌有：航空（Aviation）、蓝衣（Bluecoat）、布鲁克林（Brooklyn Gin）、巴尔山（Barr Hill）等。

（3）德国

受气候条件的影响，德国金酒以北部的北莱茵-威斯特法伦州、下萨克森州和西南部的巴登－符腾堡州为主要产区。其中，北莱茵－威斯特法伦州位于德国西北部，是人口较为密集的州，与荷兰接壤。该地区的金酒因采用当地的杜松子、柑橘类水果等作原料，致使酒体呈现出较为浓郁的香气，且口感清爽。相比于北莱茵－威斯特法伦州生产的金酒，下萨克森州的金酒通常较为清新，口感柔和，采用当地特色的植物材料进行调配，带有一定的草本香气。巴登－符腾堡州的金酒通常具有复杂的香气，口感醇厚，采用当地的天然植物材料和草药，呈现出独特的风味。

每个产区的金酒都有其独特的特点和风味，反映了当地的气候、土壤和文化传统的影响。这些产区以其独特的金酒风格为德国金酒业的发展做出了重要贡献。其知名品牌主要包括猴王47（Monkey 47）、施拉德勒（Schladerer）、金素（Gin Sul）等。

（4）西班牙

西班牙的金酒产地主要集中在加泰罗尼亚（Catalonia）、安达卢西亚（Andalusia）、马德里（Madrid）等地区。加泰罗尼亚位于西班牙东北部，是西班牙最具有创新性和活力的地区之一。加泰罗尼亚地区的金酒通常具有较为清新和柔和的风味，口感平衡，采用地中海沿岸地区特有的香料和植物作为原料，呈现出独特的风味。安达卢西亚位于西班牙南部，是西班牙最大的自治区之一，气候温暖，阳光充足。安达卢西亚地区的金酒通常具有浓郁的香料和草本香气，口感丰富，采用当地的橄榄、柑橘类水果以及多种香料作为原料。马德里位于西班牙中部，是西班牙的首都和最大的城市。马德里地区的金酒通常具有复杂的香气，口感平衡，采用中部地区的香料和植物作为原料，赋予酒体独特的草本、清新和香料风味。

常见的西班牙金酒品牌包括：印度群港（Puerto de Indias）、马丁米勒（Martin Miller's）、地中海（Gin Mare）、茶隼（Xoriguer）、拉里奥斯（Larios）、吉纳贝尔（Ginabelle）等。这些品牌的特点各有不同，但都代表了西班牙金酒的独特风格和品质。无论是果味、地中海风味还是经典清淡风味，都能满足不同消费者的口味需求。

（5）比利时

比利时位于西欧，通常作为老牌啤酒酿造国以及巧克力制造国所闻名，比利时金酒却鲜为人知，事实上金酒被当地人称为“生命之水”和欢乐的源泉，已经有500多年饮用历史。

哈瑟尔特是比利时金酒的主要生产地，该地在历史上曾属于荷兰辖境。作为啤酒酿造大国，该地的许多金酒也独具创新，一些酿酒厂将啤酒花作为原材料加入金酒中。目前比较著名的比利时金酒品牌包括：布鲁克人（Bruggman）、弗兰斯（Fryns）、海特（Herte）、康坡（Kampe）、菲利埃斯（Filliers）、疯狂星期一（Crazy Monday）、林德曼（Lindemans）等。

（6）澳大利亚

澳大利亚的葡萄酒产业最为发达，但其金酒由于独具本土特色在各大烈酒比赛中也取得佳绩。澳大利亚金酒的历史很短，2012年还只有六家金酒酿酒厂，直到现在已经发展到200多家。在澳大利亚，几乎每家酿酒厂都至少生产一种金酒，其主要产地在塔斯马尼亚州。早期大多酿酒厂保持着伦敦干型的风格，直到现在越来越多的酿酒厂摆脱欧洲风格的植物，专注于本土物种。澳大利亚土地上80%的植物具有特有性，仅原产于澳大利亚，不会生长在地球上的其他地方，所以成就了自成一派的澳大利亚风格金酒。其中灌木风格金酒（Bush Gin）就是很好的例子，它是指采用经典金酒植物原料为基础，辅以来自澳大利亚的植物（茴香桃金娘、灌木番茄、柠檬桃金娘、手指酸橙、胡椒莓等）通过蒸馏生产的金酒。除此之外，随着阿奇玫瑰（Archie Rose）、四大支柱（Four Pillars）（使用独特的澳大利亚本土植物成分而闻名，包括柠檬桃金娘和塔斯马尼亚胡椒莓等）等品牌金酒的爆火，已经有越来越多的澳大利亚金酒站上全球舞台。目前，澳大利亚本土金酒有很多，主要包括西风（The West Winds）、永不蒸（Never Distilling Co.）、男子气概（Manly Spirits）、四十点（Forty Spotted）、可怜汤姆（Poor Toms）、苹果木（Applewood Distillery）、布鲁克（Brookie's）、耐狼（Patient Wolf）、78度（78 Degrees Distillery）、小亨利斯（Young Henrys）、希克森之家（Hickson House Distilling Co.）、海生（Ocean Grown Gin）、墨尔本（The Melbourne Gin Company）、不伦瑞克王牌（Brunswick Aces）等。

（7）荷兰

荷兰是金酒的发源地，金酒是荷兰的国酒。早在1269年，荷兰出版的文献中就提到了一种“用杜松子制作的健康饮品”。荷兰医生弗朗西斯库斯·西尔维乌斯·德拉·博伊是金酒的发明者，在16世纪，他制作了一种用杜松子蒸馏的酒，即“Genever”，用于医疗目的。到17世纪中期，众多的荷兰酒厂开始生产一种风味特别的饮品，他们将大麦发酵而成的酒精，和杜松子以及其他香辛料（包括八角和香芹籽，用于盖掉酒精不好的风味）一起重新蒸馏。他们把这种饮料卖给药店，用于治疗一系列的疾病。荷兰皇家海军也用金酒和青柠混合饮用，用来治疗坏血病。17世纪，“Genever”去往英国，才发展为今天的“Gin”。

现在的金酒产品实际上是Genever的演变版。Genever在原料和制作工序上与现在的金酒有许多的不同。Genever首先用大麦、小麦、黑麦、玉米等经过三次蒸馏得出类似威士忌的蒸馏酒——麦芽酒为基酒，然后将杜松子进行蒸馏，第三步则是将不同植物加入麦芽酒里再次蒸馏。而金酒通常是没有麦芽酒这个部分的，一般以中性酒精为基酒，浸泡香料二次蒸馏或调和等方法制作。所以可以认为Genever是威士忌和金酒的综合体。Genever色泽透亮、酒香突出、具有轻微的甜味和丰富的香料味，通常比较适合纯饮。

荷兰金酒产区主要集中在斯特丹一带，常装在长形陶瓷瓶中出售，根据配方的新旧可分为旧（oude）和新（jonge）两类。比较著名的品牌有：亨克斯（Henkes）、波尔斯（Bols）、波克马（Bokma）、斯马（Bomsma）、哈瑟坎坡（Hasekamp）等。

2.5.4 名酒

（1）必富达（Beefeater）

必富达以伦敦塔守卫命名，是目前唯一在伦敦酿制的高级金酒。必富达的起源地是由泰勒家族（Talor Famliy）创办的位于伦敦凯尔街的切尔西酿酒厂，该酒厂在1863年被詹姆斯·巴勒（James Burrough）收购，并开始酿造利口酒、金酒和潘趣酒。100年间经过多次的搬迁和扩张，直到1987年被卖给英国惠特布莱德（Whitbread），又在2005年被保乐力加（Pernod Ricard）—— 全球葡萄酒和烈酒行业两大巨头之一收购，随后相继推出必富达24（Beefeater 24）、必富达巴勒保护区（Beefeater Burrough's Reserve）、必富达伦敦花园（Beefeater London Garden）、必富达伦敦干金酒（Beefeter London Dry Gin）、必富达皇冠明珠（Beefeater Crown Jewel）等多款金酒产品。

必富达伦敦干金酒是由多种植物成分酿造的，是一款典型的伦敦干金酒，其酒体呈现的杜松子味和浓郁的柑橘味相平衡。该产品使用19世纪的原始配方，其中植物成分主要包括杜松、柠檬皮、塞维利亚橙皮、杏仁、当归根、当归籽、芫荽籽、鸢尾根、甘草根。与必富达伦敦干金酒相比，必富达24开创性地加入了中国绿茶和日本煎茶等原料，使用了12种天然植物（日本煎茶、中国绿茶、葡萄柚皮、杜松、柠檬皮、塞维利亚橙皮、杏仁、当归根、当归籽、芫荽籽、鸢尾根、甘草根），具有复杂但和谐的香气，同时滋味丰富、细腻。其中“24”是指天然植物成分在蒸馏前需要浸泡24小时。必富达巴勒保护区是在原始配方及流程的基础上添加了桶陈过程，将蒸馏后的原酒放在红白波尔多橡木桶中静置，从而得到铜色、香气复杂浓郁的桶陈杜松子酒。必富达伦敦花园，顾名思义，是一款草本风味的金酒，在9种经典植物成分的配方基础上还添加了柠檬马鞭草、百里香。必富达皇冠明珠是必富达系列产品中酒精度最高的一款[50%（v/v）]，具有温和的草本植物味，回味带有柑橘味。除必富达外，还有一系列风味金酒（草莓、柠檬、黑莓、桃子和覆盆子、大黄和蔓越莓等），这些产品更倾向于利口酒的范畴。

在众多必富达产品中，经典产品必富达伦敦干金酒（图2-49）在2021—2022年于国际烈酒挑战赛（International Spirits Challenge）、金酒大师赛（the Gin Masters）、国际葡萄酒与烈酒大赛（the International Wines and Spirits Competition，IWSC）、世界金酒大赛（World Gin Awards）、烈酒行业杜松子酒大师赛（the Spirits Business Gin Masters）、旧金山世界烈酒大赛（San Francisco World Spirits Competition）等比赛中获多项大奖。此外，必富达24于2021年获得二金、二银、一铜，于2022年获得二金、一银的佳绩。综上，必富达金酒是世界上获奖最多的杜松子酒。

图 2-49 必富达伦敦干金酒

（2）植物学家（The Botanist）

植物学家金酒来自苏格兰艾雷岛，主要由布鲁赫拉迪奇酿酒厂（Bruichladdich Distillery）所酿造。该酒厂起源于1881年，由威廉（William）和罗伯特·哈维（Robert Harvey）两兄弟创立，在1935年被卖出，艰难地度过了大萧条和第二次世界大战时期，在1960年代和1970年代经历了一段现代化时期，随后由于1990年代威士忌行业陷入低迷时期，该酒厂于1994年被封存，直到2000年被马克·雷尼尔（Mark Reynier）等购买并集资，该酒厂才重新运转起来，并于2012年被君度收购。

植物学家（图2-50）历经5年的调整与修改，于2012年进行了首次蒸馏。该酒的制作方法比较独特，其主要使用名为丑女贝蒂（Ugly Betty）的铜罐蒸馏器进行低压文火缓慢蒸馏。在蒸馏中，采用9种核心植物成分浸泡在烈酒和艾雷岛泉水中，然后蒸馏时酒精蒸气会通过一个装满了22种植物原料的植物室，蒸馏时间长达17小时，最终得到的酒

图 2-50 植物学家金酒

液就包含了多达31种植物的气息。植物学家具有独特的浓郁芳香，是全球为数不多采用天然香料、不添加人工香料的金酒之一。除了金酒酿造的9种经典原始香料以外，该酒厂还邀请了两位植物学家，一同探索并采摘生长在岛上的野生植物，最终选出22种极具代表性的当地植物：苹果薄荷、桦树叶、沼泽桃金娘叶、洋甘菊、匍匐蓟花、接骨木花、金雀花、希瑟花、山楂花、杜松浆果、蓬子菜花、柠檬香脂、绣线菊、薄荷叶、艾草叶、红三叶草花、甜茜草叶、艾菊、百里香叶、水薄荷叶、白三叶草、木鼠尾草叶。植物学家杜松子酒香气浓郁，带有凉爽的薄荷叶气息，风味浓郁又平衡，是一款适合加冰饮用以及做鸡尾酒的金酒。

（3）普利茅斯（Plymouth）

普利茅斯金酒是由黑袍修士酿酒厂（Black Friars Distillery）所酿造的一款金酒。该金酒酿酒厂的历史可以追溯至1400年代初，最初该地是作为黑修道士的居所，此后又陆续被用作其他用途，直至1793年转至科茨公司（Coates and Co.）名下并被改造为蒸馏厂并在同年开始生产金酒。该地是普利茅斯最古老的建筑之一，被列为国家纪念碑，是制作金酒的重要中心。在被命名为其产地普利茅斯之前，普利茅斯金酒叫作科茨金酒，这个名字来源于科茨公司。直到2004年，这个品牌被Vin & Spirit购买（该公司以生产绝对伏特加而闻名）时，名字才改为普利茅斯金酒。2008年，同绝对伏特加一起被卖给了烈酒巨头保乐力加。“Plymouth Gin”这个词通常用来指代这个品牌，但也是一种受保护的地理标识。英国海军在普利茅斯湾停泊时，都会大量购买这款产品。随着普利茅斯金酒在英国海军船只上的流行，许多英国金酒酿造厂都开始按照类似的配方生产金酒，并使用更高比例的根类植物进行蒸馏，以模仿普利茅斯金酒的味道和风格。因此这个品牌做了一个地区限定，规定只有在普利茅斯，德文郡生产的金酒才能被标记为普利茅斯金酒。

普利茅斯金酒使用谷物和七种香料（杜松子、豆蔻、橙皮、柠檬皮、鸢尾根、当归、芫荽籽）酿造。该酒体具有浓郁的橘属水果和杜松子的气味，口感柔和，略带涩感。目前该品牌旗下有五款金酒：普利茅斯金酒（Plymouth Gin）、普利茅斯海军力量（Plymouth Gin Navy Strength）、普利茅斯黑刺李金酒（Plymouth Sloe Gin）、普利茅斯水果杯（Plymouth Gin Fruit Cup）、金先生1824食谱（Mr King's 1842 Recipe）。其中，普利茅斯金酒是该品牌最经典且原创的产品，自1793年就开始生产，酒精度为41.2%（*v/v*），口感顺滑绵长，香气清新，具有独特的豆蔻与芫荽芳香，由于使用了更高比例的植物根成分和其他植物成分，使其具有“泥土”的感觉以及柔和的杜松子味和浓郁的柑橘味，它通常被认为比伦敦干型金酒“更干”。普利茅斯海军力量，其命名跟海军相关主要是因为其较高的酒精度[57%（*v/v*）]。在18世纪和19世纪，人们普遍认为金酒可以帮助治疗和预防许多疾病，因此，英国皇家海军要求每艘船上都要有一定数量的金酒，供军官们享用和治疗他们的疾病。然而，金酒在海军船上往往会储存在甲板下的火药旁边，经典普利茅斯金酒[41.2%（*v/v*）]会因其低酒精度而损害火药，而57%（*v/v*）的高酒精度不会损害火药，基于此，“海军力量”的名字则是由此而来。这款酒柑橘和杜松子香气浓郁，豆蔻和甜橙的香气达到很好的平衡。普利茅斯黑刺李金酒，其中黑刺李具有李子般微苦且清新的味道，黑刺李直接吃会过于酸涩，最初黑刺李金酒的作用之一便是能更好地保存黑刺李。这款水果金酒更倾向于利口酒，是由杜松子酒、水、糖、黑刺李汁和黑刺李浆果提取物调制而成。在经典金酒的基础上赋予其醇厚、香甜的果味，顺滑甜美，酸甜平衡。普利茅斯水果杯顾名思义，具有复合果味，是由杜松子酒、水、水果利口酒调配而成，是传统杜松子鸡尾酒的清爽替代品。金先生1824食谱的原料很讲究，都是由同一产地（意大利），在同一天内，在同一座山上所采摘的杜松子，并且只包括杜松子和鸢尾根两种原料，只生产了一批，是大约只有2000箱的限量版酒。因为原料较少，这款酒杜松子风味纯正，带有清新花香。

多年来，普利茅斯金酒（图2-51）赢得了多个奖项，包括2006年至2016年间在旧金山世界烈酒大赛上获得的四枚双金、四枚金牌、一枚银牌和两枚铜牌。除此之外，该品牌下的多个产品在国际葡萄酒与烈酒大赛（the International Wines and Spirits Competition）、国际烈酒挑战赛（International Spirits Challenge）、旧金山世界烈酒大赛（San Francisco World Spirits Competition）、金酒大师赛（the Gin Masters）等国际比赛中获得金、银、铜、大师等多个奖项。

图 2-51 普利茅斯金酒

（4）添加利（Tanqueray）

添加利的起源可追溯至1830年，由查尔斯·添加利（Charles Tanqueray）酿制于伦敦，之后转移到了苏格兰。标有红色“T”蜡封的摇酒壶形状的绿瓶子是它的标志性外观（图2-52）。目前，该品牌旗下有多款产品，主要包括添加利伦敦干金酒（Tanqueray London Dry Gin）、添加利10号（Tanqueray No. 10 Gin）、添加利青柠蒸馏金酒（Tanqueray Rangpur Lime Distilled Gin）、添加利0.0%（Tanqueray 0.0%）、添加利皇家黑醋栗（Tanqueray Blackcurrant

Royale Distilled Gin）、添加利塞维利亚之花（Tanqueray Flor de Sevilla Distilled Gin）。其中以添加利伦敦干金酒最为经典。该产品在酿制过程中，经过了四次蒸馏，且蒸馏时包含了4种植物成分（杜松子、芫荽、当归和甘草）。由于酒体风味纯正清爽且为干型，因此，该金酒是一款适用于任何鸡尾酒调配的全能金酒。添加利10号继承了伦敦干金酒的原始配方，并在此基础上添加了新鲜的葡萄柚、橙子、酸橙和洋甘菊花，柑橘味浓郁，是一款清新的果味金酒，也是唯一一款在旧金山烈酒奖名酒堂中获奖的杜松子酒。添加利青柠蒸馏金酒在原始配方的基础上添加了青柠、生姜和月桂叶，青柠和杜松的香气达到完美平衡，获得2020年旧金山烈酒奖（San Francisco Spirits Awards）金奖。添加利0.0%则是添加利旗下的一款无酒精的带有柑橘和杜松子风味的饮料。添加利皇家黑醋栗在原始配方上添加了黑醋栗和香草。添加利塞维利亚之花则是橙子和橙花与原始配方中4种植物成分的完美平衡，获得了2019年旧金山烈酒奖银奖，以及2020年旧金山烈酒奖铜奖。在国际饮料网的2016年全球50家最佳酒吧年度报告的民意调查中，添加利是排名最畅销和整体最受欢迎的烈酒。

图 2-52 添加利金酒

（5）孟买蓝宝石（Bombay Sapphire）

孟买蓝宝石酒的历史可以追溯到1760年《谷物法》废除后。1760年，托马斯·达金（Thomas Dakin）在英格兰西北部的沃灵顿建造了自己的酿酒厂，由于那一年收成不佳，直到1761年才真正开始蒸馏沃灵顿干金酒。长达一年的延迟给了他完善配方的机会，在近200年后该金酒被选为孟买金酒，并在27年后作为原始配方，在其中添加两种植物成分创造出现在的孟买蓝宝石。1986年帝亚吉欧首次推出孟买蓝宝石品牌（图2-53），1997年，帝亚吉欧将该品牌卖给百加得。如今，孟买蓝宝石的酿酒厂位于英国汉普郡拉弗斯托克磨坊。

图2-53 孟买蓝宝石金酒

普通金酒是通过将植物在烈酒中煮沸以达到其风味，而孟买蓝宝石的独特味道是“蒸气浸熏”工艺所赋予的。在蒸馏器蒸发三次的过程中，这些植物原料平铺在穿孔铜篮中，悬浮在烈酒上方。蒸馏时上升的蒸气将植物原料中的芳香物质带出，赋予孟买蓝宝石新鲜、干净、清爽顺滑的风味，而这种蒸气浸熏工艺也传承至今。至今，每一瓶经典孟买蓝宝石的酿造都包含了来自世界各地经过精心挑选的最优质的10种植物原材料（来自中国的甘草、来自中南半岛的桂皮、来自摩洛哥的芫荽籽、来自萨克森的当归根、来自意大利的杜松子、来自意大利的鸢尾根、来自西班牙的柠檬皮、来自西非的豆蔻、来自爪哇的胡椒科植物、来自西班牙的杏仁）。孟买蓝宝石在2017年旧金山世界烈酒大赛（San Francisco World Spirits Competition）中获得双金奖，是一致公认的制作工艺上佳的金酒。目前孟买蓝宝石是百加得有限公司旗下品牌。

除了经典孟买蓝宝石，该品牌旗下还生产了许多其他风味的金酒：孟买穆尔西安柠檬（Bombay Sapphire Premier Cru Murcian Lemon）、孟买托斯卡纳杜松（Bombay Sapphire Premier Cru Tuscan Juniper）、孟买鲜榨柠檬（Bombay Citron Presse）、孟买荆棘（Bombay Bramble）、孟买日落（Bombay Sunset）、孟买之星（Star of Bombay）、孟买英式庄园（Bombay English Estate）、孟买滋补金酒（Bombay Sapphire Gin & Tonic）、孟买荆棘滋补金酒（Bombay Bramble Gin & Tonic）。这些酒风味各不相同，其中一些是浸泡天然水果原料如柠檬、柑橘、甜脐橙、黑莓、覆盆子等所得，还有使用当季最好的晚收杜松子所生产，还有加入金色姜黄、印度白豆蔻和西班牙柑橘3种原料所得，也有添加黄葵籽和佛手柑皮2种原料生产的，也有添加了薄荷、玫瑰果和烤榭子3种原料的金酒。

（6）哥顿（Gordon's）

哥顿的创始人亚历山大·哥顿于1769年在伦敦的南华克地区创建了自己的酿酒厂，并于同年首次生产，经过多次的合并与搬迁，最终转移至苏格兰的法夫。目前，该品牌属于帝亚吉欧。哥顿金酒的包装有一个有趣的小细节：仔细观察任何一瓶哥顿杜松子酒的盖子，都会发现一个野猪的头。传说哥顿家族的一名成员在外出打猎时从野猪手中救下了苏格兰国王。从那时起，哥顿的祖先在他们的徽章上印上了野猪的头。1960年代，哥顿已成为世界上最畅销的金酒品牌，他们的广告也变得更加有趣。直到今天，哥顿仍是世界领先、屡获殊荣的金酒品牌。仅在2016年，哥顿就赢得了6项全球烈酒奖。

从创立以来，哥顿金酒（图2-54）一直秉承着三次蒸馏的传统酿造工艺，其配方中含杜松子及芫荽籽等多种香草，杜松子味浓郁、口感清冽，具体配方自1769年以来未曾公开。目前，哥顿旗下有：哥顿伦敦干金酒专家（Gordon’s London Dry Gin Export）、哥顿粉红金酒（Gordon’s Premium Pink Distilled Gin）、哥顿西西里柠檬金酒（Gordon’s Sicilian Lemon Distilled Gin）等多款金酒。

图 2-54 哥顿金酒

2.6龙舌兰

2.6.1定义及基本酿造工艺

龙舌兰酒（Agave spirit）是墨西哥的国酒，被称为墨西哥的灵魂。龙舌兰酒是以龙舌兰（Agave，图2-55）为原料，经发酵、蒸馏、陈酿、调配而成的蒸馏酒。龙舌兰酒中，最著名的是特基拉酒（Tequila），以及梅斯卡尔酒（Mezcal）。

图 2-55 龙舌兰植物

梅斯卡尔（Mezcal）这个名字来自纳瓦特尔语“mexcalli”（烤龙舌兰），是墨西哥许多农村地区（从北部一些州到南部各州）生产的传统蒸馏饮料酒。梅斯卡尔酒在墨西哥官方标准（NOM-070-SCFI-2016）中被定义为：“墨西哥蒸馏饮料酒，100% 龙舌兰制成，通过自发或人工培养的微生物得到的发酵汁进行蒸馏得到，（原料）从成熟的龙舌兰纤维或煮熟龙舌兰中提取，在梅斯卡尔原产地

（Denomination of Origin Mezcal, DOM）覆盖的地区收获。”在墨西哥，梅斯卡尔的主要产区为瓦哈卡州（Oaxaca），且有9个州作为其法定产区。梅斯卡尔可用的龙舌兰品种较多，生产方式目前以人工为主。

特基拉酒（Tequila）是墨西哥一种通过发酵糖和特定品种的龙舌兰汁（龙舌兰韦伯蓝品种，*Agave tequilana* Weber blue variety）蒸馏得到的产品。其名称来自墨西哥的城市特基拉，且只有5个州是其合法产区。特基拉酒的生产和商业化都得到了墨西哥龙舌兰监管委员会的认证。根据墨西哥官方标准（NOM-006-SCFI-2012），Tequila被定义为："通过蒸馏获得的地区性饮料酒。在授权生产商的生产设施中，进行原料提取和蒸馏而得到的饮料酒。”根据墨西哥法规，特基拉酒分为100%龙舌兰特基拉酒和特基拉酒，等级划分为银、金、陈酿和特级陈酿特基拉酒等。与梅斯卡尔酒相比，特基拉酒的原料也是龙舌兰，但其只能使用蓝色龙舌兰（图2-56）为酿酒原料，且生产方式已经实现了工业化、规模化生产。

图 2-56 蓝色龙舌兰

龙舌兰酒生产的主要步骤（图2-57）为：① 龙舌兰植物采收，② 烹饪（烘烤），③碾磨，④发酵，⑤蒸馏，⑥陈酿。

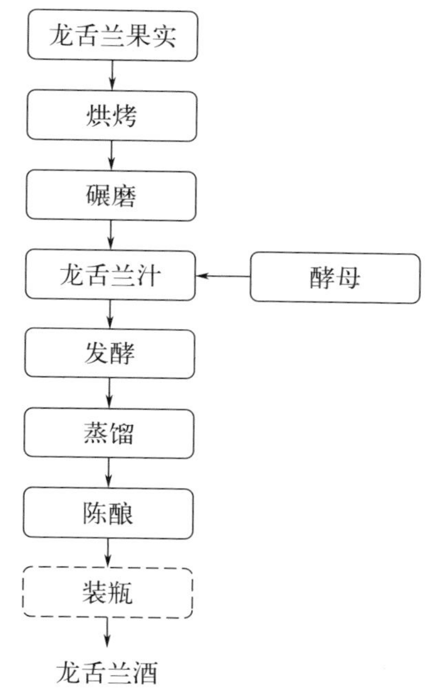

图2-57 龙舌兰酒的生产工艺（虚线框为可选流程）

① 龙舌兰植物采收

特基拉酒必须以龙舌兰韦伯蓝品种为原料，使用其果芯部位制作。特基拉酒包括两种：一种是“100%龙舌兰特基拉酒”，除龙舌兰（龙舌兰韦伯蓝品种）外，未添加其他糖分；另外一种是特基拉酒，发酵前可与其他糖类混合，但还原糖总量不得超过49%（以质量单位计算），同时禁止冷混合。梅斯卡尔酒是用墨西哥各州种植的50多种龙舌兰酿造的，这些龙舌兰必须是原产地名称中的品种，其中最常用的是狭叶龙舌兰（*Agave angustifolia*）。

② 烹饪（烘烤）

这一过程的目的是将果聚糖水解生成单糖，果糖和葡萄糖的比例约为90/10。通过软化龙舌兰原料，以备后续碾磨，并促进最终蒸馏产物中芳香成分的生成。对于特基拉酒，在砖炉或高压锅中用蒸气烘烤龙舌兰。在砖炉中时，一部分蒸气被冷凝并积聚在烤箱中，冷凝的蒸气开始通过扩散从龙舌兰芯（图2-58）中提取糖分和其他化合物，产生一种称为“烹饪蜂蜜”的甜汁，在此步骤中收集。在高压锅烹饪这个过程中，前期的凝结液被称为“苦蜜”，由于含有龙舌兰角质层的蜡质，含糖量低，因此被丢弃。而后会得到高糖浓度的糖浆，进行采集。由于其可发酵糖的含量较高，因此可用于以后的麦芽汁配制。烤箱烘焙和高压锅蒸煮龙舌兰的主要区别在于，高压时必须严格控制烹饪时间、温度和蒸气压力，防止龙舌兰过度烹饪或烧焦，从而使龙舌兰酒带有烟熏味，并且龙舌兰发酵糖的焦糖化会导致乙醇产量降低。因此一般同时拥有两种烹饪系统的工厂会将烤箱留给质量更好的产品。但如果控制得当，两种方法得到的龙舌兰在风味和发酵性方面并无太大区别。梅斯卡尔最常见的烘烤方法是在地下，在内衬石头的锥形坑中，并通过燃烧大量木材来加热，这样处理龙舌兰会产生烟熏样香味，并保留在酒体中。除传统方法外，现也存在不进行烘烤处理而碾磨龙舌兰芯，使用热水和加压水（喷洒扩散器）提取糖浆以水解糖，发酵和蒸馏过程保持不变。

图 2-58 龙舌兰果实

③ **碾磨**

龙舌兰的碾磨经历了三个历史阶段。在古代，人们用木槌或钢槌将煮熟的龙舌兰碾碎，榨取汁液。后来，人们开始使用一种简陋的磨坊，一块直径1.3m、厚50cm的圆形大石头，在牲畜的驱动下围绕圆形水池转动，榨取之前放在水池中的熟龙舌兰；榨出的汁液由人工用木盆收集，然后运到发酵罐中发酵。到20世纪50年代，人们开始采用现代系统，将煮熟的龙舌兰通过切割机切碎（工厂会在煮熟前进行这一操作），然后结合碾磨和水萃取的方法提取糖分。龙舌兰所用的碾磨机与甘蔗行业所用的碾磨机类似，但尺寸较小（宽约50cm）。在碾磨过程中获得的龙舌兰汁和烹饪步骤中获得的“烹饪蜂蜜”混合，糖溶液通常来自甘蔗（除了100%龙舌兰特基拉酒之外），最后进入发酵罐。法规中规定了辅助糖的用量，但每个工厂会有自己的配方。对于 100%龙舌兰特基拉酒的生产，只使用龙舌兰，初始糖浓度为4~10g/100mL，具体取决于碾磨时使用的水量。如果使用其他糖类的麦芽汁配方，则事先将其溶解并与龙舌兰汁混合，以获得8%至16%的初始糖浓度，具体取决于酵母对糖的耐受性。

④ **发酵**

在发酵过程中，有的工厂不接种特定的酵母，因为他们更喜欢复杂的发酵过程，即微生物的多样性，这样可以产生更多的化合物，使龙舌兰酒的风味更浓郁，但要付出低产量和高周转时间的代价。而有的公司会接种新鲜的面包酵母或商业干酵母。这些商业干酵母最初是为酿造葡萄酒、啤酒、威士忌而准备的，使用这些酵母酿造的龙舌兰酒有时质量并不令人满意，风味和香气差异很大。为了获得高产量并保持龙舌兰酒的稳定质量，一些公司开始使用从煮熟的龙舌兰汁自然发酵中分离出来的酵母菌株，并添加一些营养成分，同时使用一些特殊条件。龙舌兰酒行业的经验认为快速发酵中感官化合物的含量低于慢速发酵。因此用慢速发酵酿造的龙舌兰酒的风味和整体质量更好。梅斯卡尔的发酵过程与特基拉酒不同的是，梅斯卡尔的发酵是使用龙舌兰芯的整个糟液，包括纤维在内。

⑤ **蒸馏**

蒸馏是从发酵麦芽汁中进行分离和浓缩。发酵麦芽汁中除了乙醇和其他理想的二次产物外，还含有固体天然颗粒，主要由纤维素、果胶和酵母细胞组成，此外还有蛋白质、无机盐和一些有机酸。蒸馏的种类和程度多种多样，但是在龙舌兰酒行业最常用的是釜式蒸馏器和精馏塔。龙舌兰酒会经历两次蒸馏。对发酵麦芽汁第一次蒸馏，将酒精度提高到20%~30%（按体积计算），分离出第一部分（称为酒头）和最后一部分（称为酒尾）。这些馏分的组成因酵母、麦芽汁中的营养成分、发酵时间和蒸馏工艺等因素而异。但总体而言，酒头富含乙醛、乙酸乙酯、甲醇、1-丁醇和2-甲基丙醇等低沸点组分，酒尾含有异戊醇、戊醇、2-糠醛、乙酸、乳酸乙酯等高沸点成分，不同物质间的协调作用赋予酒体丰富的气味与口感。最后，将第一次蒸馏获得的液体再次蒸馏，使酒精度提高到50%~60%，以获得最终产品。

⑥ **陈酿**

根据蒸馏后获得的特征，龙舌兰酒分为银龙舌兰（Silver Tequila；Blanco或者Plata）、金龙舌兰（Gold Tequila; Joven 或者 Oro）、陈酿龙舌兰（Aged Tequila; Reposado）、特级陈酿龙舌兰（Extra-aged Tequila; Añejo）、超陈龙舌兰（Ultra-aged Tequila; Extra Añejo）。龙舌兰酒的熟化在橡木桶中进行。根据各公司对特定品牌的要求，龙舌兰酒的熟化时间并不固定。在橡木桶陈酿的过程中会发生变化，这些变化将决定其最终的品质。橡木桶的厚度、质量、贮存温度、贮存时间和木桶循环次数都会对龙舌兰酒的最终口感和香气产生影响。金龙舌兰是由银龙舌兰与陈酿、特级陈酿或超陈龙舌兰混合而成的产品。陈酿龙舌兰是通过与橡木或者橡木容器的木材直接接触至少2个月的陈酿过程得到的陈酿产品。特级陈酿龙舌兰需要至少经历一年的陈酿。超陈龙舌兰需要至少经历三年的陈化过程。将陈酿龙舌兰与特级陈酿龙舌兰混合被视为陈酿龙舌兰，同理，特级陈酿龙舌兰与超陈龙舌兰混合被视为特级陈酿龙舌兰。

2.6.2 风味特点

龙舌兰酒的主要成分是乙醇和水，占总含量的97%至98%，其余2%至3%的挥发性香气成分赋予了龙舌兰酒独特的风味。每批龙舌兰的品种、区域、陈酿时间、所用木材、其它香料提取的成分，都会影响酒体感官属性。

特基拉酒的风味来自原料、发酵和陈化过程。煮熟的龙舌兰呈现出焦糖、糖蜜或红糖的香气，同时还带有煮熟的南瓜和过熟或发酵水果的气味。龙舌兰原料中含有丰富的具有花香和草本香气的萜烯类物质，发酵过程为特基拉酒提供了类似葡萄酒的香气（来自高级醇），同时酯类化合物为其带来了水果香气。萜烯的转化和在发酵过程中的释放也有助于特基拉酒呈现出草本-花香的特点。特基拉酒的风味被描述为威士忌、干果、甜味、朗姆酒和香草特点。在银龙舌兰中，除了煮熟的龙舌兰风味外，还可能出现香草和其他类似木质的特征，其感官属性被描述为焦糖、柑橘、发酵、花香、干果、橡木、香草、烟熏等。在陈酿龙舌兰中，可以发现橡木、坚果、香料风味的特点，并增加了香草和焦糖气味。陈酿过程越长，来自木材的香气特点就越可能影响特基拉酒的风味，甚至超过了其自身所带来的味道。特基拉酒在橡木桶中陈酿时，会促进酚醛聚合反应，使酒液具有顺滑的口感；同时，半纤维素和木质素的降解有利于挥发性酚类和内酯的形成。

特基拉酒中已鉴定出数百种挥发性化合物，包括醇类、酯类、醛类、呋喃类、内酯类、酮类、萜烯类等。其中β-大马酮（呈现甜味、水果香、花香香气）和香兰素（呈现甜味、奶油味、香草香气）是其重要的香气成分之一，此外还包括异戊醇（呈现酒香、白兰地香气）、2-

苯基乙醇（花香）和异戊醛（巧克力香气）。

迄今为止，酯类是目前在特基拉酒中发现的数量最多的一类化合物，包括乙酯类、甲酯类等。这些酯类化合物是酵母代谢的产物，或者是在陈酿过程中脂肪酸分解而成。墨西哥政府法规规定并详细说明了不同类型龙舌兰酒中总酯的差异。研究发现，与其他种类龙舌兰酒相比，特级陈酿龙舌兰中含有更高浓度的乙酯，这是因为在陈酿过程中可以产生许多乙酯。

特基拉酒中的萜类化合物包括单萜和倍半萜等，如芳樟醇、4-萜品醇、α-松油醇、香茅醇、丁香酚、顺式橙花叔醇和反式金合欢醇。萜烯对特基拉酒的风味具有重要作用。研究表明，α-松油醇的浓度较高（2.75mg/mL），而4-萜品醇的浓度较低（0.07mg/mL）。在银龙舌兰中，除反式金合欢醇外，大部分萜烯的浓度都较高；而陈酿龙舌兰中，除4-萜品醇和顺式橙花叔醇外，所有萜烯的平均浓度都较高。可见，萜烯为特基拉酒提供了丰富的风味。

酚类可能来自酚酸（存在于龙舌兰中）的分解或老化过程中的提取。在银龙舌兰中不存在香兰素和乙醛等酚类物质，这证明了它们是从橡木中提取出来的。这些酚类衍生物与龙舌兰的原始风味相结合，形成了其独特的陈酿风味。此外，由于这些酚类衍生物与陈酿过程紧密相关，它们可以作为龙舌兰酒的陈酿标志物。

在特基拉酒中检测到的许多独特的风味成分都来自蒸煮过程中发生的反应，主要为美拉德反应，这些反应发生在发酵前的烘烤或蒸煮过程中的氨基酸（或蛋白质）和还原糖之间。在特基拉酒酿造过程中，烘烤温度较高，许多可发酵的糖在此条件下水解，并通过美拉德反应生成醇类、酸类和呋喃类等风味物质。

总之，龙舌兰酒的风味丰富而复杂，这与其酒体富含的微量香味成分密切相关。独特的风味特色也正是这种传统墨西哥饮料在世界范围内具有重要影响力的原因。

梅斯卡尔按照加工工艺的不同分为三类，即梅斯卡尔（Mezcal）、手工梅斯卡尔（Mezcal Artesanal）和传统梅斯卡尔（Mezcal Ancestral）。梅斯卡尔的风味是由多种因素共同决定的。从原料来看，龙舌兰的品种、种植的地理条件、烘烤方式、发酵、蒸馏方法等均会影响酒体的风味特点，从而赋予其草本、果香、烟熏等香味特点。其中，因其在加工过程中会在深坑中进行熏烤，因而，烟熏香味是其主要风格特点。此外，梅斯卡尔可以通过使用龙舌兰蠕虫、蜂蜜、芒果等原料来增加风味。由于梅斯卡尔生产规模仍然较小，且各个作坊生产工艺有较大差异，目前有关其风味的研究还相对较少。

2.6.3生产国

龙舌兰酒是墨西哥的蒸馏酒，也是墨西哥文化与历史的传承，人文的代表之一。17~18世纪，随着墨西哥北部和中部采矿业的兴起，用发酵椰子和龙舌兰酿造烈酒成为墨西哥西部一项重要的经济活动。由此引发的与西班牙进口的葡萄烈酒的竞争导致椰子酒和龙舌兰烈酒的生产和销售被禁止。椰子酒因此消失，龙舌兰酒则在远离殖民当局影响的偏远地区秘密生产。19世纪中叶龙舌兰酒生产合法化，加上19世纪末和整个20世纪国际上对龙舌兰酒（尤其是哈利斯科州特基拉市生产的龙舌兰酒）的需求不断增加，使龙舌兰酒重新成为墨西哥西部最重要的经济活动。

目前，龙舌兰酒的生产对墨西哥各州，尤其是哈利斯科州的农业和工业发展意义重大。龙舌兰酒的独特性和重要性源于其历史发展，在墨西哥的经济、文化、历史等各个方面都具有重要意义。近年来，该饮品不仅在墨西哥国内，在国际上的受欢迎程度也不断提高。特基拉酒的原料只能在墨西哥指定的原产地种植，其生产分布在墨西哥的5个州，即哈利斯科州、纳亚里特州、瓜纳华托州、米却肯州和塔毛利帕斯州。凭借龙舌兰酒原产地名称（DO），该产品在加拿大、哥斯达黎加、秘鲁、欧盟、中国等地获得了DOT注册，在全球范围内受到国际保护。

梅斯卡尔的法定产区为墨西哥的9个州，即杜兰戈州、格雷罗州、瓜纳华托州、米却肯州、瓦哈卡州、普埃布拉州、圣路易斯波托西州、塔毛利帕斯州和萨卡特卡斯州。每个地区都有当地特有的龙舌兰品种，这使得梅斯卡尔的风味、色泽、质地等品质各不相同。其中，瓦哈卡州是“梅斯卡尔之乡”，也是墨西哥梅斯卡尔形象和推广的主要地区。

2019年162家企业的出口额为1874.00百万美元。2021年，产量达到历史最高点，产量约为3.74亿升，是2000年以来记录的最高产量，代表了在过去二十年中增长了106%。2021年出口量也创历史最高水平，达到310.5万升。因受龙舌兰酒原产地保护政策，龙舌兰酒的出口销售为产地带来了更大的经济效益。在出口方面，2019年龙舌兰酒行业的出口额比上年增长了18.5%，收入超过1.874亿美元。龙舌兰酒的前25个出口地是美国、德国、西班牙、法国、日本、南非、英国、哥伦比亚、巴西、加拿大、巴拿马、拉脱维亚、新加坡、希腊、澳大利亚、意大利、土耳其、智利、阿拉伯联合酋长国、中国、俄罗斯、比利时、菲律宾、韩国和荷兰。根据龙舌兰监管委员会（CRT，西班牙文缩写）的统计数据，这25个国家共出口了约1.293亿升。然而，由于对饮料酒日益增长的需求和在国际市场上的商业扩张，使得龙舌兰酒的生产原料龙舌兰韦伯蓝品种特别稀缺。根据CRT的数据，1995年至2012年间，龙舌兰原料出现了供大于求、到供不应求、再到供过于求的转变，这对原材料的价格产生了重要影响。这与龙舌兰植物在不同阶段的生长情况有关：在第1~3年，龙舌兰植株形成了后续生长所需的基本结构；在接下来的3年里，出现了规模上的增加，同时开始糖分的储存；到生长的第7年，植株开始通过开花进入生殖阶段，降低了含糖量，结束生命周期。因此龙舌兰韦伯蓝品种的成熟植株呈现出丰产和稀缺的周期性现象。

相对而言，梅斯卡尔进入国际市场的时间相对较短。2015年的销售量达到190万升，销往美国、德国、西班牙等地，销售额约为1670万美元。

2.6.4 名酒

龙舌兰酒在世界各地受到大家的青睐，其中最著名的品牌包括培恩（Patrón）、豪帅快活（Jose Cuervo）、唐胡里奥（Don Julio）和奥美加（Olmeca）等。它们在龙舌兰酒行业中有着悠久的历史和独特的优势。

（1）培恩（Patrón）

培恩（图2-59）是全球较为畅销的知名高端龙舌兰酒品牌之一。墨西哥企业家Martin Crowley和John Paul DeJoria共同创立了此品牌,1989年，其龙舌兰酒问世。培恩以蓝色龙舌兰为原料，并经过采摘、烘焙、碾磨、发酵、蒸馏以及装瓶制得。其特点是在酿造过程中，采用塔合那（Tahoma，由火山石制成）进行碾磨，从而充分获取龙舌兰的风味。常见产品包括银樽龙舌兰、金樽龙舌兰等，酒体富含龙舌兰、果香、柑橘等气味。

图 2-59 培恩龙舌兰

（2）豪帅快活（Jose Cuervo）

豪帅快活（图2-60）是龙舌兰酒的传奇品牌之一。1795年，在墨西哥哈利斯科州特基拉小镇建立酒厂，至今已有200多年的酿造历史，是全球较大的龙舌兰酒生产商之一。酒厂采用传统的长时间蒸煮、发酵、双重蒸馏的方式酿造，以酿制优质橡木桶陈年的龙舌兰酒而著名。酒体纯净、清爽、顺滑，并带有龙舌兰、草本、果香、花香等香气特点。豪帅快活著名的产品系列为银标龙舌兰（Especial Silver）、金标龙舌兰（Especial Reposado）。

图 2-60 豪帅快活龙舌兰

（3）唐胡里奥（Don Julio）

唐胡里奥（图2-61）是墨西哥一家历史悠久且备受赞誉的龙舌兰酒品牌，1942年，由墨西哥传奇人物唐·胡里奥·刚萨雷斯-富罗斯多·埃斯特拉达（Don Julio González-Frausto Estrada）创立。1987年，唐胡里奥龙舌兰正式进入市场，并被认为是世界上第一款奢侈型龙舌兰（此前人们认为龙舌兰是属于“农民”的饮料）。唐胡里奥银龙舌兰（Don Julio Blanco）是其代表性产品之一，具有清新的龙舌兰和柑橘果香风味。著名的陈酿龙舌兰（Don Julio Reposado）需在白橡木桶中陈酿，酒体呈金色，带有香草气味。

图 2-61 唐胡里奥龙舌兰

（4）奥美加（Olmeca）

奥美加龙舌兰（图2-62）植根于古代墨西哥奥美加文化，于1968年上市。奥美加采用传统的酿造工艺，在砖炉中缓慢烘制，用铜质蒸馏器进行蒸馏，并在橡木桶中陈酿。其酒体呈现草本、柠檬样香气。

图 2-62 奥美加龙舌兰

2.7 烧酒

2.7.1 定义及基本酿造工艺

烧酒本意指蒸馏过的酒，名称起源于中国，但目前用来指日本和韩国的蒸馏酒。烧酒一般采用谷类、薯类等淀粉质原料（图2-63），或红糖、椰枣等糖质原料，经过糖化发酵或发酵后，再将其蒸馏而制成。日本的蒸馏酒亦称为烧酎（Shochu），韩国烧酒则称为Soju。烧酎即烧酒，“酎”的原意指的是粮食经过三次蒸馏，如同接露水一样取得的酒，因此也叫“露酒”。

图 2-63 大米等谷物原料

日本烧酒是以大米、土豆、甜甘薯、大麦、荞麦、玉米、甜菜糖、板栗等作为淀粉质或糖质原料，先用米曲（Koji）作为糖化剂，酵母作为发酵剂生产发酵酒，再将所得发酵酒蒸馏后得基酒，最后将基酒的酒精稀释到约30%（*v/v*）的饮料。

韩国烧酒是用大米作为原料，或与小麦、大麦、甜甘薯混合作为原料，先生产米酒或混合米酒，再将其蒸馏生产中性酒精，然后将中性酒精稀释到20%~30%（*v/v*），并增甜而成的饮料。

2.7.2 风味特点

日本烧酒根据蒸馏技术的不同分为两种：一是乙类烧酒或本格烧酒，二是甲类烧酒/白色酒。本格烧酒—— 用单一式蒸馏器（甑桶式）蒸馏而成，成品酒的酒精度在45%（*v/v*）以下。甲类烧酒—— 用连续蒸馏器（特许蒸馏器）蒸馏而成，成品酒的酒精度低于36%（*v/v*）。

传统的日本烧酒属于本格烧酒，通常由单一原料生产，口味比较浓烈，但不同的原料口味各不相同。如泡盛酒作为最早的日本烧酒，具有特有的芳香，味美醇厚，圆润丰满。传统米烧酒具有特有的米香，浓醇圆润丰满。红糖烧酒具有红糖特有的香味，口味圆甜。甘薯烧酒具有蒸烧甘薯时散发的芳香，原料特征明显，柔和甘甜，无论怎样加水、加浆都不会破坏甘薯烧酒的风味平衡。甲类烧酒类似于谷物中性酒精、伏特加，口味更轻，更纯净，可加冰、加水饮用，也可作为鸡尾酒的原料。酯类、醇类、酸类、酚类成分在日本烧酒风味中有着重要的影响。

韩国烧酒与日本烧酒类似，传统的韩国烧酒有比较浓郁的麦芽样香气，口感浓烈，味道丰满，但不甜。

2.7.3 生产国

（1）日本

在日本，烧酒最早被称为阿拉基（araki）或阿兰比基（arambiki）。Shochu一词起源于波斯（Persia，现为伊朗）。大约15世纪中叶，蒸馏技术从中国传到东南亚（泰国，古称暹罗国），再经由泰国传入冲绳（琉球王朝），诞生了最早的Shochu（泡盛酒）。随后蒸馏技术再由冲绳经奄美大岛诸岛（当时是琉球王朝辖地）从鹿儿岛登陆北上到球磨、宫崎地区而传播开来，各种原料生产的Shochu也开始陆续出现。日本烧酒从1975年开始发展壮大，现在已经成为日本排名第一的饮料酒（换算成纯酒精）。九州是日本烧酒的主产地。

目前日本烧酒的类别很多，除了按照上述蒸馏技术进行分类外，还可以根据主原料的不同分为米烧酒、甘薯烧酒、麦烧酒、荞麦烧酒、红糖烧酒、糟烧酒，以及特殊原料生产的烧酒。泡盛酒作为日本传统烧酒的一种，其酿酒原料大米是来源于泰国和西亚的长粒米，而不是日本本土产的短粒粳米。

（2）韩国

起源于中国的烧酒，一般认为是在公元1300年高丽后期传入朝鲜半岛的。韩国烧酒（Soju）分为两类：赫塞克斯克烧酒（Hiseoksik Soju）和格瑞斯克烧酒（Jeungryusik Soju）。前者酒精度通常在20%~25%（*v/v*），是低酒精度的精馏酒。后者一般是用米酒单独蒸馏而得，为韩国的传统烧酒。传统烧酒有比较浓郁的似麦芽的香气。传统烧酒的酒精度比较高，在45%（*v/v*）以上。

赫塞克斯克烧酒先以大米、大麦、玉米、土豆、甜甘薯、木薯和小麦等为原料发酵后，再采用连续蒸馏装置蒸馏得原酒，然后稀释到20%~25%（*v/v*），过滤，增甜。原酒酒精度高，香气淡雅，与伏特加和金酒类似，故一般不需要老熟。所用的甜味剂类别很多，包括蜂蜜和枫糖浆等天然的糖类甜味剂，以及阿斯巴甜、甜叶菊苷和木糖醇等非糖甜味剂。格瑞斯克烧酒是采用传统的努鲁克（nuruk）曲和酵母为糖化发酵剂，单壶式蒸馏技术蒸馏而得。安东市（Andong）是韩国最出名的传统烧酒产地。

2.7.4 名酒

（1）黑雾岛（Kurokirishima，日本烧酒）

黑雾岛烧酒（图2-64）是本格烧酒，酒精度25%（*v/v*），由日本雾岛酒造株式会社生产，生产原辅料为水、甘薯、米曲。产品可加冰饮用，清香淡雅；亦可热饮，酒香浓郁；还可直接饮用，口味纯正，口感醇厚。

图 2-64 黑雾岛烧酒

（2）亦竹（Iichiko，日本烧酒）

亦竹烧酒（图2-65）是本格烧酒，酒精度25%（*v/v*），由三和酒类株式会社生产，生产原辅料为水、大麦、大麦曲。具有大麦质朴风味，香气幽雅，带有花香和果香，甘甜，可加水、加冰和加苏打水饮用。

图 2-65 亦竹烧酒

（3）魔王（Maou，日本烧酒）

魔王烧酒是本格烧酒，酒精度25%（*v/v*），由白玉酿造合名会社生产，生产原辅料为水、米、米曲、酿造酒精。具有独特的米香和发酵香、醇厚、柔滑等特点。

（4）鲸（KUJIRA，日本烧酒）

鲸烧酒是本格烧酒，产于冲绳，也称为泡盛酒，酒精度25%（*v/v*），由久米仙酒造株式会社生产，原辅料为水、泰国籼米、米曲。采用低温发酵、减压蒸馏和橡木桶陈酿技术相结合的传统工艺制成。酒体清澈透明，酒香浓郁，回味甘甜。

（5）真露（Jinro Chamisul，韩国烧酒）

真露烧酒（图2-66）是赫塞克斯克烧酒，酒精度16.9%（*v/v*），由韩国真露酒业生产，采用水、木薯、大米酿制而成，冷藏至5~10℃饮用为佳。Jinro（真露）起源于中国元代的烧酒，在公元1300年高丽后期传入朝鲜半岛。真露公司于1924年正式创立，其产品以烧酒为主。真露酒精度通常在16%~25%（*v/v*），是韩国最大的烧酒品牌之一，以其多样的口味和不同的酒款而闻名。

图2-66 真露烧酒

（6）初饮初乐（Chum Churum，韩国烧酒）

初饮初乐烧酒是赫塞克斯克烧酒，无糖，酒精度14%~20%（*v/v*），由乐天酒业生产，采用甘薯和韩国大关岭山麓纯净的岩石水酿制，是世界上最早的碱性水烧酒。

（7）火尧（Hwayo，韩国烧酒）

火尧烧酒是格瑞斯克烧酒，酒精度41%（*v/v*），由Hwayo（韩国）蒸馏厂生产，原料为水和大米，在美国橡木桶中陈酿而成。具有黑醋栗、桃子罐头和柑橘皮的果香与烘烤谷物等混合而成的香气。口感丰富而圆润，余韵悠长，有椰子干、奶油焦糖和红糖的味道，带有黑醋栗的味道。

万国酒闻

发酵酒

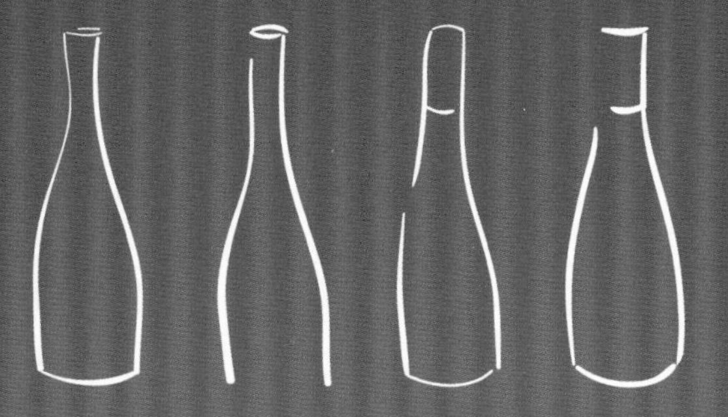

3.1 啤酒

在人们的生活中，啤酒（Beer）扮演着重要的角色。它不仅是一种饮料，更是社交、文化和传统的象征。无论是在欢庆节日还是在放松身心的时刻，人们都喜欢围坐一起，品味着美味的啤酒，分享彼此的喜怒哀乐。啤酒也是友谊的结晶，它让人们建立起深厚的情感纽带，促进着人与人之间的交流与理解。同时，啤酒也是文化交流的桥梁，代表着不同地区和民族的独特风味与传统。在日常生活中，一杯清凉的啤酒能够带来愉悦和放松，让人们暂时远离烦忧，享受当下的快乐。因此，啤酒不仅仅是一种饮料，更是连接人与人、连接文化与传统的重要纽带。

3.1.1 定义及基本酿造工艺

（1）啤酒发展概述

啤酒是人类最早的酿造酒类饮料之一，它的起源可以追溯到新石器时代晚期的古代中东地区，约公元前6000年。然而，啤酒的发展历史并不是一蹴而就的，它经历了漫长的演变和不同文化的影响。在古埃及时期，啤酒被当作一种货币来使用，对工人进行补贴。啤酒与面包同样重要，被视为生活的基本需求之一。古埃及人相信，啤酒是由神赐予人类的，因此对啤酒的制作和供应施加了严格的管理，以保证其质量。此外，古埃及的医药书籍也记载了许多以啤酒为基础的药方。在中世纪欧洲，啤酒的生产开始商业化。随着农业生产的改善，大麦和麦芽的供应变得充足，这使得啤酒的生产成本大大降低。此时期啤酒的风味一般比较单一。而后啤酒花的引入是一个重要的转折点，它不仅增加了啤酒的口感，也提高了其保存时间。中世纪后期，德国和比利时的修道院成为啤酒生产的中心，修道士们发明了许多酿造技术。

16世纪，啤酒的酿造开始工业化。这主要得益于科技进步，特别是制冷技术的发展。啤酒的酿造需要在恒定的温度下进行，因此制冷技术的出现改变了啤酒的生产方式。此外，瓶装啤酒的出现也促进了啤酒的销售和流通，使得更多的人可以品尝到这种饮料。19世纪末，随着生物学的进步，人们开始理解酵母在酿造过程中的作用。这项发现使得酿酒师可以更好地控制酿造过程，从而保证啤酒的质量。此外，这一时期还出现了多种新的啤酒类型，如拉格啤酒，它的口感更加清爽。到了20世纪，工业化的进程进一步加速了啤酒的生产，使得啤酒的消费量大大增加。此外，消费者的口味也在改变，对啤酒的需求越来越多样化。这推动了各种各样新品类啤酒的出现，如印度淡啤酒、黑啤酒等。

今天，啤酒是世界上最受欢迎的酒类饮料之一。无论是大型的工业啤酒厂还是小型的手工酿造厂，都在不断创新，为消费者提供更多的选择。总的来说，啤酒的历史是一部人类文明的发展史，它反映了人类社会的变迁和科技的进步。

（2）啤酒相关法律概述

在1516年，巴伐利亚公国颁布了一项划时代的法律——《纯净法》，旨在规范啤酒的酿造工艺，这一法律明确指出只有大麦、啤酒花、水是允许用于啤酒酿制的原料，旨在确保啤酒的纯净和质量。这项法律，被正式命名为《巴伐利亚第11号法案》，其中包含了关于啤酒质量、价格监督以及酿酒师培训和营业许可等的相关规定。在当时的社会背景下，巴伐利亚正从中世纪晚期的分裂状态逐步统一，此法律的实施有助于啤酒的质量控制和税收征管。值得一提的是，酵母作为酿酒过程中的关键原料之一，当时并未被包含在法律文本中。这是因为当时对酿酒生化过程的理解还不够成熟，人们错误地将其视为酿造过程的副产品。

直到今天，许多德国啤酒仍然骄傲地宣称其生产过程严格遵循1516年的《纯净法》。这项法律不仅确立了世界上最早的食品和饮料标准之一，而且对后来的啤酒生产产生了深远的影响，成为所有下面发酵啤酒法规的基础。1906年，《纯净法》在整个德意志帝国范围内正式生效，除其规定的大麦啤酒外，德国还有传统的黑啤和著名的巴伐利亚小麦啤酒及黑小麦啤酒。2016年4月7日，德国邮政为纪念《纯净法》颁布500周年发行了一枚邮票，彰显了这一法律在保持德国啤酒数百年来醇厚口味中的重要作用。

GB 4927—2008《啤酒》对啤酒的定义：以麦芽、水为主要原料，加啤酒花（包括酒花制品），经酵母发酵酿制而成的、含有二氧化碳的、起泡的，低酒精度的发酵酒。包括无醇啤酒（脱醇啤酒）。熟啤酒（pasteurized beer）是经过巴氏灭菌或瞬时高温灭菌的啤酒；生啤酒（draft beer）是不经巴氏灭菌或瞬时高温灭菌，而采用其他物理方法除菌，达到一定生物稳定性的啤酒；鲜啤酒（fresh beer）是不经巴氏灭菌或瞬时高温灭菌，成品中允许含有一定量活酵母菌，达到一定生物稳定性的啤酒；特种啤酒（special beer）是由于原辅材料、工艺的改变，使之具有特殊风格的啤酒。

（3）啤酒酿造工艺

啤酒的生产过程涉及多个步骤，每个步骤都对最终产品的品质和风味有重要影响。以下是一般啤酒生产过程中的主要酿造步骤概述（图3-1）。

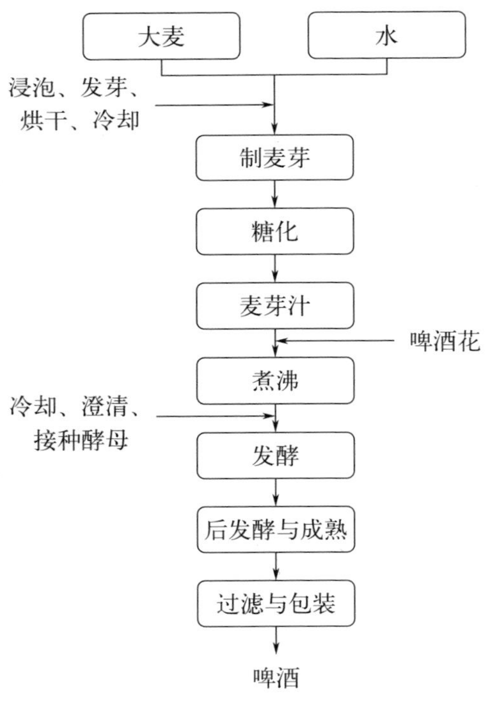

图 3-1 啤酒酿造工艺流程示意图

① **麦芽制备**

选择和清洁原料：从大麦中选择适合酿酒的品种（图3-2），确保大麦的质量符合麦芽制作的要求。清洁大麦，去除杂质和受损的子粒，保证麦芽的纯净度。

图 3-2 啤酒与大麦

浸泡：将清洁后的大麦浸泡在水中，通常需要一定时间，以便让大麦吸水膨胀。这个过程的目的是激活大麦种子内部的酶系统，准备发芽。

发芽：将浸泡好的大麦放在温度和湿度控制的环境中进行发芽。在发芽过程中，大麦内部的酶开始将淀粉等大分子物质转化为发酵可利用的小分子物质，同时也会产生一些其他的风味化合物。这个过程需要精确控制条件，以确保大麦发芽到适当的程度和发芽一致性。

烘干：发芽后的大麦需要通过烘干来停止发芽过程。烘干不仅可以防止麦芽进一步发芽，还可以通过控制烘干的温度和时间来调节麦芽的颜色和风味。温度较低时，麦芽保持较浅的颜色，适合制作淡色啤酒；温度较高时，麦芽颜色加深，适合制作深色啤酒。

冷却和筛选：烘干后的麦芽需要冷却到室温，并通过筛选去除根芽等不需要的部分。最终得到干燥、清洁、一致的麦芽。

② 麦芽汁制备

糖化：将破碎后的麦芽与水混合，在加热过程中逐渐提高温度，这一过程称为麦芽浸泡或糖化，目的是利用麦芽中的酶将可溶性淀粉转化为糖。

滤渣与沉淀：完成糖化后，混合物会被过滤，分离出液态的麦芽汁和固态的麦芽糟。麦芽汁将进一步用于发酵，而麦芽糟可以作为动物饲料。

③ 煮沸

煮沸麦芽汁：麦芽汁被加热至沸腾，此过程通常持续1~2小时。煮沸有助于消毒，稳定其风味，并使麦芽汁中的蛋白质凝固。

添加啤酒花：在煮沸过程中，会添加啤酒花，以增加苦味、香气和防腐性。啤酒花的添加时间和种类将影响啤酒的苦味和香气特性。

④ 冷却

快速冷却：煮沸后的麦芽汁需要快速冷却至发酵所需的温度，通常是20℃左右。冷却过程中，会有更多的蛋白质沉淀，这有助于澄清麦芽汁。

⑤ 发酵

添加酵母：冷却至适宜温度后，向麦芽汁中添加酵母。酵母是发酵过程的主要参与者，它消耗麦芽汁中的糖分，产生乙醇和二氧化碳，同时也会产生一系列风味化合物。

主发酵：通常在密闭容器中进行，温度和持续时间取决于所酿造的啤酒类型。主发酵结束后，啤酒会进入后发酵阶段，进一步成熟。

⑥ 后发酵与成熟

降温与成熟：啤酒在较低温度下进行后发酵和成熟，其间可以去除不希望的副产物，改善口感和香气。

调整：根据需要，可能会进行碳酸化（充二氧化碳）和其他调整，以达到目标风味和气泡含量。

⑦ 过滤与包装

过滤：啤酒通常在包装前需要过滤，以去除悬浮物和酵母残留，确保清澈。

包装：最后，啤酒被灌装进瓶子、罐头或桶中，准备销售。

整个啤酒生产过程中，温度控制、卫生条件和原料选择都是保证最终产品质量的关键因素。每个步骤的精细调控能够创造出多样化的啤酒风格和品种，满足不同消费者的口味需求。

3.1.2 风味特点

啤酒的风味多样，受酿造方法、原料、酵母类型等因素的影响。

（1）啤酒风味来源

啤酒的风味来源于其四类主要原料——水、麦芽、啤酒花和酵母，以及酿造过程中的各种生化反应。

① 水

水是啤酒的主要成分，占啤酒总量的90%以上。不同地区的水质差异（如矿物质含量）会对啤酒的风味产生显著影响。某些啤酒类型，如比尔森，需要特定硬度和矿物质含量的水才能达到其经典风味。

② 麦芽

麦芽是啤酒的主要风味和色泽来源之一。麦芽通过酶解作用将淀粉转化为可发酵的糖，这些糖最终被酵母转化为乙醇、二氧化碳等产物。麦芽的种类（如大麦、小麦）、烘烤程度（从浅到深）都会影响啤酒的口感、香气和颜色。

麦芽烘烤过程中产生的坚果、焦糖和巧克力等风味主要来自美拉德反应和焦糖化反应中形成的风味化合物。美拉德反应是一种非酶促反应，发生在氨基酸和还原糖之间，产生多种风味化合物和棕色色素。比如，糠醛贡献了一种轻微的坚果香气，常在烘焙过程中形成；呋喃酮提供了焦糖般的甜味和香气，是美拉德反应中常见的化合物之一；吡咯产生烘焙食物特有的香气，与烘焙麦芽时的坚果和咖啡风味相关。焦糖化是糖类在高温下分解的过程，不涉及氨基酸，但同样能产生一系列复杂的风味化合物。比如，焦糖色素是焦糖化过程中形成的不同类型的色素，它们贡献了从黄色到深棕色的色泽，以及焦糖的甜味和香气；丙烯醛从糖的热分解中产生，可以贡献刺激性的香气，高浓度时可能产生苦味。巧克力风味的形成较为复杂，涉及多种化学物质，但在麦芽的烘烤过程中，主要由吡嗪和茴香醛贡献，特别是甲基吡嗪，它们贡献了烤坚果和巧克力的香气；茴香醛通常与茴香香气相关，但在一定的浓度和配合其他化合物时，可以增加巧克力风味的复杂度。

③ 啤酒花

啤酒花（图3-3）是啤酒的主要香气来源，也提供苦味和防腐作用。啤酒花的不同品种和添加时机（煮沸、酵母添加前/后）决定了啤酒的花香、果香、松香等风味特征。

图 3-3 啤酒花

④ 酵母和发酵过程

酵母是啤酒风味形成的关键，不仅负责将糖转化为乙醇和二氧化碳，还产生了众多风味化合物。主要风味化合物包括酯类（如3-甲基丁酸乙酯贡献香蕉香气）、醇类（如2-甲基-1-丙醇贡献酒体甜香）、酚类（如4-己基苯酚贡献香料香气）等。不同的酵母菌株和发酵条件（如温度、时间）会产生不同的风味风格。

（2）啤酒代表性风味物质

酯类：贡献水果、花香等风味，如3-甲基丁酸乙酯（香蕉香）。

苦味物质：主要来自啤酒花的 α-酸，贡献啤酒的苦味。

醇类：包括乙醇和杂醇（如2-甲基-1-丙醇、3-甲基-1-丁醇），后者贡献丰富的口感和轻微的香气。

酚类：在某些啤酒（如比利时风格啤酒）中非常重要，贡献香料、草本等独特风味。

焦糖化合物：来自麦芽的烘烤，贡献焦糖、烤面包、巧克力等风味。

（3）常见啤酒种类

啤酒的风味复杂且多样，这些风味物质在酿造过程中相互作用和转化，共同塑造了啤酒的独特风味特征。以下介绍一些广为人知的啤酒类型和它们的特点。

① 拉格啤酒（Lager）

拉格啤酒采用低温发酵过程，通常口味更加清爽、干净。它是世界上最流行的啤酒类型之一。代表风味类型有皮尔森（Pilsner）、海尔斯（Helles）、多特蒙德（Dortmunder）。

② 艾尔啤酒（Ale）

艾尔啤酒通过上面发酵酵母在较高温度下发酵，产生的风味更加复杂，包括水果和香料的味道。代表风味类型有英式苦啤酒（Bitter）、淡色艾尔（Pale Ale）、印度淡色艾尔（India Pale Ale, IPA）、斯托特（Stout）、波特（Porter）。

③ **小麦啤酒（Wheat Beer）**

小麦啤酒使用大量小麦麦芽，通常口感更加饱满，泡沫丰富。它们可能带有轻微的酸味或香料味。代表风味类型有德国小麦啤酒（Weissbier）、比利时风格小麦啤酒（Witbier）。

④ **比利时风格啤酒**

比利时啤酒种类繁多，风格多变，从淡色到深色，干型到甜型，未经过滤的到清澈的，风味复杂，常加入果物、香料等。代表风味类型有杜比尔（Dubbel）、三料啤酒（Tripel）、强烈淡色艾尔（Strong Pale Ale）。

⑤ **酸啤酒（Sour Beer）**

酸啤酒是通过控制产酸菌发酵产生乳酸而制备的啤酒，口味从微酸到极酸不等，风格独特。代表风味类型有兰比克（Lambic）、弗兰德斯红啤（Flanders Red Ale）、柏林白啤（Berliner Weisse）。

⑥ **特种和实验啤酒**

这一类别包括使用非传统原料和新酿造技术的啤酒，可以有非常独特和创新的风味。代表风味类型有咖啡啤酒、巧克力啤酒、烟熏啤酒（Rauchbier）。

（4）代表性啤酒类型的风味特点

每种啤酒风味都有其独特的品鉴价值和文化背景，不同的酿造方法和原料选择使得啤酒的世界异常丰富多彩。以下简单介绍代表性啤酒风味类型及风味特点。

① **皮尔森啤酒（Pilsner）**

皮尔森啤酒是一种淡色、清澈的拉格啤酒，起源于19世纪中叶的捷克共和国皮尔森市。它是拉格啤酒家族中最受欢迎的风格之一，以其明亮的金黄色、清晰的麦芽味和显著的啤酒花香闻名。皮尔森啤酒的主要风味特征如下：

颜色：皮尔森啤酒拥有典型的淡金黄色，透明度很高，泡沫丰富而细腻。

香气：这种啤酒的香气以清新的啤酒花为主，通常带有草本、花香或柑橘的香味。麦芽的香甜味也相对明显，但不会盖过啤酒花的香气。

味道：皮尔森啤酒的味道平衡而清爽，麦芽的甜味与啤酒花的苦味和香味和谐融合。啤酒花的苦味通常是这种啤酒风格的主导，但仍然保持了一定的细腻和优雅。

口感：口感轻盈，碳酸化程度中等到高，使得啤酒更加清爽可口，适合搭配各种食物或单独饮用。

总体特点：皮尔森啤酒以其清爽的口感、平衡的苦甜味和啤酒花的香气而受到全球啤酒爱好者的喜爱。它代表了拉格啤酒中对品质和工艺的追求，是一种适合各种场合的啤酒。

皮尔森啤酒的风味和特点使其成为世界范围内广受欢迎的啤酒类型，无论是在其发源地欧洲还是在全球其他地区，都有广泛的消费群体。

② 淡色艾尔啤酒（Pale Ale）

淡色艾尔是一种流行的啤酒风格，以其较为明亮的金到铜色调、均衡的麦芽味以及明显的啤酒花香气和味道为特点。淡色艾尔的主要风味特征如下：

颜色：淡色艾尔的颜色从淡金色到深铜色，通常明亮且透明。

香气：这种啤酒的香气以啤酒花为主，常常展现出花香、柑橘或松针等多样的香气。麦芽的香甜味也相对明显，为啤酒提供了良好的平衡。

味道：淡色艾尔通常呈现出良好的麦芽甜味和啤酒花苦味的平衡。啤酒花的使用带来了中等到中等偏高的苦味，以及果香、花香或其他植物香气。

口感：口感中等，既不过于浓稠也不过于稀薄。碳酸化程度适中，增加了饮用时的清爽感。

总体特点：淡色艾尔以其风味的平衡、啤酒花的特性表达以及易饮性著称。它多样性高，适合各种口味的啤酒爱好者饮用。

淡色艾尔是一个广泛的分类，包括许多子类型，如美式淡色艾尔（American Pale Ale）、英式淡色艾尔（British Pale Ale）等，每种都有其独特的风味特征和酿造传统。美式淡色艾尔通常更注重啤酒花的香气和味道，而英式淡色艾尔则更加注重麦芽的风味和更加细腻的啤酒花平衡。

③ 德国小麦啤酒（Weissbier）

德国小麦啤酒，又称为白啤酒，是一种以小麦为主要原料酿造的啤酒，在德国南部特别受欢迎。这种啤酒的主要特点是使用至少50%的小麦麦芽，余下的通常是普通大麦麦芽。德国小麦啤酒的风味特征如下：

颜色：德国小麦啤酒的颜色介于浅黄色到金黄色，由于未经过滤，这种啤酒通常呈现出轻微到中等的浑浊。

香气：这种啤酒充满了水果和香料的香气，尤其是香蕉和丁香的香气最为突出，这些香气来源于所使用的特殊酵母。

味道：德国小麦啤酒的味道与其香气类似，带有明显的水果味（如香蕉）、香料味（如丁香或肉豆蔻），以及轻微的酸味。麦芽的甜味与这些风味平衡，但不会过于突出。

口感：口感轻柔，碳酸化程度较高，使得啤酒更加爽口。小麦麦芽的使用还赋予了这种啤酒特有的丝滑质感。

总体特点：德国小麦啤酒以其独特的香气、风味以及爽口的口感而受到消费者喜爱。它的风味复杂而平衡，既有水果的甜美，又有香料的微妙，加上轻微的酸味和细腻的口感，构成了一种非常受欢迎的啤酒风格。

德国小麦啤酒的这些特征使其成为一个独特而受欢迎的啤酒类别，尤其在温暖的季节，它的清爽和爽口特质备受青睐。

④ 三料啤酒（Tripel）

三料啤酒（图3-4）是一种源自比利时的淡色强劲艾尔啤酒，以其高酒精度、复杂的香气和味道以及金黄色的外观而闻名。三料啤酒的主要风味特征如下：

图 3-4 三料啤酒

颜色：三料啤酒呈现出美丽的淡金黄色到金色，清澈透明，泡沫丰富而持久。

香气：这种啤酒的香气非常丰富，包含水果（如香蕉、梨、柑橘）香气、香料香气（通常是由酵母产生的，如胡椒香气、丁香香气），以及轻微的酒香和麦芽甜香。

味道：三料啤酒的味道复杂而平衡，具有明显的水果和香料风味，伴随着麦芽的甜味和适当的啤酒花苦味。尽管酒精度较高[通常在8%~12%(*v/v*)]，但酒味通常很好地融入其他风味之中，不会过于突出。

口感：口感中等偏满，碳酸化程度高，增加了这种啤酒的爽口感。酒体感觉平滑，有时可感知到轻微的温暖感。

总体特点：三料啤酒以其强烈的风味、高酒精度和复杂的香气组合而受到赞誉。它是比利时啤酒中的一个标志性风格，展现了酿造师在平衡强烈风味和酒精度方面的高超技艺。

三料啤酒的这些特性使其得到啤酒鉴赏家高度评价，适合在特殊场合细细品味。

⑤ **柏林白啤（Berliner Weisse）**

柏林白啤（图3-5）是一种源自德国的轻质小麦酸啤酒，以其清爽、酸味和低酒精度著称。这种啤酒的历史可以追溯到16世纪，是柏林的传统啤酒风格。柏林白啤的主要风味特征如下：

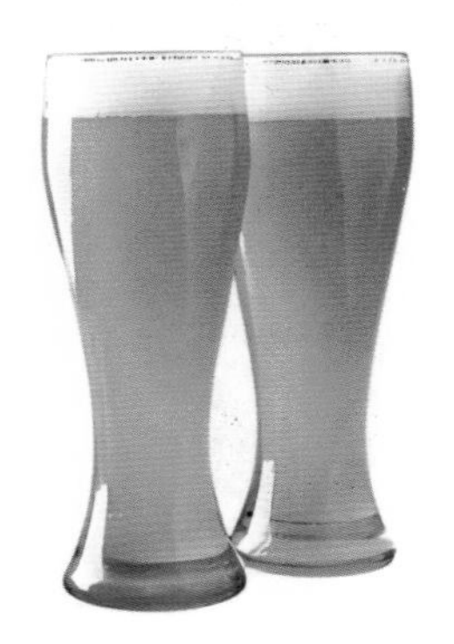

图 3-5 柏林白啤

颜色：柏林白啤呈现淡黄色到浅金色，通常透明度不高，有时呈现轻微的浑浊。

香气：这种啤酒的香气较为轻盈，带有轻微的酸味和小麦的香气，有时还会有轻微的果香或酵母香。

味道：其最显著的特点是明显的酸味，这种酸味来自乳酸发酵过程。除了酸味，还可以感受到小麦的柔和味道以及微量的啤酒花苦味。柏林白啤的风味通常比较简单，清新爽口。

口感：口感轻盈，碳酸化程度高，这让它成了非常适合夏日饮用的啤酒。尽管乙醇含量低[通常在3%~5%（*v/v*）]，但酸味提供了一种独特的口感体验。

总体特点：柏林白啤以其独特的酸味、轻盈的口感和低酒精度成为一种独特的啤酒风格。它经常被作为夏季的解渴饮品，有时还会加入糖浆（如覆盆子或木槿花糖浆）来调味，以平衡其酸味。

柏林白啤的这些特性受到喜欢尝试不同啤酒风格和酸啤酒爱好者的

青睐。

⑥ **烟熏啤酒（Rauchbier）**

烟熏啤酒（图3-6）是一种深受啤酒爱好者喜爱的德国传统啤酒，以其独特的烟熏麦芽香气和味道而闻名。烟熏啤酒的主要风味特征如下：

图 3-6 烟熏啤酒

颜色：烟熏啤酒的颜色从深铜色到深棕色不等，具体取决于使用的麦芽种类和烘烤程度。颜色的深浅也会影响到人们对啤酒风味的期待，深色往往预示着更浓郁的烟熏和烘烤风味。

香气：烟熏啤酒的香气复杂丰富，烟熏香气是其最显著的特征，通常伴随有木质、烘烤面包或焦糖的香气。这种独特的香气来源于用木材烟熏过的麦芽，不同的木材（如山毛榉）会带来不同的烟熏香气。

味道：味道是烟熏啤酒区别于其他啤酒的最主要因素。它具有明显的烟熏味，同时可以品尝到麦芽的甜味、轻微的苦味以及可能的烘烤和焦糖味。这些味道的平衡使得烟熏啤酒既有特色又不失层次感。

口感：烟熏啤酒的口感可以从中等到较重，取决于酿造方法和麦芽的比例。它可能表现出丝滑或者稍微有些黏稠的口感，碳酸含量通常处于中等水平，为味道的复杂性增添了更多维度。

总体特点：总的来说，烟熏啤酒是一种风格独特、历史悠久的啤酒，它以烟熏的风味特征为核心，周围环绕着麦芽的甜味、轻微的苦味以及烘烤和焦糖的复杂味道。这种啤酒适合喜欢尝试新口味和烟熏风味的啤酒爱好者。烟熏啤酒能够与多种食物搭配，尤其是烧烤和烟熏食品，能够提升整体的用餐体验。

烟熏啤酒的制作和享用是一种艺术，它不仅仅是一种啤酒，更是一种文化和传统的体现。对于那些寻求不同啤酒体验的饮者来说，烟熏啤酒提供了一个独特的选择，带来不同于常规啤酒的风味旅程。

3.1.3 生产国及生产特点

（1）中国

中国啤酒的生产特点体现在以下几个方面：

① **大规模生产**

中国是世界上最大的啤酒生产国和消费市场之一。其生产特点之一是大规模生产，拥有众多的啤酒厂家，包括国有、民营以及外资企业。这些企业通过规模化、集约化生产，以满足国内外庞大的市场需求。

② **品种多样**

中国啤酒品种丰富，从传统的淡色拉格啤酒到近年来流行的小麦啤酒、果味啤酒、精酿啤酒等，种类繁多。这反映了中国消费者口味的多样性以及市场对新品种啤酒的开放态度。

③ **技术与创新**

中国啤酒产业在生产技术和工艺上不断创新。许多企业引进国际先进的酿造设备和技术，同时也在酿造工艺、原料选择等方面进行本土创新，以提高产品质量和满足特定消费者群体的需求。

④ **文化融合**

中国啤酒生产不仅吸收了西方的酿造技术和理念，也融入了中国传统的饮食文化。例如，一些啤酒产品在口味和包装设计上融入了中国元素，以迎合本土消费者的喜好。

总的来说，中国啤酒的生产特点是大规模和多样化并存，技术创新和本土化结合，同时也逐渐增强环保和可持续发展意识。这些特点使得中国啤酒产业能够快速发展，不断满足国内外消费者的需求。

（2）美国

美国啤酒的生产特点体现在其创新性、多样性和地区性特征上，这些特点共同塑造了美国啤酒市场的独特面貌。美国啤酒生产的几个关键特点如下：

① 创新与多样性

美国啤酒产业以其创新性著称。美国的酿酒师喜欢实验不同的原料、酿造技术和风味添加剂，创造出众多独特的啤酒风格。从传统的拉格和艾尔到各种口味的其他类型啤酒，如酸啤酒，带有各种水果、香料或其他非传统原料的啤酒，为美国的啤酒市场提供了极其丰富的选择。

② 地区性

美国啤酒的生产具有明显的地区特色。不同的州和地区因其独特的文化、历史和地理条件，酿造出具有地方特色的啤酒。例如，加利福尼亚州因其IPA（印度淡色艾尔）而闻名，而科罗拉多州则以其多样化的精酿啤酒著称。

③ 使用本土和特色原料

美国酿酒师喜欢使用当地的或特色原料来酿造啤酒，包括当地种植的啤酒花、特殊的麦芽，甚至是地方特有的水果和香料。这种做法不仅凸显了美国啤酒的多样性和创新性，也有助于支持当地经济和农业。

④ 技术革新

美国啤酒产业在技术革新方面处于领先地位，不断引入新的酿造技术和自动化生产设备，以提高效率和保证产品质量。

综上所述，美国啤酒的生产特点集中在其创新性、多样性、地区性特征以及对环保和可持续发展的重视上。这些特点共同促进了美国啤酒市场的繁荣发展，使其成为全球啤酒文化的重要组成部分。

（3）德国

德国啤酒以其高质量、多样性和独特的酿造方法闻名于世。其生产特点体现在以下几个方面：

① 遵循《纯净法》

《纯净法》最初于1516年在巴伐利亚颁布，是世界上最早的食品安全法规之一。之后进一步修改，规定啤酒只能使用水、麦芽、啤酒花、酵母4种原料酿造。尽管现代法律已经允许更多的灵活性，很多德国啤酒酿造商仍然自愿遵循这一准则，以保持传统和质量。

② 丰富的啤酒种类

德国的啤酒种类繁多，从传统的拉格啤酒（Lager）、维森啤酒（Weissbier/Weizenbier）到特有的奥尔特啤酒（Altbier）、科尔施啤酒（Kölsch）等，每种啤酒都有其独特的风味和酿造工艺。

③ 区域特色

德国各地区都有自己的特色啤酒和酿造方法，这与当地的历史、文化和口味偏好密切相关。例如，巴伐利亚地区以维森啤酒著称，而杜塞尔多夫则以奥尔特啤酒闻名。

④ 传统与创新并重

虽然很多德国啤酒厂坚持使用传统酿造技术，但也有越来越多的酿酒师开始尝试新的酿造方法和风格，如精酿啤酒（Craft Beer），这些啤酒往往具有更加丰富的口味和个性化的风格。

⑤ 高质量的原料

德国啤酒的酿造对原料的质量有着严格的要求，特别是水、麦芽和啤酒花。德国的水质被认为是酿造高质量啤酒的关键因素之一，而德国本地生产的麦芽和啤酒花也享誉全球。

⑥ 社会和文化意义

在德国，啤酒不仅是一种饮料，更是一种文化和社交的媒介。各种啤酒节（最著名的是慕尼黑的啤酒节）和啤酒花园是德国社会生活的重要组成部分。

总之，德国啤酒的生产特点是对传统的尊重与继承，同时也不断创新和尝试新的酿造技术和风格，这使得德国啤酒在全球享有盛誉。

（4）比利时

比利时啤酒以其多样性、独特性和丰富的历史文化而闻名于世。其生产特点体现在多个方面：

① 比利时酵母菌株

比利时啤酒常用的酵母菌株与其他地区的啤酒有所不同，能产生独特的香气和风味，如果香、香料香等。

② 混合发酵

某些比利时啤酒（如兰比克）采用自然发酵或混合发酵方式，使用野生酵母和细菌，如酒香酵母和乳酸杆菌，产生复杂的酸味和独特风味。

③ 多步发酵

部分比利时啤酒如三重发酵啤酒，会经历多个发酵阶段，包括瓶内二次发酵，增加了风味的复杂性和碳酸含量。

④ 非传统原料

比利时啤酒生产中经常使用各种非传统原料，如各种水果（樱桃、覆盆子等）、香料（橙皮、香草等）和糖（糖浆、焦糖等），这些添加物丰富了啤酒的口味和香气。

⑤ 不同类型的麦芽

使用从浅烘至深烘的多种麦芽，为啤酒提供从淡金色到深棕色的多种颜色和相应的风味。

⑥ **多样化的啤酒类型**

比利时啤酒种类繁多，从淡色艾尔啤酒到深色丁香啤酒，从酸啤酒到强烈的特鲁比斯啤酒，风格多样。

⑦ **兰比克和酸啤酒**

比利时的兰比克和其他酸啤酒因其独特的酸味和复杂风味而闻名，这些风格的啤酒通常需要较长时间的陈化和混合不同年份的啤酒来调和风味。

⑧ **传统手工酿造**

许多比利时啤酒仍然采用传统手工酿造方法，尊重历史和地方传统，这些传统技术对啤酒的最终风味有着重要影响。

⑨ **家族酿酒厂和修道院啤酒**

比利时的一些最著名啤酒是由家族经营的小酿酒厂或修道院（如特拉普修道院啤酒）生产的，这些机构往往拥有独特的酿酒秘方和方法。

综上所述，比利时啤酒的生产特点反映了其丰富的酿造传统、对风味创新的追求以及对品质的高度重视，这使得比利时啤酒在世界啤酒文化中占有独特的地位。

（5）巴西

巴西啤酒的生产特点体现了该国独特的文化背景、气候条件和消费者偏好。巴西啤酒生产的几个关键特点如下：

① **浓郁的文化融合**

巴西是一个文化多样化的国家，这种多样性也反映在其啤酒生产上。巴西啤酒结合了欧洲酿酒传统与本土元素，创造出独特的风味和品种。例如，使用巴西特有的水果和植物作为原料的啤酒越来越受到欢迎，这些原料赋予啤酒独特的地方特色。

② **重视清爽口味**

由于巴西气候炎热，清爽、易饮的啤酒在当地尤其受欢迎。淡色拉格啤酒是市场上的主流产品，它们通常口味清淡、酒精度较低，非常适合热带气候下的消费。

③ 市场集中与多样化并存

虽然巴西啤酒市场在一定程度上由几家大型啤酒公司主导，但近年来精酿啤酒的兴起为市场带来了更多的多样性。消费者对于新风味和高质量啤酒的需求推动了小规模酿酒厂的发展。

综上所述，巴西啤酒的生产特点反映了该国独特的文化多样性、适应热带气候的清爽啤酒风格、对本土原料的探索、精酿啤酒的快速发展，以及对环保和可持续生产的重视。这些特点共同塑造了巴西啤酒独特的市场和文化风貌。

（6）墨西哥

墨西哥啤酒的生产特点深受其历史、文化和地理位置的影响，形成了独特的啤酒风格和生产特性。墨西哥啤酒生产的一些关键特点如下：

① 历史传统与现代技术的结合

墨西哥的啤酒制作传统可以追溯到19世纪初，当时许多欧洲移民带来了啤酒酿造的知识和技术。今天，这种传统与现代酿造技术相结合的应用，使得墨西哥能够生产出符合国际标准的高质量啤酒。

② 清爽口味

墨西哥啤酒以其清爽的口感而著称，非常适合该国温暖的气候。墨西哥最受欢迎的啤酒风格包括清爽的拉格啤酒和淡色艾尔啤酒。这些啤酒通常具有低到中等的酒精含量，易饮性强，适合搭配墨西哥辛辣的食物。

③ 啤酒与文化的融合

墨西哥啤酒不仅是一种饮品，也是墨西哥文化的一部分。啤酒常伴随着墨西哥的社交活动、节日和庆典。例如，“Cerveza”（西班牙语中的啤酒）在各种家庭聚会和公共节日中占有重要地位。

④ 国际影响力

墨西哥是世界上最大的啤酒出口国之一，其啤酒品牌如科罗纳

（Corona）、莫德洛（Modelo）和帕西菲科（Pacifico）在全球享有盛誉。墨西哥啤酒的国际成功体现了其优良的产品品质和广泛的市场接受度。

总的来说，墨西哥啤酒的生产特点反映了该国的文化传统、对清爽口味的偏好、国际市场的影响力、对精酿啤酒的兴趣增长，以及对环境保护的关注。这些特点共同塑造了墨西哥啤酒独特的风格和全球认可度。

（7）啤酒生产未来发展趋势

啤酒产业，作为全球范围内广受欢迎的饮品行业之一，正面临着前所未有的转型和挑战。随着消费者偏好的变化、环保要求的提高以及技术进步，啤酒生产的未来发展趋势呈现出几个显著特点：原料本土化、环保和碳循环意识增强、精酿啤酒的发展与崛起。这些趋势不仅反映了行业对可持续发展的追求，还预示着啤酒的多样化和品质化。

① 啤酒原料本土化

随着全球化的深入发展，啤酒行业开始更加注重本地原料的采购和使用。这不仅有助于减少运输过程中的碳排放，也促进了本地农业的发展。本土化的原料采购能够让啤酒生产更加贴近消费者的口味偏好，同时，利用当地独有的原料还能创造出具有地域特色的产品，增加啤酒的多样性和吸引力。

② 环保意识、碳循环意识增强

环境保护已成为全球共识，啤酒产业也在积极响应。从原料种植、生产制造到包装运输，整个生产链条都在寻求更环保、低碳的解决方案。许多啤酒厂开始采用可再生能源，如太阳能和风能，来降低生产过程中的碳排放。此外，循环利用生产过程中产生的废水和废物也成为减少环境影响的重要措施。

③ 精酿啤酒的发展与崛起

精酿啤酒凭借其独特的风味和品质，近年来在全球范围内快速发展，并逐渐成为市场上的一个重要力量。消费者对啤酒的品位日益挑剔，不再满足于大规模生产的标准化产品，而是更加倾向于寻找具有个性化、创新性和手工艺特色的精酿啤酒。这促使啤酒生产商不断创新，开发出多样化的产品来满足市场需求。同时，精酿啤酒的兴起也推动了啤酒文化的多元化，为消费者提供了更加丰富的选择。

啤酒生产的未来发展将更加注重原料的本土化、环保和碳循环的意识以及精酿啤酒的创新与多样化。这些趋势不仅展现了行业对可持续发展的承诺，也反映了消费者对高品质、特色啤酒的追求。

3.1.4 名酒

（1）百威啤酒（Budweiser）

百威啤酒（图3-7）是美国的著名啤酒品牌，其历史可追溯至1876年，当时由阿道夫·布希（Adolphus Busch）和他的岳父伊伯哈德·安海斯（Eberhard Anheuser）在密苏里州圣路易斯创立。

图 3-7 百威啤酒

① 百威啤酒的历史与发展

创始：阿道夫·布希采用了许多创新的营销和生产技术，包括冷藏列车、巴氏杀菌法来保鲜啤酒，以及创建了美国第一个全国性啤酒品牌。

命名：“Budweiser”这个名字灵感来源于捷克共和国的布杰约维采市（České Budějovice），该地区以其高质量啤酒而闻名。虽然如此，但百威啤酒的风格、味道与捷克的布杰约维采啤酒大相径庭。

扩张：百威啤酒的全球扩张始于20世纪末至21世纪初。通过一系列的海外投资、合资企业和收购，百威啤酒开始进入欧洲、亚洲和其他地区的市场。2008年，百威啤酒与比利时的英博集团（InBev）合并，形成了全球最大的啤酒公司——安海斯-布希英博（Anheuser-Busch InBev），这进一步加速了百威啤酒的国际扩张。

② 百威啤酒特点

风格：百威啤酒被归类为美式拉格啤酒（American Lager），以其清爽、轻柔的口味和较低的酒精含量[通常在5%（*v/v*）左右]而受到消费者喜爱。

生产：百威啤酒的制作使用了水、大麦麦芽、米（作为辅助原料以增加清爽度）和啤酒花。其独特的“beechwood aging”过程（使用山毛榉木片进行陈酿）赋予了百威啤酒独特的味道。

③ 市场与营销

品牌形象：百威啤酒以其强大的品牌形象和广泛的营销活动而闻名，包括赞助体育赛事、音乐节和其他娱乐活动。

广告：百威啤酒的广告活动创意新颖，尤其是其在美国超级碗（Super Bowl）期间的广告，这些广告都非常受欢迎。

尽管面临挑战，百威啤酒依然保持着其作为全球最受欢迎的啤酒品牌之一的地位，其产品在多个国家和地区广受消费者喜爱。

（2）喜力啤酒（Heineken）

喜力啤酒（图3-8）是享誉全球的荷兰啤酒品牌，由杰拉德·阿德里安·喜力（Gerard Adriaan Heineken）于1863年在阿姆斯特丹创立。喜力啤酒是全球第二大啤酒生产商喜力国际公司（Heineken N.V.）的旗舰产品，以其独特的味道和高品质而闻名世界。

图 3-8 喜力啤酒

① **喜力啤酒的历史与发展**

创立：喜力啤酒的历史始于1863年，当年杰拉德·阿德里安·喜力购买了阿姆斯特丹的一个老旧酿酒厂，并开始生产喜力啤酒。

扩张：自20世纪初以来，喜力开始向外扩张，成为全球知名的啤酒品牌。如今，喜力啤酒在全球超过190个国家销售。

② **喜力啤酒特点**

风格：喜力啤酒属于欧洲淡色拉格啤酒（Euro Pale Lager），以其清新的口感和略带果香的味道而受到消费者喜爱。

制作工艺：其主要原料包括水、大麦麦芽、啤酒花，以及喜力特有的A酵母。A酵母是一种特有的酵母，贡献了喜力啤酒独特的口感和香气。

③ **品牌与营销**

品牌形象：喜力以其绿色瓶身和红星标志而著名，这些元素已成为其品牌形象的核心部分。

营销策略：喜力啤酒在全球范围内进行了广泛的市场推广，包括赞助足球比赛、音乐节等大型活动。喜力啤酒的广告策略注重品牌故事和消费者体验，力求与消费者建立情感连接。

喜力啤酒不仅仅是一款啤酒，它也代表了荷兰的酿酒工艺和文化，以及对品质和创新的不懈追求。通过其广泛的国际市场和强大的品牌形象，喜力继续在全球啤酒行业中占据重要地位。

（3）嘉士伯啤酒（Carlsberg）

嘉士伯啤酒（图3-9）是来自丹麦的全球知名啤酒品牌，其历史可以追溯到1847年，当时由J.C. Jacobsen在哥本哈根近郊的瓦尔比（Valby）创立。嘉士伯啤酒以其创始人的儿子卡尔·雅各布森命名，代表了丹麦啤酒的传统与创新。作为全球第三大啤酒集团，嘉士伯集团（Carlsberg Group）旗下拥有多个啤酒品牌，覆盖全球市场。

图 3-9 嘉士伯啤酒

① 嘉士伯啤酒的历史与发展

创立：J. C. Jacobsen在1847年创立了嘉士伯酿酒厂，他深受巴伐利亚啤酒酿造技术的启发，并将这些技术带回丹麦。

科学贡献：嘉士伯不仅以其啤酒而闻名，还因其对啤酒酿造科学的贡献而备受尊敬。嘉士伯实验室（成立于1875年）在酵母培育和发酵过程中做出了重要贡献，极大地改善了啤酒的质量和生产效率。

② 嘉士伯啤酒特点

风格：嘉士伯啤酒主要以拉格啤酒（Lager）风格为主，特别是其标志性的嘉士伯绿标啤酒，以其清爽的口味和适中的苦味而受到全球消费者的喜爱。

产品线：嘉士伯集团生产多种类型的啤酒，包括传统的拉格啤酒、淡色啤酒、黑啤和无醇啤酒等，满足不同消费者的需求。

③ 品牌与营销

品牌形象：嘉士伯以其象征性的标志——绿色的标签和银色的星，以及“Probably the best beer in the world”（可能是世界上最好的啤酒）的广告语而闻名。

赞助活动：嘉士伯积极参与体育和文化活动的赞助，包括足球赛事、音乐节等，通过这些平台提升品牌知名度和形象。

嘉士伯啤酒凭借其丰富的历史背景、科学研究的贡献、广泛的产品线以及对可持续发展和社会责任的承诺，在全球啤酒市场中占据了重要地位。通过不断创新和提高品质，嘉士伯集团继续在全球范围内扩大其影响力。

（4）时代啤酒（Stella Artois）

时代啤酒（图3-10）是一款源自比利时的世界著名啤酒品牌，拥有悠久的历史和深厚的文化底蕴。其起源可以追溯到1366年一个位于比利时鲁汶的酿酒厂，而“Stella Artois”这个品牌名称首次出现在1926年，作为圣诞节啤酒推出，其中“Stella”在拉丁语中意思为“星星”，象征着其特殊的品质和圣诞节期间的光辉。

图 3-10 时代啤酒

① **时代啤酒的历史与发展**

起源：Stella Artois 的根源可追溯至1366年的Den Hoorn酿酒厂，而Stella Artois作为品牌是在1926年确立的。

品牌发展：起初作为圣诞节期间的特别酿造啤酒，Stella Artois 逐渐成为全年销售的产品，并最终发展成为比利时及全球知名的啤酒品牌。

② **时代啤酒特点**

风格：Stella Artois 属于比利时皮尔森（Pilsner）风格的啤酒，以其清澈的金黄色泽、细腻的泡沫、清新的口味和略带啤酒花苦味的平衡感而闻名。

制作工艺：该啤酒的制作使用优质的麦芽、啤酒花、非转基因玉米和水。Stella Artois 的酿造过程严格遵守比利时的传统工艺，确保了其独特的风味和高品质。

③ **品牌与营销**

品牌形象：Stella Artois 以其优雅的品牌形象而著称，其标志性的红色、白色和金色标签，以及独特的玻璃杯设计（具有金色边缘和品牌徽标），都是其品牌识别的重要元素。

营销活动：Stella Artois 通过赞助电影节、艺术展览以及其他文化和社会活动，成功地将自己定位为高端啤酒品牌。此外，品牌也通过广告和促销活动，强调其比利时传统和品质优越性。

Stella Artois 通过其独特的品质、丰富的历史和强大的品牌形象，在全球啤酒市场中占据了重要地位。作为比利时啤酒的代表之一，Stella Artois 不仅是一款啤酒，也是比利时文化和酿酒传统的象征。

（5）科罗娜啤酒（Corona）

科罗娜啤酒（图3-11）是一款源自墨西哥的国际知名啤酒品牌，由Grupo Modelo公司于1925年推出。科罗娜啤酒以其独特的清爽口感、柠檬片搭配食用的传统，以及其标志性的透明长颈瓶而闻名于世。它是全球最畅销的墨西哥啤酒之一，也是国际市场上最受欢迎的进口啤酒品牌之一。

图 3-11 科罗娜啤酒

① 科罗娜啤酒的历史与发展

创立：科罗娜啤酒由Grupo Modelo公司于1925年在墨西哥城推出，迅速成为墨西哥国内外极受欢迎的啤酒品牌。

扩张：从1970年代开始，科罗娜啤酒开始进入美国市场，并逐步扩张到全球，成为世界上最畅销的进口啤酒之一。

② 科罗娜啤酒特点

风格：科罗娜啤酒属于淡色拉格啤酒（Pale Lager），以其清爽、轻柔的口味和低至中等的酒精含量而受到消费者喜爱。

标志性搭配：科罗娜啤酒通常与一片柠檬或青柠搭配饮用，这种独特的饮用方式增加了其独特的口感和体验，成为其标志性的特色之一。

③ 品牌与营销

品牌形象：科罗娜啤酒以其阳光、海滩和轻松的生活方式为品牌形象，这一形象通过其广告和营销活动得到了广泛传播。

营销策略：科罗娜啤酒通过赞助海滩派对、音乐节和其他户外活动，成功地将品牌与轻松愉悦的生活方式联系起来，吸引了大量年轻消费者。

科罗娜啤酒凭借其独特的风格、轻松愉悦的品牌形象以及广泛的国际市场覆盖，成为全球最受欢迎的啤酒品牌之一。通过不断的品牌创新和市场扩展，科罗娜啤酒成功地巩固了其在国际啤酒市场的地位。

（6）燕京啤酒（Yanjing Beer）

燕京啤酒位列全球十大啤酒集团之一，拥有燕京清爽型啤酒、燕京U8小度特酿、燕京V10精酿白啤、鲜啤2022、燕京S12皮尔森等众多明星产品。2023年燕京啤酒销量达394万千升，占据国内10.4%的市场份额。

① 燕京啤酒的企业简介

燕京啤酒1980年建厂，1993年组建集团，1997年7月在深圳证券交易所上市。燕京啤酒主营业务为啤酒、水、啤酒原料、饮料、酵母、饲料等产品的制造和销售，为中国最大啤酒企业集团之一，旗下拥有直接或间接控股子公司60家，遍布全国18个省市。

② 燕京啤酒的发展理念

紧扣“高质量发展”这一主题，以供给侧结构性改革为主线，着力发展新质生产力，深化卓越管理体系建设、实施供应链转型升级、加快推进数字化转型、建立全新研发体系、推进绿色低碳发展，实现更高效、更可持续、更和谐的增长。

③ 燕京啤酒的使命愿景

作为民族啤酒工业的领军企业，燕京啤酒秉承“为生活酿造美好”的使命，以不断满足消费者对美好生活的需要为根本出发点，以创新驱动、高质量供给引领和创造新需求，持续推进高端优质产品和服务的供给，为实现“成为值得信赖的，具有行业竞争力的民族啤酒品牌”愿景而不懈奋斗。

④ 燕京特色产品（图3-12）

图 3-12 燕京啤酒特色产品

◎ 燕京U8啤酒

燕京U8是一款专为年轻人打造的优爽小度特酿啤酒，涵盖纯净水源、优质酒花、专属定制麦芽、独特酿造工艺、新鲜大米、新型酵母菌种6大核心技术支撑，开创兼具“净、香、甘、亮、鲜、爽”大滋味感受的优质“小度酒”新品类。

◎ 燕京V10精酿白啤

燕京V10精酿白啤是一款拥有卓越品质与优越口感的白啤。采用上等工艺，还原风靡欧美的优质白啤，酿造出云雾般的酒液，泡沫宛如慕斯状绵密细腻。100%纯麦精酿，精选大麦芽与小麦芽全麦酿造，麦香更加浓郁。怡人丁香香气，入口清新顺滑。不一样的饮酒体验，引领白啤品类的新坐标。

◎ 燕京S12皮尔森

燕京啤酒运用创新工艺打造可比肩现饮的全新皮尔森啤酒。传承经典德式工艺，智慧酿造鲜明风格，严苛标准缔造卓越品质，通过严选皮尔森麦芽、甄选限定酒花、创新Flash bitter taste工艺，完美展现来自麦芽、啤酒花、水质、酵母的最高品质，带来产品清冽苦韵与优雅橘香结合的独特风味特征。金色纯净酒体结合绵密泡沫、典雅瓶身造型彰显高贵气质。

◎ 狮王精酿系列

狮王精酿作为燕京战略布局的高端品牌，目标在于打造高品质精酿产品与提供极致化的品牌体验。狮王精酿系列产品选用特种麦芽、香型酒花，先后推出经典德式白啤、IPA、树莓小麦、比利时小麦等20余款产品。

◎ 其他特色产品

燕京U8 Plus、鲜啤2022、老燕京12度特、雪鹿、燕京无醇白啤、On/Off百香果、桃汁小麦果啤、燕京9號原浆啤酒、太空桶原浆啤酒、燕京八景精酿系列。

⑤ 文化与品牌影响

燕京啤酒在追求自身高质量发展的同时，强调与消费者互动，侧重消费端价值和影响，致力于品牌和产品营销向文化营销转变。

积极履行企业社会责任，公司持续通过公益捐赠、助力乡村振兴、帮扶弱势群体、支持文体事业发展、组织志愿者活动、周边社区服务等公益实践，提升品牌的文化影响力和社会认同感。

（7）雪花啤酒（Snow Beer）

雪花啤酒（图3-13）是中国一款非常受欢迎的啤酒品牌，也是世界上销量最大的啤酒之一。它由华润雪花啤酒（中国）有限公司（China Resources Breweries Co., Ltd）生产，该公司是华润创业有限公司（China Resources Enterprise）和南非米勒啤酒公司（SABMiller plc，现为英美烟草公司部分）于1993年共同成立的合资企业（现为独资）。

图 3-13 雪花啤酒

① 雪花啤酒历史背景

雪花啤酒的历史可以追溯到1993年，当时华润创业和SABMiller共同投资在中国开展啤酒业务。随着时间的推移，雪花啤酒迅速成长为中国乃至全球市场上的主要啤酒品牌之一。

② 雪花啤酒产品特点

雪花啤酒以其清爽的口味和适中的酒精度受到广大消费者的喜爱。它的产品线非常广泛，包括多种不同风味和酒精含量的啤酒，以满足不同消费者的需求。雪花啤酒注重品质和创新，不断推出新产品来吸引消费者。

③ 雪花啤酒市场表现

雪花啤酒在中国的啤酒市场上占有很高的份额，多年来一直是销量最大的啤酒品牌之一。它的成功不仅仅体现在国内市场，还通过出口和在其他国家的生产设施，使品牌影响力扩展到了全球市场。

④ 雪花啤酒社会和文化影响

雪花啤酒不仅是一种饮品，也成了中国当代社会和文化的一个标志。它经常出现在各种社交场合和公共活动中，成为人们庆祝、聚会的首选饮料之一。

雪花啤酒的成功故事是中国快速发展的消费市场和全球化商业策略相结合的结果。它不仅展示了中国啤酒品牌在国内外市场的竞争力，也反映了中国消费文化的变迁和全球消费趋势的一部分。

（8）青岛啤酒（Tsingtao Beer）

青岛啤酒（图3-14）是中国最著名的啤酒品牌之一，具有超过一百年的历史。它由青岛啤酒股份有限公司生产，该公司成立于1903年，最初由德国商人和英国商人在中国青岛创立。青岛啤酒以其独特的味道和高品质在国内外享有盛誉，是中国最早进行国际市场开拓的啤酒品牌之一。

图 3-14 青岛啤酒

① 青岛啤酒历史背景

青岛啤酒的历史始于1903年，当时的德国占领者在青岛建立了这家啤酒厂，目的是满足德国人对啤酒的需求。后来，这家啤酒厂逐渐发展成为中国最重要的啤酒生产基地之一。在中国啤酒市场上，青岛啤酒因其独特的酿造工艺和持续的品质保持，成为一个知名品牌。

② 青岛啤酒产品特点

青岛啤酒以其清爽的口感和适度的酒精含量著称，采用优质的大麦、啤酒花和清纯的水源酿造而成。其产品线丰富，包括经典的青岛原浆啤酒、青岛纯生啤酒、青岛啤酒经典1903等多种口味和类型，满足不同消费者的需求。

③ 青岛啤酒国际化与市场表现

青岛啤酒是中国第一家在京外上市的啤酒公司，1993年在香港联合交易所上市。它的产品远销全球，包括美国、加拿大、欧洲、日本等多个国家和地区，享有很高的国际声誉。青岛啤酒通过积极参与国际啤酒节和获得多项国际大奖，不断提升其全球品牌影响力。

④ 青岛啤酒文化与品牌推广

青岛啤酒深深植根于中国的文化中，其品牌不仅代表着优质的啤酒，也象征着中国的传统与现代的融合。公司积极参与和赞助各种文化、体育活动，如青岛国际啤酒节，通过这些活动加深消费者对品牌的认知和喜爱。

⑤ 青岛啤酒社会责任

青岛啤酒公司非常注重社会责任，致力于环境保护和可持续发展。它采用环保的生产技术，努力减少生产过程中的能源消耗和废物排放，同时积极参与社会公益活动，为社会的发展作出贡献。

青岛啤酒不仅是中国啤酒工业的一个重要标志，也是中国文化的一部分。它以其百年历史和优质产品，在全球啤酒市场中占有一席之地，向世界展示了中国品牌的魅力。

（9）全球啤酒未来发展趋势

全球啤酒市场正处于快速变革与发展之中，随着消费者偏好的不断演化和环境保护意识的加强，啤酒品牌之间的竞争也日趋激烈。未来的啤酒品牌竞争发展趋势将主要体现在三个方面：头部啤酒单品之间的竞争白热化、追求高效化与绿色化生产的趋势、健康与风味双导向的产品发展。这些趋势不仅将推动啤酒行业的技术革新和市场拓展，也将引领消费文化的新潮流。

① 头部啤酒单品竞争白热化

随着全球啤酒市场的集中度不断提高，头部啤酒品牌的单品之间竞争将变得更加激烈。这种竞争不仅体现在品质和口感上，还包括品牌影响力、市场占有率以及创新能力等方面。品牌将通过营销策略、产品创新和消费者体验的提升来争夺市场的领先地位。

② 高效化、绿色化生产

环保意识的提升和可持续发展的需求将迫使啤酒品牌注重生产过程的高效化和绿色化。这不仅包括采用节能减排的生产技术、优化物流和包装以降低碳足迹，还涉及原料的可持续采购和废物的循环利用。通过这些措施，啤酒品牌能够在保证产品品质的同时，减少对环境的影响，满足越来越多消费者对绿色、环保产品的需求。

③ 健康与风味双导向发展

健康消费趋势的兴起使得啤酒品牌必须在产品开发上同时考虑风味与健康。这意味着未来的啤酒产品不仅要在口感上满足消费者的多元化需求，还要在营养成分上做出调整，如推出低糖、低热量或添加功能性成分的啤酒。同时，自然、有机的原料选择也将成为产品开发的重要方向，以迎合消费者对健康生活方式的追求。

总而言之，全球啤酒品牌未来的竞争将在创新、环保和健康三个维度展开。品牌需要不断适应市场和消费者的变化，通过技术革新和产品创新来保持竞争力，同时贯彻可持续发展的理念，满足消费者对健康、环保和高品质生活方式的追求。

3.2 葡萄酒

3.2.1 定义及基本酿造工艺

（1）葡萄酒的定义与起源

葡萄酒（Wine）与啤酒、黄酒并称为世界三大古酒。葡萄酒起源于野生葡萄的自然发酵，成熟葡萄在野生酵母的作用下发酵产生酒精，被动物和人所食用，从而发现葡萄酒。人工酿造、储存和饮用葡萄酒已经有9000年的历史，在我国河南省舞阳县贾湖遗址中挖掘出的碎陶片上，提取并检测到大量的酒石酸和酒石酸盐，结合我国史料中当时当地的物种记载，推测该陶罐装有由葡萄和山楂酿制而成的饮品。这也是至今为止，出土最早的、历史最久远的关于葡萄酒的证明。除此之外，在7000年前古波斯国王迈达斯（King Midas）的墓中、6000年前古埃及十八代王朝纳黑特（Nahkt）古墓的壁画中、5000年前保加利亚古代诗人荷马（Homer）的著作中都有关于葡萄栽培和葡萄酒酿造的历史遗迹和记载。随着人工驯化葡萄品种的出现、对微生物的认知和对酿酒工艺的理解，葡萄酒酿造从自然酿造向人工可控酿造转变，逐步发展为今天我们所饮用的、具有标准工艺流程、稳定生产质量的葡萄酒产品。葡萄酒伴随着人类文明共同发展至今，不仅承载着悠久历史的沉淀，更象征着强劲的生命力。

（2）葡萄酒的分类

根据国标GB/T 15037—2006《葡萄酒》，现代葡萄酒的定义为以鲜葡萄或葡萄汁为原料，经全部或部分发酵酿制而成的，含有一定酒精度的发酵酒。葡萄酒的分类方式有4种，分别是根据葡萄酒的颜色、糖含量、二氧化碳含量和工艺进行分类。

① 根据葡萄酒颜色进行分类，可分为红葡萄酒、白葡萄酒和桃红葡

萄酒（图3-15）。

图 3-15　红葡萄酒（左）、白葡萄酒（中）、桃红葡萄酒（右）示意图

② 根据葡萄酒含糖量进行分类，可分为干型葡萄酒、半干型葡萄酒、半甜型葡萄酒和甜型葡萄酒。干型葡萄酒是指含糖（以葡萄糖计）小于等于4.0g/L的葡萄酒；或者当总糖与总酸（以酒石酸计）的差值小于等于2.0g/L时，含糖最高为9.0g/L的葡萄酒。半干型葡萄酒是指含糖大于干型葡萄酒，最高为12.0g/L的葡萄酒；或者当总糖与总酸（以酒石酸计）的差值小于等于2.0g/L时，含糖最高为18.0g/L的葡萄酒。半甜型葡萄酒是指含糖大于半干型葡萄酒，含糖最高为45.0g/L的葡萄酒。甜型葡萄酒是指含糖大于45.0g/L的葡萄酒。其中干型葡萄酒最为常见，而我们所说的干红葡萄酒通常指的是红色的、含糖小于等于4.0g/L的葡萄酒。

③ 根据葡萄酒二氧化碳含量进行分类，可分为平静葡萄酒和起泡葡萄酒。平静葡萄酒是指在20℃时，二氧化碳压力小于0.05MPa的葡萄酒。起泡葡萄酒是指在20℃时，二氧化碳压力大于等于0.05MPa的葡萄酒。其中，起泡葡萄酒根据其二氧化碳压力不同进一步划分为高泡葡萄酒和低泡葡萄酒，高泡葡萄酒根据含糖量不同又进一步划分为天然高泡葡萄酒、绝干高泡葡萄酒、干高泡葡萄酒、半干高泡葡萄酒和甜高泡葡萄酒。

④ 根据葡萄酒工艺不同，可将一部分采用特殊工艺酿制而成的葡萄酒划分为特种葡萄酒。根据GB/T 15037—2006《葡萄酒》，其定义是用鲜葡萄或葡萄汁在采摘或酿造工艺中使用特定方法酿制而成的葡萄酒。特种葡萄酒主要包括以下几类：

利口葡萄酒：由葡萄生成总酒度为12%（*v/v*）以上的葡萄酒中，加入葡萄白兰地、食用酒精或葡萄酒精以及葡萄汁、浓缩葡萄酒、含焦糖葡萄汁、白砂糖等，使其终产品酒精度为15.0% ~22.0%（*v/v*）的葡萄酒。

葡萄汽酒：酒中所含二氧化碳是部分或全部由人工添加的，具有同起泡葡萄酒类似物理特性的葡萄酒。

冰葡萄酒：将葡萄推迟采收，当气温低于-7℃使葡萄在树枝上保持一定时间，结冰，采收，在结冰状态下压榨，发酵，酿制而成的葡萄酒（在生产过程中不允许外加糖源）。

贵腐葡萄酒：在葡萄的成熟后期，葡萄果实感染了灰绿葡萄孢，使果实的成分发生了明显的变化，用这种葡萄酿制而成的葡萄酒。

产膜葡萄酒：葡萄汁经过全部酒精发酵，在酒的自由表面产生一层典型的酵母膜后，可加入葡萄白兰地、葡萄酒精或食用酒精，所含酒精度等于或大于15.0%（*v/v*）的葡萄酒。

加香葡萄酒：以葡萄酒为基酒，经浸泡芳香植物或加入芳香植物的浸出液（或馏出液）而制成的葡萄酒。

低醇葡萄酒：采用鲜葡萄或葡萄汁经全部或部分发酵，采用特种工艺加工而成的、酒精度为1.0%~7.0%（*v/v*）的葡萄酒。

脱醇葡萄酒：采用鲜葡萄或葡萄汁经全部或部分发酵，采用特种工艺加工而成的、酒精度为0.5%~1.0%（*v/v*）的葡萄酒。

山葡萄酒：采用鲜山葡萄（包括毛葡萄、刺葡萄、秋葡萄等野生葡萄）或山葡萄汁经过全部或部分发酵酿制而成的葡萄酒。

年份葡萄酒：所标注的年份是指葡萄采摘的年份，其中年份葡萄酒所占比例不低于酒含量的80%（*v/v*）。

品种葡萄酒：用所标注的葡萄品种酿制的酒所占比例不低于酒含量的75%（*v/v*）。

产地葡萄酒：用所标注的产地葡萄酿制的酒所占比例不低于酒含量80%（*v/v*）。

（3）葡萄酒的酿造工艺

葡萄酒酿造的原料只能是葡萄或葡萄汁，但不是所有葡萄品种都适宜酿酒，用于酿酒的葡萄通常具有果粒小、果皮厚、果籽多、果肉少、风味物质含量高的特点，统称为酿酒葡萄。常见的红葡萄品种有赤霞珠[图3-16（a）]、美乐、黑比诺、蛇龙珠、西拉等；常见的白葡萄品种有霞多丽[图3-16（b）]、雷司令、长相思、赛美蓉、灰皮诺等。

（a）赤霞珠　　（b）霞多丽

图 3-16 酿酒葡萄

葡萄酒的酿造工艺根据原料不同、类型不同、风格不同而有所差异。红葡萄酒的酿造工艺大致由采收、分选、除梗破碎、酒精发酵、压榨倒罐、苹果酸-乳酸发酵、陈酿、澄清稳定、灌装组成（图3-17）。葡萄酒原料的获得有两种方式，一是从自有葡萄园中采收，二是从农户直接采购。若进行采收，可根据葡萄园面积大小、地形条件、成本高低以及对葡萄质量的要求，选择人工采收或机械采收。采收或购买获得的葡萄均需进行品种鉴定、称重及基本理化指标的检验，检验合格方可入场进行分选。分选工艺是对葡萄质量的进一步把控和提升，将葡萄中的生青果、僵果、霉烂果以及树枝等杂质去除掉的过程。经过分选后的葡萄在除梗破碎机的作用下，脱去穗梗和果梗，果粒被轻柔破碎。接着将破碎后的葡萄转入发酵罐中，在此过程中可以进行果胶酶和二氧化硫的处理。葡萄醪在发酵罐中保持2~7天的低温状态进行冷浸渍，使葡萄皮、籽中的香气物质、单宁物质和色素物质更多地被浸提进葡萄醪中。然后接入酵母菌启动酒精发酵，利用酵母代谢将葡萄汁中的葡萄糖转化为乙醇，在此期间每天需进行温度和密度的监测，以观测酒精发酵的进程和状态。酒精发酵结束后，通过压榨工艺去除葡萄皮渣，留下葡萄酒。在葡萄酒中接入乳酸菌启动苹果酸-乳酸发酵，该过程是利用乳酸菌代谢将葡萄酒中尖刻的苹果酸转化为柔和的乳酸，使葡萄酒口感更加柔和。待苹果酸-乳酸发酵结束，通过自然沉降的方式，对葡萄酒进行倒罐和澄清处理，然后转入不锈钢发酵罐

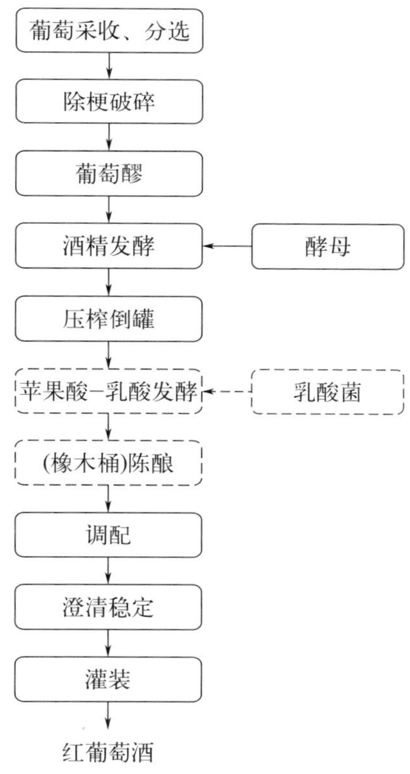

图 3-17 红葡萄酒酿造工艺流程示意图（虚线框为可选流程）

或橡木桶中陈酿。红葡萄酒陈酿时间一般为18~24个月，在陈酿过程中，葡萄酒中缓慢发生化学反应使颜色更稳定、香气更丰富、口感更柔和，达到最佳的饮用状态。待葡萄酒成熟后，通过下胶、低温、过滤等澄清和稳定处理，使葡萄酒达到微生物、蛋白质、冷胶体、酒石、色素的稳定状态，随即进行灌装获得成品酒。

白葡萄酒的酿造工艺一般由采收、分选、除梗破碎、压榨、酒精发酵、澄清稳定、灌装组成（图3-18）。需要注意的是，白葡萄酒在酒精发酵之前需先进行压榨，取葡萄清汁进行酒精发酵，以此保证白葡萄酒清爽的口感和干净的颜色。采用苹果酸-乳酸发酵和陈酿工艺的白葡萄酒较少，一般陈酿时间最多为6个月。

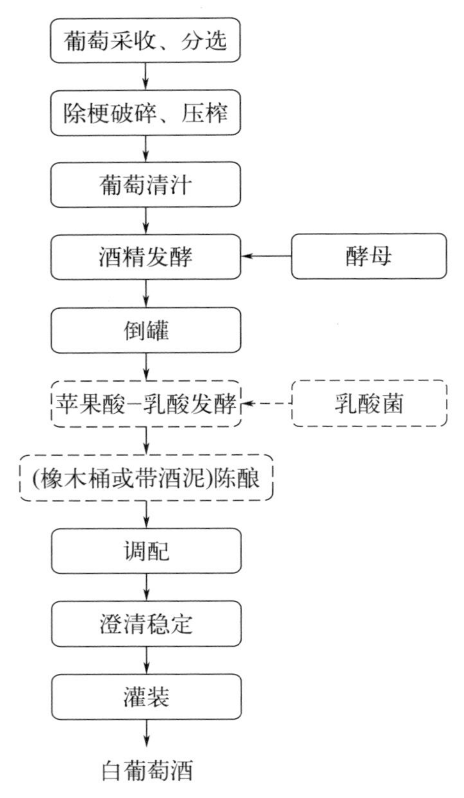

图 3-18 白葡萄酒酿造工艺流程示意图（虚线框为可选流程）

3.2.2 风味特点

葡萄酒由超过97%的乙醇水溶液和小于3%的微量物质组成，而正是3%的微量物质决定了葡萄酒的口感和香气特征。其中，葡萄酒的香气物质决定了葡萄酒的风味品质。根据香气物质的来源不同，可将其分为三大类香气（图3-19）。一类香气，也称为品种香，指主要来源于葡萄果实的香气物质，包括萜类（花香、果香）、吡嗪类（青椒味）、硫醇类（热带水果香气）、C_6/C_9类化合物（青草香）、呋喃类（烘烤味）和内酯类化合物（核果香）等；二类香气，也称为发酵香，指主要来源于发酵过程的香气物质，包括乙醇（醇香）、杂醇类（醇香）、酯类（果香）、短链脂肪酸类（奶酪香）、双乙酰（黄油香）、乙偶姻（奶油香）等；三类香气，也称为陈酿香，指主要来源于陈酿过程的香气物质，包括挥发性酚类（香料味、烘烤味）、酚醛类（烟熏味）、糠醛类（烘烤味）、呋喃类（烘烤味）等。

图 3-19 葡萄酒的香气来源：葡萄原料、酵母以及陈酿

由于葡萄的香气十分复杂，加上微生物发酵时的代谢作用和陈酿过程中的物理、化学反应，葡萄酒的感官特征也十分丰富。根据美国加州戴维斯分校发表的葡萄酒风味轮（图3-20），葡萄酒中常见的风味特征

被分为12大类，分别是木质香、泥土味、化学试剂味、刺激气味、氧化味、微生物代谢来源香气、花香、辛辣味、果香、植物香、坚果香和焦糖香，每个大类香气又可进一步划分，可见葡萄酒风味之丰富。整体而言，葡萄酒应呈现透明、有光泽的外观特征，具有浓郁、复杂的果香，带有淡淡的发酵香气，若经过橡木桶陈酿，还会增加橡木香气，结合烘烤、香料或奶油香。干型葡萄酒的味道以酸味形成酒体骨架，酸味与醇类物质呈现的甜味相互平衡，酒体圆润、柔和，入口有余香，若是红葡萄酒，则还应呈现细腻、丰富的涩感。

图 3-20 葡萄酒风味轮

葡萄酒有成熟的鉴评体系和评价方法，主要来源于西方国家。2021年，中国酒业协会、中国食品工业协会和中国园艺学会联合共同发布了葡萄酒中国鉴评体系，以期构建适合中国消费者和中国葡萄酒市场的评价方法和指南。葡萄酒的品鉴过程主要分为四步，分别是观色、闻香、尝味和总结。首先向洁净的品酒杯中倒入约三分之一体积的葡萄酒，然后将酒杯倾斜45度，在白色背景前、柔和的白色灯光下观察酒体，分别从澄清度、光泽度、颜色色调和颜色深度评价和描述酒体；接着将酒杯静止放置并用鼻子嗅闻杯口的香气，判断气味是否正常并感受香气的浓郁度，然后将酒杯水平摇晃呈圆周运动，使酒液中的香气充分挥发，再次进行嗅闻，感受葡萄酒香气的类型、丰富度和层次性；品尝时喝入约10mL葡萄酒并含在口中，用舌头搅动酒液，使之与口腔充分接触，持续12秒左右，充分感受口腔中甜、酸、苦、咸的味觉以及充斥在口腔中的涩感的变化过程，并判断口香是否丰富、滋味是否平衡、酒体是否饱满，咽下少量酒后，其余吐出，感受口腔中余味持续的时间；最后，依据葡萄酒颜色、香气和滋味的整体感受，综合评价葡萄酒的风格典型性。

3.2.3 生产国

（1）意大利

① 意大利葡萄酒起源、发展与现状

意大利是世界最古老的葡萄酒产区，也是西欧最早酿造葡萄酒的国家。公元前800年，在西西里岛和意大利南部定居的希腊人将葡萄藤及酿酒技术引进到了意大利，意大利的酿酒产业开始发展，至今已有近三千年的历史。随着国家发展、社会环境变化、消费需求及法令更改，意大利的葡萄酒产业经历了发展—繁荣—停滞—再次繁荣的过程。直至今日，意大利成为世界上最重要的葡萄酒生产国之一，因其地理位置之利，意大利几乎所有地区都种植葡萄，并拥有超过100万个葡萄园。

意大利地形狭长，跨越纬度较大，受山脉和海洋影响，各地区气候差异较大，气候类型复杂。北部属于大陆性气候，冬季寒冷、夏季炎热；南部属于地中海气候。

意大利的主栽葡萄品种是桑娇维塞（Sangiovese），还有卡塔拉托（Catarratto）、特雷比奥罗（Trebbiano）、巴贝拉（Barbera）、黑曼罗（Negroamaro）等。

② 意大利葡萄酒管理制度

20世纪60年代起，意大利政府陆续出台了法定产区（Denominazione di Origine Controllata, DOC）条例、优质法定产区（Denominazione di Origine Controllata e Garantita, DOCG）条例、地理保护标识等级（Indicazione Geografica Tipica, IGT）等葡萄酒规范和保护条例。至今为止，意大利葡萄酒依旧依据上述法规共分为4个等级，分别是优质法定产区葡萄酒（DOCG）、法定产区葡萄酒（DOC）、地区餐酒（IGT）和日常餐酒（Vino da Tavola,VdT）。

③ 意大利葡萄酒主要产区

意大利的20个葡萄酒产区与行政划分一致，每个产区各具特色，其中，托斯卡纳（Tuscany）、皮埃蒙特（Piemonte）和威尼托（Veneto）三个产区在国际的影响力最大，出产众多顶尖佳酿。

◎ 威尼托产区

威尼托位于意大利东北部，是意大利三大葡萄酒产区之一，共拥有14个DOCG和10个独立拥有的DOC。该产区降水充沛、气候温和，适宜葡萄生长。土壤表层遍布泥沙，含有黏土和钙质石灰屑。该产区盛产起泡酒和白葡萄酒，约占总产量的3/4。威尼托产区的主栽红葡萄品种有灰皮诺、美乐、科维纳（Corvina）等，主栽白葡萄品种有霞多丽、卡尔卡耐卡（Garganega）、特雷比奥罗（Trebbiano）等。威尼托大区中的索阿韦（Soave）产区以盛产卡尔卡耐卡酿造的白葡萄酒而著名，所酿葡萄酒具有果味浓郁、酸度中等、酒体中等的特点。瓦尔波利切拉（Valpolicella）是威尼托大区重要的红葡萄酒产区，该产区以科维纳（Corvina）为主要品种，所酿葡萄酒具有果味充沛、单宁含量低、带有红樱桃味的酒体特点。威尼托大区中的普洛塞克法定产区（Prosecco DOC）还是普洛塞克起泡酒的重要产地之一。

◎ 皮埃蒙特产区

皮埃蒙特大区位于意大利西北部，以生产红葡萄酒闻名，拥有17个DOCG。受北面群山的影响，皮埃蒙特大区属大陆性气候，冬季漫长寒冷，夏季雨热同期。皮埃蒙特产区主栽本土品种，且多以单一品种酿酒，栽培面积最大的红葡萄品种是巴贝拉（Barbera），其次有内比奥罗（Nebbiolo）、多姿桃（Dolcetto）等；白葡萄品种有莫斯卡托（Moscato）、柯蒂斯（Cortese）等。皮埃蒙特大区的巴罗洛优质法定产区（Barolo DOCG）和巴巴莱斯科优质法定产区（Barbaresco DOCG）最负盛名。除此之外，果香浓郁、口感清爽、销量逐年增加的阿斯蒂（Asti）起泡葡萄酒便产自皮埃蒙特大区的阿斯蒂优质法定产区（Asti DOCG）。

◎ 托斯卡纳产区

托斯卡纳大区位于意大利中部，主要为地中海气候，冬季温和，夏季炎热干燥，以丘陵地为主，土壤多为碱性石灰质土和砂质黏土。该大区的主栽红葡萄品种是桑娇维塞（Sangiovese），还有卡内奥罗（Canaiolo）、玛尔维萨（Malvasia）、西拉（Syrah）、美乐等；白葡萄品种以特雷比奥罗（Trebbiano）为主，还有霞多丽等。托斯卡纳以红葡萄酒为主要葡萄酒类型，著名的DOCG包括经典基安帝（Chianti Classico）、基安帝（Chianti）、布鲁奈罗蒙塔希诺（Brunello di Montalcino）及高贵蒙特布查诺（Vino Nobile di Montepulciano）。托斯卡纳的一些IGT和VdT等级的葡萄酒也会展现出惊人的品质，专家们将其称为“超级托斯卡纳（Super Tuscany）”。

（2）法国

① 法国葡萄酒起源、发展与现状

法国葡萄酒的酿造起源于公元前600年左右，希腊人来到法国马赛地区，将葡萄树和葡萄栽培技术带入高卢，从此拉开法国葡萄酒发展的序幕。公元3世纪，波尔多（Bordeaux）和勃艮第（Burgundy）地区开始酿制葡萄酒；公元6世纪，随着教会的兴起，葡萄酒的需求量急增，加快了法国葡萄酒产业的发展；中世纪时，葡萄酒已发展成为法国主要的出口货物；1855年，拿破仑三世借巴黎世界博览会的机会向全世界推广波尔多的葡萄酒，并对波尔多左岸酒庄建立分级制度，自此之后，分级制度被推广至法国各个地区。1863年，根瘤蚜虫病造成法国葡萄酒产业灾难，葡萄园面积大幅度缩小，直至选用抗根瘤蚜虫的美式砧木进行葡萄树嫁接种植才解决这一问题。发展至今，法国作为旧世界国家的代表，依旧生产并向全世界出口高品质葡萄酒，葡萄的种植面积达900千公顷，种植面积和产量高居世界第二位。

② 法国葡萄酒管理制度

2009年之前，法国法律将法国葡萄酒分为4级：法定产区葡萄酒（Appellation d'Origine Controlee, AOC）、优良地区葡萄酒（Vins Delimites de Qualite Superieure, VDQS）、地区餐酒（Vin de Pays, VdP）、日常餐酒（Vin de Table, VdT）。AOC是法国葡萄酒最高的级别，原产地地区的葡萄品种、种植数量、酿造过程、酒精含量等都要得到专家认证，且只能用原产地种植的葡萄酿制，绝对不可和其他地区的葡萄汁勾兑。

2009年8月，为了配合欧盟颁布的新酒法，法国葡萄酒分级制度进行了改革，由原来的4个级别变为3个级别：AOC改为AOP（Appellation d'Origine Protégée）；VdP改 为IGP（Indication Géographique Protégée）；VdT改为VdF（Vin de France），属于无IG的葡萄酒，即酒标上没有产区提示的葡萄酒；VDQS从2012年开始不复存在，原来的VDQS依据其质量水平，有的被提升为AOP，有的被降级为VdF。目前新旧制度同时存在，新制度何时强制执行尚未可知。

③ 法国葡萄酒主要产区

法国葡萄酒不仅产量大，且风格多样，产区各具特点且均负有盛名。例如波尔多（Bordeaux）、勃艮第（Burgundy）、博若来（Beaujolais）、阿尔萨斯（Alsace）、香槟（Champagne）、卢瓦尔河谷（Loire Valley）等。

◎ 波尔多产区

波尔多位于法国西南部，地域广大，东西长85英里，南北70多英里。由于邻近大西洋，受大西洋的暖流影响，形成了冬暖夏凉、冬春多雨、夏季干燥的独特海洋性气候，产区土壤包括黏质石灰岩、黏土、沙土和石灰岩。波尔多允许种植的葡萄品种很多，红葡萄品种以赤霞珠、品丽珠、美乐和小维多为主，白葡萄品种以赛美蓉、长相思和密斯卡岱为主。波尔多产区的葡萄酒以不同品种混酿为主。波尔多产区根据地形和地理位置又分为三大区域，分别是梅多克、格拉夫和苏玳产区所在的波尔多左岸，圣埃美隆和波美侯产区所在的右岸，以及两海之间法定产区。众所周知的1855列级指的就是波尔多左岸地区的葡萄酒庄分级制度，共划分出1个超一级庄、5个一级庄、12个二级庄、14个三级庄、11个四级庄和17个五级庄。以贵腐葡萄酒而盛名的滴金酒庄是唯一的超一级庄，一级庄则由拉菲罗斯柴尔德、拉图、玛歌、木桐罗斯柴尔德和奥比昂酒庄组成。

◎ 勃艮第产区

勃艮第位于法国中部略偏东，地形以丘陵为主，属大陆性气候，冬季干燥寒冷，春季易有霜害，夏秋气候温和但常有冰雹，被称为“地球上最复杂难懂的葡萄酒产地”。勃艮第葡萄园的土质各异，以石灰质黏土为主，还有花岗岩质、砂质等多种土壤。勃艮第主栽红葡萄品种是黑皮诺（Pinot Noir），所酿葡萄酒单宁轻柔，口感圆润，带有甜甜的樱桃、草莓等红果香以及烘焙、橡木、烟草风味；主栽白葡萄品种是霞多丽（Chardonnay），所酿葡萄酒具有明亮的果香、明显的矿物质味、清新的酸度和丰富的口感。勃艮第产区以第一葡萄品种所酿葡萄酒最为盛名。

◎ 阿尔萨斯产区

阿尔萨斯位于法国的东北角，属于半大陆性气候，冬季寒凉，夏季湿热，降水少，多为晴天，是法国降雨量最少的地区之一。该产区地质结构复杂，土壤类型丰富，较高的山坡上土壤贫瘠，以花岗岩、片麻岩、片岩、火山岩、黏土为主，山脚下多以石灰岩、砂岩、黏土、泥灰土为主，平原地区最重要的土壤为冲积土。阿尔萨斯主要的种植葡萄类型有雷司令（Riesling）、琼瑶浆（Gewurztraminer）、灰皮诺（Pinot Gris）等，种植面积分别占20%、19%和15%。阿尔萨斯的干型雷司令品质极好，酒体饱满，具有中等到中等偏高的酒精度，高酸度，散发着浓郁的燧石似的矿物质风味。

◎ 香槟产区

香槟地区在法国巴黎以东，是法国位置最北的葡萄园，属于大陆性气候，寒冷的气候以及较短的生长季节使得香槟地区的葡萄成熟略显缓慢。香槟产区土壤类型主要是白垩土，可以很好地保留水分，有效弥补了产区降水少的问题，同时白色土壤的反光效果能够提高葡萄的成熟度，碱性的土壤也会让葡萄保持更高的酸度。香槟产区最主要的葡萄品种分别是霞多丽（Chardonnay）、黑皮诺（Pinot Noir）和莫尼耶皮诺（Pinot Meunier），种植面积分别为38%、32%和30%。香槟产区有3个AOC，分别是做桃红葡萄酒的黎赛桃红（Rose des Riceys）、做静止葡萄酒的香槟丘（Coteaux Champenois）以及我们熟知的做起泡葡萄酒的香槟区（Champagne）。香槟法定产区的代表性酒庄包括酩悦香槟（Champagne Moët & Chandon）、玛姆酒庄（G.H.Mumm）、泰亭哲酒庄（Taittinger）、凯歌酒庄（Veuve Clicquot）等。

（3）西班牙

① 西班牙葡萄酒起源、发展与现状

西班牙是旧世界葡萄酒生产国之一，具有悠久的历史。西班牙葡萄酒起源于公元前1100年腓尼基商人将葡萄种植和葡萄酒酿造技术引入西班牙，随后，西班牙的葡萄酒产业经历了罗马时期的葡萄酒复兴、摩尔人时期蒸馏技术的引进、教会时期的辉煌、15~16世纪的葡萄酒扩张、19世纪的黄金时期和21世纪的创新与突破。发展至今，西班牙拥有超过290万英亩[1]葡萄园，是全世界葡萄种植面积最大的国家，也是世界第三大葡萄酒生产国。西班牙位于三个气候带上，北部和西北部的沿海产区属于温和的海洋性气候，东部沿海地区属于温暖的地中海气候，而中部开阔地区属于炎热的大陆性气候，因此，西班牙不同产区的葡萄酒呈现不同的风格特点。正因为如此，西班牙葡萄酒出口至世界各地，在新世界国家的冲击下，旧世界国家中只有西班牙的出口量翻了三倍，风格的多样性和超高的性价比为西班牙的葡萄酒攒下良好口碑，无论是新鲜爽口、果香四溢的白葡萄酒，长时间陈年的复杂红、白葡萄酒，起泡酒还是加强酒，均具有令人惊喜的表现。

西班牙主栽的葡萄品种除国际品种赤霞珠、美乐、长相思、霞多丽等之外，还有表现优异的特色品种。红葡萄品种主要有丹魄（Tempranillo）、歌海娜（Grenache）和慕合怀特（Mourvedre），白葡萄品种主要有弗德乔（Verdejo）和阿尔巴利诺（Albarino）。

② 西班牙葡萄酒管理制度

不同于其他国家，西班牙葡萄酒有两套分级制度，一套是以产区为基础的DOP（Denominaci ó n de Origen Protegida）分级制度，和欧盟接轨；另一套是独特的陈酿时间分级制度。

---

[1] 1 英亩 =4046.72 平方米。

◎ DOP分级制度

西班牙DOP法定产区分级制度分为优质原产地命名葡萄酒（Denominacion de Origen Calificada, DOCa）、原产地命名葡萄酒（Denominacion de Origen, DO）、庄园葡萄酒（Vino de Pago, VP）和有地理标志的优质葡萄酒（Vino de Calidad con Indicación Geográfica, VC）。目前，只有里奥哈（Rioja）和普里奥拉（Priorat）两个产区获得DOCa。地区餐酒（Vinos de la Tierra, VdT）和日常餐酒（Vino de Mesa, VdM）为低于DOP级别的葡萄酒。

◎ 陈酿时间分级制度

陈酿时间的分级体系主要存在于里奥哈（Rioja）、杜埃罗河岸（Ribera del Duero）和纳瓦拉（Navarra）等法定产区，适用于高级法定产区或法定产区的葡萄酒，级别从低到高依次为：新酒（vino Jóven），指陈酿时间极短或者未经陈酿。佳酿（Crianza），指红葡萄酒在酒庄至少陈酿24个月，且在橡木桶中陈酿至少6个月；白葡萄酒和桃红葡萄酒需要陈酿18个月，对橡木桶陈酿时间不做要求。珍藏酒（Reserva），指红葡萄酒在酒庄至少陈酿36个月，且在橡木桶中至少陈酿12个月；白葡萄酒和桃红葡萄酒需要陈酿18个月，其中至少6个月为橡木桶储存。特级珍藏酒（Gran Reserva），指红葡萄酒在酒庄至少陈酿60个月，且在橡木桶中至少陈酿18个月；白葡萄酒和桃红葡萄酒陈酿时间为48个月，且至少6个月为橡木桶储存。

③ 西班牙葡萄酒主要产区

根据气候和葡萄品种，西班牙主要的法定产区划分为：上埃布罗河、加泰罗尼亚、杜埃罗河岸、西班牙西北部、莱万特河卡斯蒂利亚-拉曼查。每个地理区域都拥有高级法定产区。

◎ 里奥哈产区

里奥哈（Rioja）位于西班牙中北部的内陆地区，属于上埃布罗河区域。受大西洋湿冷空气和地中海气候的交汇影响，以及坎塔布里亚山脉的阻挡作用，里奥哈产区形成了温暖干燥的气候条件，温度和年降水量适中，十分适合葡萄种植。里奥哈是西班牙最重要的红葡萄酒产区，主栽葡萄品种是丹魄（Tempranillo），种植面积超过75%。该地区的丹魄葡萄酒酸度高，拥有浓郁的花香和丰富的红色浆果香，经橡木桶陈酿后具有更加复杂的风味。传统派酿酒师习惯使用美国橡木桶对丹魄葡萄酒进行陈酿，使之赋有香草和椰子的风味；也有新派酿酒师开始采用法国橡木桶进行陈酿，使酒体呈现复杂的香料香气。里奥哈酒庄有新派、老派之分，新派的代表性酒庄有阿贝尔酒庄（Abel Mendoza）、阿塔迪酒庄（Artadi）和兰泽酒庄（Bodega Lanzaga），老派的代表性酒庄有橡树河畔酒庄（La Rioja Alta）、慕佳酒庄（Muga）和莫瑞塔侯爵酒庄（Marques de Murrieta）。

◎ 加泰罗尼亚产区

加泰罗尼亚（Catalonia）在西班牙东北部的一个三角形的区域，属于地中海气候，沿海区域雨量适中，内陆地区逐渐干旱。加泰罗尼亚大部分葡萄园处于蒙特塞拉特山脉（Montserrat）以南区域，小部分位于巴塞罗那（Barcelona）的北部和法国比利牛斯山脉（Pireneus）南部边境的区域，这些地区海拔达到610m，受到沿海气候的影响，土壤类型主要是钙质沉积物和冲积土。该产区的法定葡萄品种有马家婆（Macabeo）、帕雷亚达（Parellada）、沙雷洛（Xarello）、霞多丽（Chardonnay）、白诗南（Chenin Blanc）、白皮诺（Pinot Blanc）、米勒-图高（Muller Thurgau）、琼瑶浆（Cewurztraminer）、长相思（Sauvignon Blanc）、莫斯卡托（Moscatel Romano）、丹魄（Tempranillo）等。几乎所有的卡瓦（Cava）起泡葡萄酒均产自该产区。代表性酒庄有桃乐丝酒庄（Torres）、科多纽酒庄（Codorniu）、卢世涛酒庄（Lustau Sherry）和菲斯奈特酒庄（Freixenet）。

◎ 杜埃罗河岸产区

杜埃罗河岸（Ribera del Duero）位于西班牙中部的杜埃罗河

（Rio Duero）上游沿岸，属于大陆性气候，冬季寒冷，夏季炎热，较为干燥，昼夜温差大，适合葡萄的成熟及糖分积累。该地区土壤类型多样，有冲积土、黏土、沙质土和白垩土等。河谷两岸的葡萄园海拔可达到750~850m，日照充足。杜埃罗河岸主要生产红葡萄酒，主栽品种为丹魄，占所有酿酒葡萄总量的81%，用其酿造出来的葡萄酒颜色较深，单宁紧实，香气复杂，无论是新鲜型丹魄葡萄酒还是特级珍藏陈酿型葡萄酒，均具有独特的风味和优良的品质。尤其是特优级丹魄葡萄酒，经过十年的陈酿后仍可继续陈酿几十年。代表性的酒庄有贝加西西里酒庄（Vega Sicilia）和平古斯酒庄（Dominio de Pingus）。

（4）美国

① 美国葡萄酒起源、发展与现状

美国是葡萄酒生产大国，是新世界国家之一。其历史源于印第安人使用美洲葡萄酿造葡萄酒，欧洲殖民者带来的葡萄品种和酿酒技术推动了美国葡萄酒的快速发展。尽管历史较短，美国葡萄酒的品质依然在世界上享有盛名，无论是日常饮用的餐酒还是高端葡萄酒，都具有极高的品质，并且展现出风土典型性和独特风格。目前，美国是世界第四大葡萄酒生产国，紧随意大利、法国和西班牙。近年来，随着中国市场的迅速崛起，美国葡萄酒备受中国消费者瞩目。在中国，美国葡萄酒进口量位居第六，市场占有率为2.8%。

② 美国葡萄酒管理制度

美国酒类、烟草和武器管理局于1978年借鉴原产地概念，制定了美国法定葡萄种植区（AVA）制度，并于1983年生效。AVA制度与法国AOC相似，但主要定义地域位置和范围，不涉及葡萄种植和酿造等具体要求。AVA范围大小不一，可相互包容，如加州AVA内含纳帕谷等多个次AVA产区。AVA仅是地理划分，非等级划分，旨在区分不同产区。

美国酒类、烟草和武器管理局对葡萄酒酒标的标注内容有如下要求：

标产地：必须是85%及以上的葡萄来自该产地；

标品种：必须是75%及以上该葡萄品种酿造；

标单一葡萄园：必须是95%的酿酒葡萄来自该葡萄园；

标年份：必须是95%的酿酒葡萄产自该年份。

此外，有些州法律会增加要求，如加州规定加州的葡萄酒必须是由100%的加州葡萄酿成。俄勒冈州（Oregon）法律规定标明俄勒冈任何产地的酒必须是100%其标明产区的葡萄所酿造。

③ 美国葡萄酒主要产区

美国的50个州都出产葡萄酒。由于地域辽阔，美国葡萄酒产区的气候和土壤类型呈多样性，各具特色。酿酒的葡萄品种选择上，以国际葡萄品种如赤霞珠、美乐、仙粉黛、霞多丽等为主，但也有些本土葡萄和杂交品种被使用。

◎ 加州产区

加州（California）被誉为“葡萄酒之州”，是美国葡萄酒产业的核心。其狭长的葡萄种植区受太平洋气候影响，产出的葡萄酒酒精度高，以国际品种如赤霞珠（Cabernet Sauvignon）、美乐（Merlot）为主，仙粉黛（Zinfandel）作为特色品种成为加州葡萄酒的代表。代表酒庄有蒙大维（Robert Mondavi Winery）、鹿跃（Stag’s Leap Wine Cellars）和雷蒙德（Raymond Burr Vineyards）等。纳帕谷（Napa Valley）是其顶级产区，以浓郁红葡萄酒和果香白葡萄酒著称。索诺玛谷（Sonoma Valley）的红葡萄酒圆润，白葡萄酒以霞多丽为主，老藤仙粉黛和俄罗斯谷（Russian River Valley）的黑皮诺也各具特色。门多西诺分凉爽和温暖两区，各自产出不同的葡萄品种。蒙特利县（Monterey County）产优质霞多丽和赤霞珠，而圣露西亚高地（Santa Lucia Highlands）以强壮黑皮诺闻名。中央山谷（Central Valley）产量大但质量一般，洛迪是特例，其老藤仙粉黛和果香浓郁的葡萄酒备受赞誉。

◎ 俄勒冈州产区

俄勒冈州（Oregon）位于美国西北海岸，产区气候凉爽，夏季温和，秋季多雨，土壤主要为花岗岩。该州以出产优质黑皮诺（Pinot Noir）而著称，也产灰皮诺（Pinot Gris）、霞多丽（Chardonnay）和雷司令（Riesling）等。这里的小型酒庄注重品质和个性化，如凯利・福克斯（Kelley Fox Wines）、艾拉斯（Erath Winery）和杜鲁安酒庄（Domaine Drouhin）等。

◎ 华盛顿州产区

华盛顿州（Washington）位于美国西北部，临太平洋。尽管葡萄酒产业年轻，但已是美国第二大产区。土壤丰富，包括花岗岩、沙土、淤泥和少量火山岩，排水性好且防虫，适合葡萄栽培。夏季炎热干燥，冬季寒冷，河流为葡萄园提供保护，也利于贵腐酒和冰酒生产。每天平均日照时间长达17小时，葡萄生长充分，夜晚的低温则有助于果实保留自然酸度。主要品种有雷司令和赛美蓉。代表性酒庄有圣密夕酒庄（Chateau Ste. Michelle Winery）、北极星酒庄（Northstar）和阿玛维酒庄（Amavi Cellars）等。

◎ 纽约州产区

纽约州（New York State）是美国第三大葡萄产区，种植区从长岛延伸至伊利湖畔。该州以家族经营的小规模酿酒厂为主，出产多适合早期饮用的葡萄酒。气候受湖泊、河流和大西洋影响，夏季凉爽，冬季温和，年降雨量适中。土壤排水性好，富含肥力。酿酒葡萄以本土和杂交品种为主，特别是康可（Concord）葡萄。五指湖的雷司令、长岛的波尔多风格混酿及起泡酒具有特色。代表性酒庄有热湖酒庄（Warmlakeestate）、黑兹利特（Hazlitt 1852 Vineyards）等。

（5）澳大利亚

① 澳大利亚葡萄酒起源、发展与现状

澳大利亚葡萄酒产业的发展史是一部充满挑战与创新的篇章。自18

世纪末，第一批葡萄苗被带到这片新大陆，澳大利亚的葡萄酒产业便开始了它的征途。早期，种植者寻找适宜的土地，建立了第一个商业化的葡萄园和酒庄，为产业奠定了基础。随后，被誉为“澳大利亚葡萄酒之父”的詹姆斯·布斯比带来了欧洲的葡萄苗及先进的种植和酿造技术，成功培育出适合当地风土的葡萄品种，并在猎人谷建立了第一个产区。第二次世界大战期间，由于啤酒短缺，澳大利亚葡萄酒开始大量供应军队，战后逐渐接近欧洲主流葡萄酒品种，干型葡萄酒逐渐成为主流。1980年代，是澳大利亚葡萄酒产业腾飞的黄金时期。限酒令的取消、澳币贬值以及新世界产酒国的出口萎靡为澳大利亚葡萄酒带来了巨大的发展机遇。出口量猛增，主要出口市场变为瑞典和英国。进入21世纪，澳大利亚葡萄酒产业继续保持着强劲的发展势头，目前已成为葡萄酒出口大国，中国是澳大利亚葡萄酒的重要市场。

澳大利亚大陆已经存在了5亿多年，多样的土壤类型使栽种各类葡萄成为可能，澳大利亚温润的气候条件呵护了葡萄的茁壮成长。澳大利亚主要的酿酒葡萄品种为西拉（Shiraz）、赤霞珠（Cabernet Sauvignon）、美乐（Merlot）、霞多丽（Chardonnay）、长相思（Sauvignon Blanc）、赛美蓉（Semillon）和雷司令（Riesling）等。该国没有原产葡萄品种，所有葡萄品种均是在18世纪末和19世纪初从欧洲和南非引进而来。现今，澳大利亚已经开始人工培育一些新品种，包括森娜（Cienna）和特宁高（Tarrango）等。产区包括南澳大利亚州（South Australia）、新南威尔士州（New South Wales）、维多利亚州（Victoria）等。

② 澳大利亚葡萄酒管理制度

1993年，澳大利亚引入了地理标志标签系统来保护葡萄酒产区和消费者权益，要求酒款使用产区名称时至少有85%的葡萄来自该产区。澳大利亚葡萄酒采用产地标示（Geographical Indication, GI）制度，产区共分为大产区（Zone）、产区（Region）和子产区（Sub-region）

三级。南澳在此基础上引入了优质地区（Super Zone）的概念，目前仅有阿德莱德地区被定义为优质地区。澳大利亚葡萄酒酒标上必须标注酒庄、商标、原产国、年份、葡萄品种、葡萄产区、容量和酒精浓度等信息，混酿葡萄酒需标注各品种的百分比，年份表示至少有85%的葡萄是该年份采收的，容量通常为750mL并需在酒标正面显著位置标示。

③ 澳大利亚葡萄酒主要产区

◎ 南澳大利亚州产区

南澳大利亚州（South Australia）是澳大利亚葡萄酒产业的中心，产量占全国一半，以高品质和西拉葡萄酒的国际声誉著称。南澳大利亚州的主要产区有巴罗萨山谷（Barossa Valley）、阿德莱德平原（Adelaide）、克莱尔谷（Clare Valley）、河地地区（Riverland）和库纳瓦拉（Coonawarra）等。南澳大利亚州的气候非常多变，为炎热的大陆性气候。巴罗萨山谷的气候较之温和些，但仍炎热干燥，土壤为沙土、壤土和黏土，底层土为红棕壤土和黏土。库纳瓦拉产区气候干燥，较为凉爽，土壤为风化的石灰岩，底层土为石灰岩。阿德莱德附近的平原地区因受海风影响，湿度较低，土壤类型十分多样，包括沙质壤土和底层土为石灰岩-泥灰岩的红色土壤。这些产区出产的葡萄酒浓郁丰满，深色且带有巧克力和咖啡香味，其中包括澳大利亚最著名、最昂贵的葡萄酒，如奔富葛兰许（Penfolds Grange）等。代表性酒庄有奔富玛吉尔庄园（Magill Estate）、戴伦堡酒庄（d'Arenberg）等。

◎ 新南威尔士州产区

新南威尔士州（New South Wales）是澳大利亚的重要葡萄酒产区之一，尽管其品牌不如其他州知名，但其葡萄种植业发展迅速，产量逐年增长。土壤类型非常丰富，包括沙质壤土和黏质壤土，各地土壤的肥沃度不尽相同。其中最知名的产区是猎人谷（Upper Karuah River），以干型赛美蓉葡萄酒而著称。此外，中央山脉区域也是葡萄酒产业迅速发展的地区之一，主要种植霞多丽、西拉等品种。新南威尔士州代表性酒庄包括艾罗菲尔德庄园（Arrowfield Estate）、特伦达利酒庄（Trandari Wines）等。

◎ 维多利亚州产区

维多利亚州（Victoria）是澳大利亚的重要葡萄酒产区，虽小但酿酒厂众多。产区分为穆拉博布尔山谷（Moorabool Valley）、贝拉林半岛（Bellarine Peninsula）和冲浪海岸（Surf Coast）三个主要地区，气候和土壤条件多样。该州按地理方位分为六个葡萄酒产区，其中东北部以出产加烈酒和甜型酒而著名。维多利亚州的代表性酒庄包括优伶酒庄（Yarra Yering）、雅碧湖酒庄（Yabby Lake）等。

（6）阿根廷

① 阿根廷葡萄酒起源、发展与现状

阿根廷虽然属于新世界国家，但也拥有悠久的葡萄种植和酿造历史。作为南美洲第一大葡萄酒生产国，同时也是世界第五大葡萄酒生产国，阿根廷的实力不容小觑。阿根廷葡萄种植和葡萄酒酿造起源于1551年。阿根廷独立后，来自欧洲的移民带来各自的酿酒传统和葡萄藤，葡萄酒酿造开始兴起。在20世纪的大部分时间里，受到一系列政治和经济危机的影响，阿根廷与世隔绝，幸而欧洲移民带来的葡萄酒饮用文化维持了非常高的国内葡萄酒消费量。随着1999年阿根廷政府颁布特定产区标识（DOC）以及酿造技术的革新，阿根廷葡萄酒迈入新纪元。该国出产的味道浓郁、酒体丰满的红葡萄酒和一些白葡萄酒深得国际市场的青睐。世界知名葡萄酒评论家Robert Parker就称阿根廷为“世界上最令人兴奋的新兴葡萄酒地区之一”。

阿根廷的主栽红葡萄品种是马尔贝克（Malbec）、伯纳达（Bonarda）、赤霞珠（Cabernet Sauvignon）、西拉（Syrah）和美乐（Merlot）等，白葡萄品种有特浓情（Torrentes）、霞多丽（Chardonnay）、白诗南（Chenin blanc）等。其中，马尔贝克是阿根

廷的代表性品种，也是该国种植面积之最，所酿葡萄酒颜色较深、酒体饱满，带有黑色浆果香，具有柔顺的高单宁，既可以以单一品种进行酿酒，也可与其他品种进行混酿。

② 阿根廷葡萄酒管理制度

阿根廷葡萄酒建立了严格的地理标识体系，共分为3级：原产地标识（Indicacion de Procedencia, IP），可以覆盖较大的地理区域，但不能覆盖整个国家；地理标识（Indicacion Geografica, IG/GI），用于符合特定质量的葡萄酒，这些葡萄酒来自被认为能够生产优质葡萄酒的特定地理区域；特定产区标识（Denominazione di Origine Controllata, DOC），到目前为止只创建了两个，路冉得库约（Lujan de Cuyo）和圣拉斐尔（San Rafael），都在门多萨，只有极少数生产商可以使用这个标识。

其它法规：根据阿根廷葡萄酒法，标有GI或DOC的葡萄酒必须完全由该产区种植的葡萄酿制；如果酒标上标注了年份，则至少85%的葡萄酒必须来自该年份；如果标注了单一品种，该品种需至少占比85%；如果标注2个或3个品种，它们加起来必须至少占葡萄酒的85%；如果标注了珍藏（Reserva），则红葡萄酒必须陈酿至少12个月，白葡萄酒和桃红葡萄酒必须陈酿至少6个月；特级珍藏葡萄酒（Gran Reserva）的法规要求是珍藏级的双倍。

③ 阿根廷葡萄酒主要产区

◎ 门多萨产区

门多萨（Mendoza）产区是阿根廷最大也是最重要的葡萄酒产区，其葡萄种植面积达395000英亩以上，占阿根廷葡萄酒总产量的三分之二以上。门多萨的一些顶级葡萄酒品牌在全世界广受赞誉，是阿根廷葡萄酒品质和卓越的真正代表。门多萨位于安第斯山脉（Andes）东部山麓，属于大陆性气候，夏季气候干燥，气温较高，冬季温和而湿润，四季分明，日照充足，没有真正的极端低温天气。门多萨河提供了灌溉水源，这为葡萄藤提供了一个非常稳定的生长周期。土质以冲积土壤为主。门多萨分为北部、东部、中部、优克谷（Uco Valley）和南部五个区域。北部和东部区域以酿造产量大、价位低的葡萄酒为主；中部地区酿酒历史最为悠久，其中路冉得库约（Lujan de Cuyo）更是第一个被列为阿根廷法定产区的子产区；优克谷海拔较高，属冷凉气候，出产高质量葡萄；南部地区是重要的白诗南种植区。代表性酒庄有卡氏家族酒庄（Bodega Catena Zapata）、翠碧酒庄（Trapiche）、露迪尼酒庄（Rutini Wines）、安第斯台阶酒庄（Terrazas de los Andes）、朱卡迪酒庄（Zuccardi）等。

◎ 圣胡安产区

圣胡安（San Juan）是阿根廷第二大葡萄酒产区，位于门多萨北部的安第斯山脉脚下，那里有许多著名的山谷，气候温暖，光照充足。当地种植的葡萄风味物质浓郁、多酚含量较高，所酿成的葡萄酒酒体优雅、果味十足。该产区的西拉尤负盛名。代表性酒庄有黑莓酒庄（Finca Las Moras）、燧火酒庄（Pyros）、高丽雅酒庄（Bodegas Callia）、安第酒庄（Andean Vineyards）等。

◎ 拉里奥哈产区

拉里奥哈（La Rioja）产区位于阿根廷西部，是阿根廷最古老的葡萄酒产区，也是阿根廷第三大葡萄酒产区。拉里奥哈产区气候炎热干旱，降雨稀少，出产的白葡萄酒具有酒精度较高、酸度较低的特点。特浓情（Torrontes）是该省的特色品种。代表性酒庄有拉里奥哈娜酒庄（La Riojana）。

（7）中国

① 中国葡萄酒起源、发展与现状

中国葡萄酒自古有之，源远流长，伴随着历史朝代的更迭走过了几千年的历史。中国葡萄的人工栽培及葡萄酒酿造技艺最早始于汉代张骞

出使西域时（公元前138年—公元前119年），从大宛引进而来。唐朝时我国葡萄酒酿造进入繁荣时期，随着葡萄酒生产规模的扩大，葡萄酒文化得以进一步积淀、推广与传播。元朝是我国古代社会葡萄酒业和葡萄酒文化的鼎盛时期，元朝统治者规定必须用葡萄酒来祭祀太庙，并且在山西太原、江苏南京开辟葡萄园，当时已经具有相当高的栽培水平。清末民初，我国的葡萄酒发展进入转折点。1892年，爱国华侨张弼士建立张裕酿酒公司，引领中国葡萄酒走向工业化生产的道路，成为中国葡萄酒厂的先驱。新中国建立之初，全国只有7家葡萄酒厂。到1978改革开放之后，我国葡萄酒行业开启了四十年的激荡历程，从开创多个第一，到规范行业发展，与世界接轨，成为世界葡萄酒大国。目前，中国已经发展成为全球第六大葡萄酒生产国。

② 中国葡萄酒管理制度

2002年，中国食品工业协会制定了《中国葡萄酒A级产品认定及管理办法》，同时制定了实施细则，并在国家工商总局商标局注册了A级产品商标标识，对葡萄酒A级产品实施标志管理。2005年4月，对9家葡萄酒企业的24个产品进行了A级产品认证，并授予了A级产品标志使用权。长城、张裕、王朝、威龙、云南红等9家国内葡萄酒企业的24个产品榜上有名，成为首批通过中国葡萄酒A级产品认证的葡萄酒。

新的葡萄酒国家标准（GB 15037—2006）已于2006年12月11日由国家质检总局和国家标准委发布，2008年1月1日起在生产领域实施，并由推荐性国家标准改为强制性国家标准。新国标将葡萄酒分为优、优良、合格、不合格和劣质品5个等级。

③ 中国葡萄酒主要产区

中国幅员辽阔，南北纬度跨度大，在25°N~45°N广阔的地域里，种植着各具特色的葡萄品种，分布着多个葡萄酒产地。据统计显示，中国葡萄酒产区主要分为山东产区、京津冀产区、东北产区、宁夏贺兰山东麓产区、新疆产区、黄土高原产区、内蒙古产区、西南高山产区、黄河故道产区、河西走廊产区和特殊产区。这些葡萄酒产区依赖独特的风土环境，酿造各有千秋、各具特色的葡萄酒。

◎ 宁夏贺兰山东麓产区

贺兰山东麓产区处于宁夏贺兰山东麓广阔的冲积平原，这里气候干旱，昼夜温差大，降水极少，土壤以沙壤土、含砾石为主，是西北地区新开发的最大的酿酒葡萄基地。贺兰山东麓旱区主栽世界酿酒品种赤霞珠（Cabernet Sauvignon）、美乐（Merlot）等。贺兰山东麓产区是中国首个建立分级制度的产区，并开展列级酒庄评选工作。目前，尚未评出一级庄，最高级别为二级庄。其代表性酒庄有志辉源石酒庄、长城天赋酒庄、张裕龙谕酒庄、巴格斯酒庄等。

◎ 新疆产区

新疆产区远离海洋，深居内陆，以温带大陆性气候为主，而天山成功阻隔北方吹来的寒冷空气，由此以天山为界，北疆属于中温带，南疆属于暖温带。新疆地区昼夜温差大，日照时间长，降水量少，属于干旱性地区。土壤条件主要为灰漠土、灌淤土、沙质土、沙壤土。吐鲁番盆地种植有大量鲜食葡萄，近几十年开始大量引入酿酒葡萄，比如赤霞珠（Cabernet Sauvignon）、美乐（Merlot）、佳美（Gamay）、霞多丽（Chardonnay）、雷司令（Riesling）等。新疆产区红葡萄酒具有颜色深、果香浓郁、酒体饱满、酒精度高的特点。其代表性酒庄有中菲酒庄、天塞酒庄等。

◎ 东北产区

东北产区主要集中在吉林通化地区、辽宁桓仁地区。该产区属温带湿润、半湿润大陆性季风气候，冬季严寒，降水较少。土壤为黑钙土，较肥沃。在冬季寒冷的气候条件下，大多数欧亚种葡萄品种无法充分成熟，而野生的本土品种山葡萄因抗寒力极强，已成为这里栽培的主要品种。依赖独特的气候环境，东北产区成为我国主要的冰酒产区，并开发了独具特色的北冰红冰酒。代表性酒庄有张裕黄金冰谷冰酒酒庄、通化葡萄酒厂。

◎ 环渤海湾产区

胶东半岛三面环海，气候良好，四季分明，由于受海洋的影响，与同纬度的内陆相比，气候温和，夏无酷暑、冬无严寒。以贵人香（Italian Riesling）、赤霞珠（Cabernet Sauvignon）、法国蓝（Blue French）、白玉霓（Ugni blanc）、佳利酿（Carignan）的品质较好。胶东地区的烟台是我国近代葡萄酒工业的发祥地，早在1892年爱国华侨张弼士先生就在此创建了张裕酿酒公司，1915年在巴拿马太平洋万国博览会上，张裕的白兰地、红葡萄酒、雷司令、琼瑶浆等产品荣获金质奖章和最优等奖状，中国第一次有了举世公认的葡萄酒。环渤海湾产区代表性酒庄有烟台张裕卡斯特酒庄、君顶酒庄、瓏岱酒庄等。

（8）南非

① 南非葡萄酒起源、发展与现状

南非是新世界葡萄酒生产国之一，但是南非种植葡萄和酿造葡萄酒的历史已经超过300年。南非的葡萄种植和葡萄酒酿造始于欧洲殖民者的殖民行为。1652年，荷兰东印度公司想在香料贸易通道建立一个物资补给站，于是选择了处于两洋航线关键点的开普敦（Cape Town）。随后，第一任指挥官范里贝克从欧洲引种葡萄树至开普敦，并于1659年酿出了第一批葡萄酒。真正在南非开展规模性葡萄栽培和葡萄酒酿造的是开普殖民地第一任总督范德斯泰尔（Simon van der Stel）。1685年，范德斯泰尔创建了康斯坦提亚（Constantia）酒庄，该酒庄酿造出了新世界第一款出名的酒—— 晚收麝香甜酒。随着历史发展，斯泰伦博斯成为南非葡萄酒业的核心区域，范德斯泰尔也被尊称为南非葡萄酒业之父。在17~20世纪，受自然环境的畸变、病虫害侵染、殖民和人权运动自然或人为因素影响，南非葡萄酒产业经历起起落落。直至1994年南非结束种族隔离，西方国家全面放开与南非的贸易往来，葡萄酒产业

才重新开始蓬勃发展。2022年，南非已经发展成为世界第八大葡萄酒生产国，产量达到10.2亿升，占世界总产量的3.9%；葡萄种植面积达12.6万公顷，占世界葡萄种植总面积的1.7%，位列第15位。

南非葡萄种植带地处南纬27°S~34°S之间，南非南部沿海的气候比内陆凉爽许多，形成典型的地中海气候，夏季温暖漫长，冬季寒冷潮湿，使葡萄成熟期漫长，酿制的葡萄酒也更加优雅、精致。南非的葡萄园主要集中在沿海地带山谷两侧和山麓的丘陵地区。

南非葡萄酒品种繁多，以白葡萄酒为主，占葡萄酒总量的约55%。白葡萄的常见品种有白诗南（Chenin blanc）、长相思（Sauvignon Blanc）、霞多丽（Chardonnay）等，红葡萄的常见品种有皮诺塔吉（Pinotage）、赤霞珠（Cabernet Sauvignon）、西拉（Syrah）等。

② 南非葡萄酒管理制度

1973年，南非葡萄酒及烈酒管理局（Wine and Spirit Board）正式颁布了葡萄酒原产地保护制度“Wine of Origins”（简称W.O.）。当术语“原产地葡萄酒”或缩写“W.O.”与产区名称出现在酒标上时，说明酿造该葡萄酒的葡萄100%来自酒标所标注的产区。原产地的生产单位可以是任何划定的区域，从单一葡萄园到地理大区，所有生产单位（无论大小）均由法律规定，包括单一葡萄园（single vineyard）、酒庄（estate wine）、地块（ward）、地区（district）和地域（region）。超过95%的南非葡萄园都位于西开普地理大区（Western Cape）。西开普省又分了5个地域，绝大部分名庄都集中于海岸地区（Coastal Region）。

③ 南非葡萄酒主要产区

南非的葡萄园主要集中在西开普省，由四大重点子产区海岸产区（Coastal Region）、布里厄河谷产区（Breede River Valley）、克林克鲁产区（Klein Karoo）和奥勒芬兹河产区（Olifants River）组成。

西南部的海岸产区葡萄园集中，有最精华的产酒区域，如帕尔（Paarl）、斯特兰德（Stellenbosch）、康斯坦提亚（Constantia）和马姆斯伯里（Malmesbury）。斯特兰德产区是南非酒业中心，紧邻福尔斯湾（False Bay），气候凉爽，可以酿造出更加均衡的葡萄酒，是南非葡萄酒的最佳产区。其北边的帕尔产区较偏内陆，气候比较炎热干燥，除了生产红、白葡萄酒外，也生产加强型葡萄酒和雪莉酒。马姆斯伯里位于帕尔产区的北边，属于黑地（Swartland）产区，主要生产粗犷浓厚的红葡萄酒和加强型红葡萄酒。

靠近内陆的布里厄河谷是最大的产区，是南非产量最大的葡萄酒产区，气候更为干燥，靠河水灌溉葡萄园。主要分为布里厄河上游的伍斯特（Worcester）和下游的罗贝尔森（Robertson）。伍斯特是南非面积最大的葡萄酒产区，主要出产平价的葡萄酒和白兰地。罗贝尔森产区土壤多为石灰石土壤，受到海洋气流的影响，所出产的葡萄酒平衡性比伍斯特更佳。

比布里厄河谷更内陆的克林克鲁产区（Klein Karoo）气候更为干热，以生产甜酒闻名，种植许多波特品种和玫瑰香（Muscat）。

西开普省西北边的奥勒芬兹河（Olifants River），则是一个产量大，以大型酿酒合作社为主的葡萄酒产区，靠近海岸区和海拔较高的区域有较好的潜力，生产均衡的葡萄酒。

除了四大产区之外，西部大西洋岸边的达岭（Darling）、印度洋岸的沃克湾（Walker Bay）以及东邻的奥弗山（Overberg）等产区，因为有凉爽的气候环境，可以酿造出南非少见的优雅风格，如黑皮诺（Pinot Noir）、雷司令（Reisling）、霞多丽（Chardonnay）都有不错的表现。

（9）智利

① 智利葡萄酒起源、发展与现状

智利属于新世界国家。葡萄酒产业始于16世纪中期，由西班牙传教士将葡萄藤带入该地区。1548年，第一株葡萄藤在智利生根发芽，同时最早的葡萄园在圣哥地亚建造。直至19世纪的跨大西洋航行，推动了国

际交流与贸易，新的葡萄园迅速涌现，开始种植国际品种。20世纪左右，随着葡萄酒市场需求的日益增长，智利葡萄酒产区探索先进的酿酒技术，创造适宜葡萄生长的地质土壤，佳美娜（Carmenere）在该时期表现出对智利风土的适应性，逐渐发展成为智利最具代表性的酿酒葡萄品种。20世纪90年代初期，智利出产的葡萄酒以美国酒评家的口味为标准进军国际葡萄酒市场。发展至今，智利成为世界第五大葡萄酒出口国。

② 智利葡萄酒管理制度

智利葡萄酒的生产遵循国家生产标准。同时，智利葡萄酒行业中有着约定俗成的珍藏分级标准，从低到高依次为品种级（Varietal）、珍藏级（Reserva）、特级珍藏（Gran Reserva）、家族珍藏级（Reserva de Familia）和至尊限量版（Premium），品质层层递进。

智利葡萄酒依据产区保护原则，分为三个等级：法定产区葡萄酒、非法定产区葡萄酒和日常餐酒。

③ 智利葡萄酒主要产区

智利国土形状十分狭长，分为四个主要产区，由北到南依次是：科金博（Coquimbo）、阿空加瓜（Aconcagua）、中央山谷（Central Valley）和南部产区（Southern Region）。这些产区往下又分很多子产区。

◎ 科金博产区

科金博（Coquimbo）是智利较为年轻的一个葡萄酒产区，以生产日常餐酒而出名。科金博包括三个重要的子产区，分别是艾尔基谷（Elqui Valley）、利马里谷（Limari Valley）和峭帕谷（Choapa Valley）。艾尔基谷（Elqui Valley）是智利14大葡萄酒产区中最靠北的一个，生产冷凉风格的西拉和赤霞珠葡萄酒。利马里谷（Limari Valley）是著名的皮斯科（Pisco）白兰地的产区，同时也生产具有矿物质风味的霞多丽葡萄酒。峭帕谷（Choapa Valley）产区酿酒葡萄虽然产量有限，但质量很好，具有高酸的特点。代表性酒庄有翡冷翠酒庄

（Vina Falernia）、麦卡斯酒庄（Maycas del Limari）等。

◎ 阿空加瓜产区

阿空加瓜（Aconcagua）是智利公认的最美丽的产区。阿空加瓜产区包括三个重要的子产区，分别是阿空加瓜谷（Aconcagua Valley）、卡萨布兰卡谷（Casablanca Valley）和圣安东尼奥-利达谷（San Antonio & Leyda）。卡萨布兰卡谷生产质量优良的长相思和霞多丽白葡萄酒，呈现非常清新的柠檬香。阿空加瓜谷产区是经典红葡萄酒产区，赤霞珠长期占据主导地位，但西拉和佳美娜也表现不俗。圣安东尼奥-利达谷种植适合凉爽气候的西拉和长相思葡萄，所酿葡萄酒具有清爽的果香味，酸度较高，且具有独特的矿物质风味。代表性酒庄有卡萨伯斯克酒庄（Casas del Bosque）、智利魔狮酒庄（Indomita）、玛麟酒庄（Casa Marin）等。

◎ 中央山谷产区

中央山谷（Central Valley）是智利产量最可观的重要葡萄酒产区，也是智利最大的葡萄酒产区之一，智利出口的葡萄酒90%来自这里，以生产价位低、果味充沛的餐酒为主。中央山谷产区分为四个子产区，分别是迈坡谷（Maipo Valley）、兰佩谷（Rapel Valley）、库里科谷（Curico Valley）和莫莱谷（Maule Valley）。兰佩谷又细分为卡恰布谷（Cachapoal Valley）和科尔查瓜谷（Colchagua Valley）。迈坡谷以生产带有薄荷特征的赤霞珠而闻名；卡恰布谷以生产成熟佳美娜而著名；科尔查瓜谷所生产的葡萄酒酒体饱满，以赤霞珠为主。代表性酒庄有活灵魂酒庄（Almaviva Winery）、卡门酒庄（Carmen）、阿勒塔尔酒庄（Altair）等。

（10）德国

① 德国葡萄酒起源、发展与现状

德国是旧世界国家之一。两千多年前，罗马人在征服阿尔卑斯

山北部时，将葡萄栽培技术引入日耳曼。公元8世纪时，查理曼大帝（Charlemagne）对葡萄栽培、葡萄酒酿造和其他与葡萄酒相关的商业活动进行了规定，葡萄酒文化开始以修道院为中心向外传播，成为人们日常生活中的一部分。中世纪时，葡萄园已经遍布德国，但是在公元1500年以后，由于气候变化、啤酒酿造技术的改进和进口葡萄酒数量的增加，德国的葡萄栽培业和葡萄酒酿造业一度陷入萧条。19世纪末，葡萄根瘤蚜灾害给德国葡萄栽培业带来一场浩劫，很多本土的葡萄品种因此灭绝，后来，通过将葡萄植株嫁接在美国砧木上，葡萄栽培业才得以重新繁荣。但是，由于工业革命和战争等原因，德国的葡萄及葡萄酒业又一次经历衰退，直到第二次世界大战后逐渐有一些回升，这一好转主要源于1971年发布的德国新葡萄酒法和欧共体自1979年向成员国发布的统一法规，20世纪80~90年代德国的葡萄及葡萄酒再度誉满全球。

德国葡萄酒产区是世界最靠北的葡萄酒产区，气候较为冷凉，葡萄含酸量高，因此所酿葡萄酒酸度较高，口感清爽。同样，得益于独特的气候环境，德国还是贵腐葡萄酒和冰葡萄酒的发源地。

德国以优质白葡萄酒而闻名，代表性的葡萄品种有雷司令（Riesling）、米勒-图高（Muller-Thurgau）、西万尼（Arvine）、灰皮诺（Pinot Gris）和白皮诺（Pinot Blanc），红葡萄品种有黑皮诺（Pinot Noir）和丹菲特（Dornfelder）。其中，雷司令是德国种植最广泛的葡萄品种，由于气候和土壤差异，该品种在德国不同产区的表现大不相同。

② 德国葡萄酒管理制度

德国目前实行两套分级制度，一套是适用于所有葡萄酒的官方分级，另一套是德国名庄联盟（Verband Deutscher Pradikatsweinguter, VDP）设定的针对部分优质葡萄酒的分级。

◎ 德国官方分级

德国的葡萄酒主要分为四个等级：高级优质葡萄酒（Qualitatswein mit

Pradikat, QmP)、优质葡萄酒(Qualitatswein bestimmter Anbaugebiete, QbA)、地区餐酒(Landwein)和日常餐酒(Deutscher Wein)。高级优质葡萄酒也写作“Pradikatswein”，是德国葡萄酒的最高等级，酿酒葡萄必须来自德国的13个法定产区之一，同时，法律对这一等级葡萄酒的酿酒葡萄成熟度、采收方式和酿造工序等方面做出了严格规定。这一等级的葡萄酒又根据采收时葡萄的含糖量被细分为6个等级：珍藏葡萄酒(Kabinett)、晚收葡萄酒(Spatlese)、精选葡萄酒(Auslese)、逐粒精选葡萄酒(Beerenauslese)、冰酒(Eiswein)、逐粒精选葡萄干葡萄酒(Trockenbeerenauslese)。

◎ 德国名庄联盟VDP分级

VDP以葡萄园的风土条件为标准，将葡萄园分为4个等级，分别是大区级葡萄酒(VDP. Gutswein)、村庄级葡萄酒(VDP. Ortswein)、一级葡萄园(VDP. Erste Lage)和特级葡萄园(VDP. Grosse Lage)，其中特级葡萄园的等级最高。

③ 德国葡萄酒主要产区

◎ 摩泽尔产区

摩泽尔(Mosel)产区位于蜿蜒曲折的摩泽尔河(Mosel River)两岸。摩泽尔地理位置偏北，整体为较冷的大陆性气候，凉爽的气候使得这里的酿酒葡萄需要经历较长的成熟期。产区内的葡萄园大多为板岩土壤，具有土质贫瘠、排水性好、储热性好的特点，为摩泽尔的雷司令葡萄酒带来了独特的矿物质风味。代表性酒庄有伊贡米勒酒庄(Weingut Egon Muller-Scharzhof)、露森酒庄(Dr. Loosen)以及玛斯莫丽酒庄(Markus Molitor)。

◎ 莱茵高产区

莱茵高(Rheingau)的葡萄园都位于莱茵河北岸和美因河的山坡上，朝向南面，日照充足且能够吸收足够的热量保证葡萄的成熟度。该产区主要种植雷司令，以酿造干型雷司令葡萄酒为主。与摩泽尔的雷司令相比，莱茵高的雷司令更加成熟、饱满，呈现的果味具有明显的桃子香气。并且，离岸1km的区域是酿造贵腐葡萄酒的黄金区域。代表性酒庄有汉内斯堡酒庄（Schloss Johannisberg）。

3.2.4 名酒

（1）罗曼尼·康帝（Romanée-Conti）

① 品牌信息

罗曼尼·康帝酒庄（Domaine de la Romanée-Conti, DRC）坐落于法国勃艮第核心区域沃恩·罗曼尼村（Vosne-Romanée），始建于中世纪，而后规模不断扩大，酒庄名字于1760年开始使用直至今日。目前，罗曼尼·康帝酒庄独立拥有2个特级园罗曼尼·康帝（Romanée-Conti）和拉塔希（La Tache），所酿葡萄酒的瓶身上会标注“MONOPOLE”的字样；在特级庄里奇堡（Richebourg）、罗曼尼·圣·维旺（Romanée-Saint-Vivant, RSV）、依瑟索（Echézeaux）、大依瑟索（Grands-Echézeaux）、巴塔-蒙哈榭（Batard-Montrachet）、科通（Corton）及顶级白葡萄酒园蒙哈榭（Montrachet）中也分别拥有园地。罗曼尼·康帝酒庄主要种植和酿造的葡萄品种为霞多丽和黑皮诺，平均树龄在50年以上，风土环境为大陆性气候，土质以石灰石为主。秉持有机种植理念，管理严格。其中，罗曼尼·康帝葡萄园是罗曼尼·康帝酒庄的核心葡萄园，葡萄园仅1.8公顷，始于1580年，至今400多年1厘米都未变更，年产量仅4000瓶。值得一提的是，罗曼尼·康帝葡萄园躲过了19世纪法国根瘤蚜侵染的大劫，到1945年为止，园内的葡萄品种都为纯法国种葡萄。但是，1945年，因第二次世界大战导致资金人力严重短缺，再加上春天的冰雹，园中的老根没有得到细致看护而损伤惨重。1946年罗曼尼·康帝葡萄园引入邻近的塔希园的葡萄来种植，目前，葡萄树的树龄也已超过70年。

② **代表性酒款**

罗曼尼・康帝酒庄的酒款均以葡萄园的名称命名，以罗曼尼・康　帝（Domaine de la Romanée-Conti Romanée-Conti Grand Cru）和拉塔希（Domaine de la Romanée-Conti La T・che Grand Cru）最负盛名。除此之外，还有里奇堡（Domaine de la Romanée-Conti Richebourg Grand Cru）、罗曼尼・圣・维旺（Domaine de la Romanée-Conti Romanée-Saint-Vivant Grand Cru）、大依瑟索（Domaine de la Romanée-Conti Grands- Echézeaux Grand Cru）、依瑟索（Domaine de la Romanée-Conti Echézeaux Grand Cru）、蒙哈榭（Domaine de la Romanée-Conti Montrachet Grand Cru）、科通（Domaine de la Romanée-Conti Corton Grand Cru）等。

◎ 罗曼尼・康帝葡萄酒

罗曼尼・康帝葡萄酒（图3-21）风格华美，充分展现出勃艮第黑皮诺的微妙与复杂，带有樱桃等红果香气，伴有淡淡香料香，香气持久，酒体中等饱满，酸度新鲜，单宁细腻，余味悠长、纯净、优雅。该酒被称为“勃艮第之王”“酒王之王”和“世界酒王”，价格在12万~33万元之间。

图 3-21 罗曼尼・康帝葡萄酒

◎ 拉塔希葡萄酒

拉塔希园以黑皮诺为主要葡萄品种，出产的葡萄酒（图3-22）呈现馥郁芳香的风格，具有浓郁的水果质感，酒体结构坚实、大气，口感细腻，富有力量感，拥有极长的陈年潜力，价格在5000~30000元之间。

图3-22 拉塔希葡萄酒

（2）酩悦香槟（Moët & Chandon）

① 品牌信息

酩悦酒庄始建于1743年，坐落于法国香槟优质法定产区的中心地带埃佩尔奈小镇（Epernay）。1971年，酩悦香槟与轩尼诗白兰地（Hennessy）两大酒厂合并，组成了酩悦·轩尼诗（Moëtr Hennessy）酒业集团。1987年，该公司又与路易·威登（Louis Vuitton）合并，形成了如今的奢侈品帝国的前身法国酩悦·轩尼诗-路易·威登（LVMH）集团。酩悦在香槟产区众多酒庄中，拥有的葡萄园面积最大，高达1190公顷，其中包括50%的特级园（Grand Cru）和25%的一级园（Premier Cru）。酩悦主要种植和酿造的葡萄品种为黑皮诺、莫尼耶和霞多丽，平均树龄在20~50年以上，风土环境为大陆性气候，土质以白垩土为主。秉持“由壤而生，永续共生”可持续发展。

② 代表性酒款

酩悦香槟（图3-23）被誉为“皇室香槟”，价格在500元左右，由超过100种不同的基酒调配而成，其中20%~30%甄选窖藏酒，令酒体的成熟度、复合度及持久度得以提升。调配将三种葡萄之间各自独有的风格及其相互之间的融合互补展现得淋漓尽致，其中30%~40%的黑皮诺葡萄构建出香槟酒体，30%~40%的默尼耶（Meunier）葡萄令酒体口感丰盈，20%~30%的霞多丽赋予酒体细腻雅致的风格。酩悦香槟具有金黄色酒体，富有光泽，香气丰富，富有浓郁的青苹果和橘类水果香气，伴有矿物质和小白花气息，淡淡的奶油、烘烤香，以及梨、桃等白色水果韵味，气泡绵密、细腻、持久。

图 3-23 酩悦香槟

（3）奔富葡萄酒（Penfolds）

① 品牌信息

奔富由克里斯多夫·奔富医生夫妇于澳大利亚玛格尔庄园正式创

立，成立于1844年，旗下拥有奔富葛兰许、雅塔娜、Bin 707、Bin 407、Bin 389等多款经典产品。奔富早期酿造药酒、加强型葡萄酒，并获得了成功。1907年，玛丽的女儿乔治娜制定了一个延续至今的方针：在葡萄酒的酿造工艺上不断创新。1948年，麦克斯·舒伯特成为奔富历史上第一任首席酿酒师。1951年，麦克斯·舒伯特由法国酒窖获取灵感，完成了他首次试验性葛兰许葡萄酒的创作。1959年，Bin28成为首款正式发布的奔富Bin系列葡萄酒，即以Bin加藏酒室编号的方式进行酒款命名。它的商业发售标志着奔富葡萄酒王国的开端。

奔富酒庄以生产高品质的红葡萄酒而闻名，主要使用西拉（Shiraz）和赤霞珠（Cabernet Sauvignon）等葡萄品种。还生产少量白葡萄酒，如霞多丽（Chardonnay）和赛美蓉（Semillon）。奔富酒庄拥有麦拿伦谷（McLaren Vale）、巴罗萨谷（Barossa Valley）、克莱尔谷（Clare Valley）、古纳华拉谷（Coonawarra）等庄园，每个庄园均有其独特的风土特征、主栽品种和代表性酒款。

② 代表性酒款

奔富的产品分为三大系列，分别是入门系列、Bin系列和高端系列。入门系列主要指蔻兰山系列，价位大约在一百元；Bin系列是奔富的中坚力量，目前发布了11款产品，为人们熟知的Bin407、Bin389等均属于该系列，价位在三百到八百元不等；高端系列包括葛兰许、RWT、Bin707、St. Henri等最具代表性的高端产品，价位在数千元。

◎ 葛兰许葡萄酒（Grange）

葛兰许（图3-24）又名Bin95，是新世界第一款可以与旧世界名庄共同跻身收藏级行列的佳酿。葛兰许以西拉与少量赤霞珠混酿而成，经法国橡木桶陈酿，酒体深红，入口酒体饱满，单宁强劲，香气浓郁，黑色植物、黑豆荚和黑巧克力的香气层次分明，且具有极好的陈酿潜力。

图 3-24 葛兰许葡萄酒

◎ Bin707葡萄酒

Bin707（图3-25）是跨地区混酿的赤霞珠单品种葡萄酒。该款酒果味浓郁集中，在新桶中完成发酵和熟化，拥有极好的陈年潜力。

图 3-25 Bin707 葡萄酒

（4）贝灵哲葡萄酒（Beringer）

① 品牌信息

贝灵哲酒庄（Beringer Vineyards）于1876年由一对德国兄弟雅各·贝灵哲（Jacob Beringer）和弗雷德里克·贝灵哲（Frederick Beringer）创建，是纳帕谷最古老的酒庄，目前属于富邑酒业集团。贝灵哲酒庄目前拥有12个葡萄园，共1600英亩，分布在纳帕山谷和骑士山谷（Knights Valley）。贝灵哲酒庄的藏酒库是在隧道中建成的。隧道的建设从19世纪70年代开始，一直持续到80年代，才建成了一个非常有效的天然藏酒库，平均气温为14℃，此酒库一直沿用至今。贝灵哲酒庄非常重视葡萄植株的风土环境，认为无论采用何种酿酒技术，都不该脱离风土环境，每一瓶好的葡萄酒都能很好地表达出其生长环境的特殊性和优越性。著名酒评家罗伯特·帕克（Robert Parker）曾如此评价贝灵哲："在我的品酒生涯中，曾尝过无数堪称世界顶级佳酿的葡萄酒，很多所谓的著名酒庄的实质表现让我非常失望，但在贝灵哲这里，我找到了品质非凡、极具代表性的美国葡萄酒。"

② 代表性酒款

贝灵哲酒庄的葡萄酒分为以下几个等级：私人珍藏和单一葡萄园（Private Reserve & Single Vineyard）、现代遗产（Modern Heritage）、武士谷（Knights Valley）和纳帕谷。

贝灵哲赤霞珠干红葡萄酒（Beringer Cabernet Sauvignon, Napa Valley, USA, 图3-26）由赤霞珠酿造而成，呈深浓的紫红色，散发着浓郁的黑色水果香气以及香料的气息，入口后呈现出黑莓、李子和黑醋栗等丰富果味，并伴有巧克力、黑松露和甘草的风味，其口感顺滑，单宁充沛，结构宏大，陈年潜力出色。

图 3-26 贝灵哲赤霞珠干红葡萄酒

（5）干露（Conchay Toro）

① 品牌信息

干露酒庄于1883年由干露（Don Melchor Conchay Toro）先生始建，位于智利中央地带迈坡谷（Maipo Valley）产区的阿尔托港（Puente Alto），目前是智利最大的葡萄酒业集团，同时也是智利最古老的酒庄之一。该酒庄多次荣获世界最畅销葡萄酒品牌称号，现在已经成为全球第二大最受欢迎的葡萄酒品牌。干露酒厂以生产具有原产地特色的葡萄酒为目标，早在2014年，酒庄的葡萄园面积就已达10750公顷。葡萄园遍布智利最为重要的葡萄种植区域—— 迈坡（Maipo）、利马里（Limar í ）、卡萨布兰卡（Casablance）、卡查波尔（Cachapoal）、科尔查瓜（Colchagua）、莫莱（Maule）等多个优质产区，多样化的风土条件孕育了酒庄丰富的生产线，令其酿造出多款品质卓越的佳酿。干露酒庄在美国、阿根廷也拥有优质葡萄园，总葡萄园面积达11624公顷，其葡萄园占地面积居世界第二位。

② 代表性酒款

干露酒庄旗下拥有许多声名远播的成功品牌，充分展现出智利葡萄种植天堂的风土多样性，包括标志性品牌魔爵（Don Melchor）、红魔鬼（Casillero Del Diablo）、园中园（Terrunyo）、麦卡斯（Maycas del Limari）、顶级珍藏丽贝瑞（Gran Reserva Serie Riberas）、阿米利亚（Amelia）等。

◎ 魔爵赤霞珠红葡萄酒

魔爵（Don Melchor）（图3-27）是干露旗下最具代表性的葡萄酒品牌之一，曾被著名葡萄酒杂志《醇鉴》（Decanter）赞为“智利第一款高端葡萄酒”。品牌取名自干露的创始人梅尔乔・干露先生，于1987年首次推出。该款酒已九次进入《葡萄酒观察家》（Wine Spectator）的百大葡萄酒榜单，其中三次跻身前十，并多次揽下各大权威酒评家的高分评价，是智利第一款入选世界Top100的智利葡萄酒。这款酒呈现明亮的宝石红色，具有优雅而复杂的香气，充满了黑加仑和香料的味道，并辅以巧克力和烟草味。酒体平衡，单宁柔和，回味细腻持久。

图3-27 魔爵赤霞珠红葡萄酒

◎ 红魔鬼珍藏梅洛红葡萄酒

红魔鬼（Casillero Del Diablo）（图3-28）创建于1966年，是干露酒庄的又一主打品牌，曾被全球领先的市场调查公司尼尔森（Nielsen）列入“英国最畅销的五大葡萄酒品牌”榜单，并于2018年和2019年连续被酒智（Wine Intelligence）公司评为“世界第二大葡萄酒品牌”。“红魔鬼”葡萄酒价格更亲民，在全世界深受消费者喜爱。

图 3-28 红魔鬼珍藏梅洛红葡萄酒

（6）杰卡斯葡萄酒（Jacob's Creek）

① 品牌信息

杰卡斯酒庄（Jacob's Creek）实际上是澳大利亚著名酒商——奥兰多酒业（Orlando Wines）的葡萄酒品牌之一，从1976年推出第一款葡萄酒后，仅用一年时间就成为全澳最受欢迎的品牌之一，以其新鲜、浓郁、丰富醇厚的果味和易饮用的特质享誉世界。巴罗萨谷（Barossa Valley）是杰卡斯酒庄最重要的葡萄种植区之一。巴罗萨谷的气候温和，日照充足，适宜葡萄生长。这里的土壤多样，包括红色黏土和沙质土壤，为葡萄提供了丰富的养分。库纳瓦拉（Coonawarra）庄园是杰卡斯酒庄另一个重要的葡萄种植区。这里气候凉爽，土壤富含石灰岩，为种植优质葡萄提供了理想的条件。库纳瓦拉以其出色的赤霞珠（Cabernet Sauvignon）葡萄酒而闻名。杰卡斯酒庄主要的红葡萄品种是西拉、赤霞珠等，白葡萄品种是雷司令、霞多丽、赛美蓉等。杰卡斯是澳大利亚销量领先的葡萄酒品牌，自1976年以来，杰卡斯一直是澳大利亚葡萄酒行销国内外市场的主力军，平均每秒卖出16杯。目前，杰卡斯品牌由领先的酒类集团—— 保乐力加集团（Pernod Ricard Group）所拥有、制造及销售。

② 代表性酒款

杰卡斯酒庄的葡萄酒分为经典系列、三原味系列、起泡酒系列、酿酒师甄选系列、珍藏系列和传承系列。

◎ 经典系列

经典系列是杰卡斯酒庄产品的性价比之王，均为单品种葡萄酒，包括丰厚馥郁的赤霞珠（图3-29）、香醇辛辣的西拉、丝滑可口的美乐和柔顺清爽的霞多丽。

图 3-29 杰卡斯经典赤霞珠干红葡萄酒

◎ 杰卡斯珍藏西拉红葡萄酒（Jacob's Creek Reserve Shiraz）

巴罗萨谷是种植西拉的知名产区，杰卡斯珍藏西拉红葡萄酒（图3-30）就是采用巴罗萨谷的西拉酿造而成的，是一款风格经典的红葡萄酒。带有桑葚、梅子、巧克力和香料的风味，结构复杂，余味较为悠长。

图 3-30 杰卡斯珍藏西拉红葡萄酒

（7）嘉露葡萄酒（E.&J. Gallo）

① 品牌信息

嘉露酒庄（E.&J. Gallo Winery）于1933年由意大利移民之子欧内斯特·嘉露（Ernest Gallo）和朱利欧·嘉露（Julio Gallo）两兄弟创建，位于美国加利福尼亚州（California）索诺玛县（Sonoma County）产区。索诺玛县产区气候多样，从沿海地区的凉爽海洋气候到内陆地区的温暖大陆性气候，这种气候多样性为不同品种的葡萄提供了种植的机会。索诺玛县的土壤类型也多样，包括沙质土壤、黏土、砂岩和火山灰等。这些土壤的不同特性影响着葡萄的生长和品质。来自加州的黑皮诺和阿根廷的马尔贝克是嘉露酒庄的代表性品种。如今，嘉露酒庄是全世界最大的家族经营式酒庄，也是按销量计全球最大规模的酒庄，现有员工5000多名，总部设在加州莫德斯托（Modesto, CA），产品畅销全球近100个国家。该酒庄连续8年（2006—2013年）在“世界最具影响力葡萄酒品牌（The Most Powerful Wine Brand）”评比中摘得桂冠。

② **代表性酒款**

嘉露酒庄旗下包括嘉露家族庄园（Gallo Family Vineyards）、大脚丫（Barefoot）、加州乐事（Carlo Rossi）等60多个知名品牌，包含餐酒、起泡酒、甜酒和烈酒等。

嘉露签名系列露西亚高地黑皮诺干红葡萄酒（图3-31）是一款来自美国加利福尼亚州产区的红葡萄酒，采用黑皮诺酿制而成。这款酒散发着树莓、黑加仑和樱桃等成熟水果的香气，夹杂着玫瑰花瓣和薰衣草的迷人花香，口感柔顺，咽下后口腔弥留有黑香料的气息，余味悠长。

图3-31 嘉露签名系列露西亚高地黑皮诺干红葡萄酒

（8）张裕

① **品牌信息**

张裕被誉为是中国最古老的葡萄酒品牌，也是国内第一家工业化酿造葡萄酒和白兰地的企业。1892年，爱国华侨张弼士在山东烟台创办了张裕酿酒公司，从欧洲引进大批优质葡萄植株，通过不断试验，培育出适应烟台风土的酿酒葡萄，结束了中国没有优质酿酒葡萄的历史，开启了中国产业化酿造葡萄酒的序幕。1894年至1905年，历经11年，土法挖掘，洋法改建，融合中西技术，建成了亚洲首座地下大酒窖，让前来参观的外国工程师大呼“这是世界酒窖建筑史上的奇迹”。1899年，张裕酿出了中国第一瓶葡萄酒。1914年，酿出了中国第一瓶白兰地。1915年张裕选送的红玫瑰红葡萄酒、雷司令白葡萄酒、可雅白兰地、琼瑶浆味美思在巴拿马太平洋万国博览会上荣获最高奖——头等金牌奖章（GRAND PRIZE, 亦称大金奖），这是中国葡萄酒和白兰地首次在国际舞台上荣获大奖。2002年，中国第一家专业化酒庄——烟台张裕卡斯特酒庄建成开业，开启了中国葡萄酒高端化时代。

如今，张裕已成为一家全球化的葡萄酒企业，是目前中国乃至亚洲最大的葡萄酒生产经营厂家。主要生产葡萄酒、白兰地、起泡酒、冰酒、加香型葡萄酒。销售收入、利税连续多年稳居中国葡萄酒榜首。2023年，张裕在“Finance and Brand——全球最强葡萄酒品牌”排名中名列第一。张裕在国内的山东烟台、北京密云、新疆天山北麓、宁夏贺兰山东麓、陕西渭北旱源和辽宁桓仁布局了八家酒庄，分别是烟台张裕卡斯特酒庄、张裕丁洛特葡萄酒庄、张裕可雅白兰地酒庄、北京张裕爱斐堡国际酒庄、辽宁张裕黄金冰谷冰酒酒庄、宁夏张裕龙谕酒庄、新疆张裕巴保男爵酒庄、陕西张裕瑞那城堡酒庄。此外，张裕在法国波尔多（干邑）、西班牙里奥哈、智利卡萨布兰卡和澳大利亚克莱尔谷布局了优质酿酒葡萄基地，在全球共建成了25万亩葡萄基地。

② 代表性酒款

◎ 张裕解百纳N398干红葡萄酒

张裕解百纳诞生于1931年，至今已累计销售6亿瓶，发展成为亚洲TOP1葡萄酒品牌。张裕解百纳N398干红葡萄酒（图3-32）以中国自主培育的特有酿酒品种蛇龙珠为原料，三级分选，多种酵母混合发酵，不同温区浸渍，浸渍发酵15~20天，以最大限度提取颜色、香气和酚类物质。橡木桶陈酿12个月，瓶储6个月。

图 3-32 张裕解百纳 N398 干红葡萄酒

酒液呈石榴红色，伴有浓郁的黑樱桃、李子、黑莓等黑色水果香气，果香与橡木桶陈酿所带来的巧克力、烟熏、雪松、烟草等香气完美结合，单宁紧致且柔和，醇厚平衡，回味悠长，风格典型。

◎ 张裕龙谕酒庄赤霞珠干白葡萄酒

张裕龙谕酒庄赤霞珠干白葡萄酒（图3-33）以赤霞珠葡萄为原料，凌晨凉爽温度下采摘，柔性压榨，全程氮气保护，非酿酒酵母与酿酒酵母混合发酵，13~15℃发酵20~30天，橡木桶陈酿6个月。

图 3-33 张裕龙谕酒庄赤霞珠干白葡萄酒

酒液呈浅禾秆黄色，纯净透明，馥郁的白花、蜜桃、水梨香扑鼻而来；酒体圆润丰满，酸度活泼，爽口，结构平衡。

◎ 张裕龙谕酒庄龙12赤霞珠干红葡萄酒

张裕龙谕酒庄龙12赤霞珠干红葡萄酒（图3-34）以优质赤霞珠葡萄为原料，采用大田分选、穗选和光学粒选，三段温区浸渍，优选本土酿酒酵母与非酿酒酵母混合发酵，浸渍发酵30天；多品牌、多纹理、多烘烤程度的法国橡木桶和中国橡木桶混合陈酿24个月。

酒液呈深宝石红色，香气浓郁深沉而复杂，成熟的黑色浆果气息馥郁芳香，散发出香料、巧克力、香草、咖啡、烤面包等香气，令人愉悦舒适。入口醇厚而甜美，单宁充沛而细腻，余味持久而留香，优雅而平衡。

图 3-34 张裕龙谕酒庄龙 12 赤霞珠干红葡萄酒

（9）长城葡萄酒

① 品牌信息

长城葡萄酒为世界500强企业中粮集团旗下的驰名品牌。1978年，经中央五部委联合考察，选定河北沙城产区桑干河流域的土地作为中国第一个葡萄酒科研基地，长城葡萄酒由此诞生。同年，长城生产出第一瓶符合国际标准的干白葡萄酒。1983年，中国第一瓶干红葡萄酒诞生于长城，填补了中国干红葡萄酒的历史空白。1987年，长城桑干酒庄参与轻工业部重点科研项目“干白葡萄酒新工艺的研究”，荣获1987年国家科技进步二等奖。1990年，第一瓶传统法起泡葡萄酒在长城桑干酒庄诞生，正式结束了我国无此酒种的历史，填补了国内空白。2005年，“长城庄园模式的创建及庄园葡萄酒关键技术的研究与应用”获得国家科技进步二等奖。发展至今，长城葡萄酒已成为中国葡萄酒行业顶尖品牌，为中国葡萄酒产业正规化、标准化发展奠定基石，被国家工商总局认定为驰名商标。长城在沙城怀涿盆地产区、宁夏贺兰山东麓产区、秦皇岛碣石山产区、蓬莱海岸产区和新疆产区均建有生产基地，形成长城桑干酒庄、长城华夏酒庄、长城天赋酒庄等为代表的国内酒庄群，并相继完成对智利和法国知名酒庄的收购，布局海外产区。

② 代表性酒款

◎ 长城桑干西拉干红

长城桑干西拉干红（图3-35）酿造于河北省怀来县。酒体色泽呈深宝石红色，优雅的紫罗兰花香，成熟的黑莓和樱桃果香，与优质木桶陈酿带来的香料、烘烤香相融合，单宁细腻、酒体饱满、回味复杂悠长。

图 3-35 长城桑干西拉干红

◎ 沙城产区赤霞珠干红

长城五星·沙城产区赤霞珠干红（图3-36）精选葡萄园里黄金树龄的赤霞珠为原料，人工采摘、粒选精品酿酒葡萄，定向酿造、柔性压榨，以不同比例的新旧橡木桶柔化窖藏，具有醇厚典雅的风格。酒体色泽为深宝石红色，呈现浓郁的黑色浆果香气，伴着烘焙及巧克力的香气。入口甜美，浓郁的红色水果香，单宁紧实细致，口感层次丰富，余味悠长。长城五星上市以来一直担纲重要级盛宴用酒，例如博鳌论坛、APEC会议、G20会议、上合峰会、一带一路论坛、中非论坛、北京世园会等。

图 3-36 长城五星干红（G20 杭州峰会特供款）

3.3 西打酒

3.3.1 定义及基本酿造工艺

（1）西打酒的概述

西打酒（Cider），又称苹果酒，其英文名称“cider”一词有着悠久的历史，它的起源可以追溯到古英语中的“cyder”，这个词用来描述通过发酵苹果汁制成的饮料。除了美国，在世界其他任何地方，西打酒都是一种含酒精的发酵果酒，而在美国，未经任何防腐剂处理的新鲜果汁被称为软苹果酒（sweet cider），而经过自然发酵的果汁则被称为硬苹果酒（hard cider）。西打酒是世界上消费量仅次于葡萄酒的果酒，市面上大部分西打酒都是由各种不同品种的苹果制成，当然也有一些添加了其他水果、啤酒花、肉桂和生姜等香料的特殊风格西打酒。西打酒的酒精度相对于啤酒或葡萄酒，属于中等水平，通常在5%~13%（*v/v*）之间。西打酒香气清新纯净，其中浓郁的苹果风味是其独特的标志，入口微甜并伴有轻微果酸。

苹果（图3-37）经自然发酵后产生酒精就成了西打酒，所以可以说西打酒的历史是始于苹果的历史。在苹果5000多万年的历史中，一定会存在简单的家庭式生产，尽管这些起源大多已经消失在历史中，但也有一些西打酒历史的早期资料值得我们参考。关于西打酒的第一次文字记载可以追溯至公元前55年，凯撒大帝试图入侵英格兰东南部，与当地的凯尔特部落对抗时，品尝了这种发酵苹果饮料。尽管第一次入侵失败了，凯撒大帝的撤退部队还是将当地部落制作苹果酒的知识带回了法国。当时凯尔特部落制作西打酒使用的是海棠苹果，但随着罗马人将新类型的苹果树引入英格兰，西打酒的生产开始发生变化，但关于那个时期的记录很少。当诺曼人于1066年从法国来到英国时，带来了新的苹果品种以及先进的压榨技术，使得苹果汁的提取更

图 3-37 西打酒的原料

加高效。到14世纪初，英格兰几乎每个郡都生产西打酒，例如赫里福德郡、伍斯特郡和萨默塞特郡等的土壤条件和气候非常适合苹果种植，即使在今天，这些西部地区仍然是西打酒的主要产区，并且还拥有世界上最大的西打酒制造商HP Bulmer。随着15世纪和16世纪农业和园艺市场的扩大，西打酒的生产也有了一定的商业基础。17世纪的西打酒制造商开始使用强化玻璃瓶进行二次发酵来生产起泡西打酒。18世纪，西打酒在美国受到了极大的欢迎，甚至超越了葡萄酒、啤酒和茶，成了流行的健康饮品。美国第一任总统乔治·华盛顿也是西打酒的爱好者，他还亲自种植苹果树并酿制西打酒。至今，美国还将每年11月的第3个星期六定为国家西打酒节。到了19世纪，商业苹果酒生产商的规模增大，小农户开始将他们种植苹果的土地卖给大企业，一些老式苹果酒的苹果品种随之消失。到了20世纪60年代，大型生产商越来越少使用富含单宁、风味浓郁的苹果品种，更倾向于使用能生产简单易饮的苹果酒的苹果，一些传统苹果品种随之消失。至今，随着人们对手工制作和精心酿造的酒精饮料的兴趣的激增，像西打酒这样的饮品也变得越来越受欢迎。现代酿造技术不断进步，它们和传统的酿造方法结合起来，让西打酒的酿造变得更加有创意，这种古老饮品正在慢慢复兴，吸引了更多人的注意。总的来说，西打酒拥有丰富的历史和文化价值，从古罗马时期到现代，它一直在世界各地享有盛誉，并且随着人们对健康饮食的追求，其独特的口感和营养价值使得西打酒在全球范围内越来越受到重视。

（2）西打酒的定义与分类

西打酒是一种以苹果为主要原料，配以其他水果或香料，经破碎、压榨、发酵、陈酿等工序而制成的发酵酒。

根据风格分类，西打酒分为标准西打酒和特色西打酒，其中标准西打酒进一步分为现代西打酒和传统西打酒。现代西打酒是指由烹饪苹果[指苹果品种，包括麦金托什（McIntosh）、金冠（Golden Delicious）、乔纳金（Jonagold）、格兰尼史密斯（Granny Smith）、嘎啦（Gala）和富士（Fuji）等]酿制而成的苹果酒，与其他苹果酒相比，具有较高的酸度和较低的单宁含量。甜型或低酒精度的西打酒通常会有很强的苹果芳香，相比之下，干型或高酒精度的西打酒则会有更多种类的水果香气。对于颜色来说，现代西打酒从浅色到黄色都有，其透明度可以很清亮，也可以有点浑浊。可以根据所期望的产品的品质来调整酿造方法。传统西打酒则是不仅使用上述烹饪苹果品种，还使用专门用来酿酒的苹果（包括苦甜苹果、苦酸苹果、野苹果、海棠果和一些其他传统品种苹果，图3-38），常用的苹果品种有达比内特、金斯顿黑、罗克斯伯里黄褐苹果和维克森。传统西打酒的单宁含量比现代西打酒高，具有强烈的味道和涩味。其颜色和透明度跟现代西打酒相似，取决于酿造技术。特

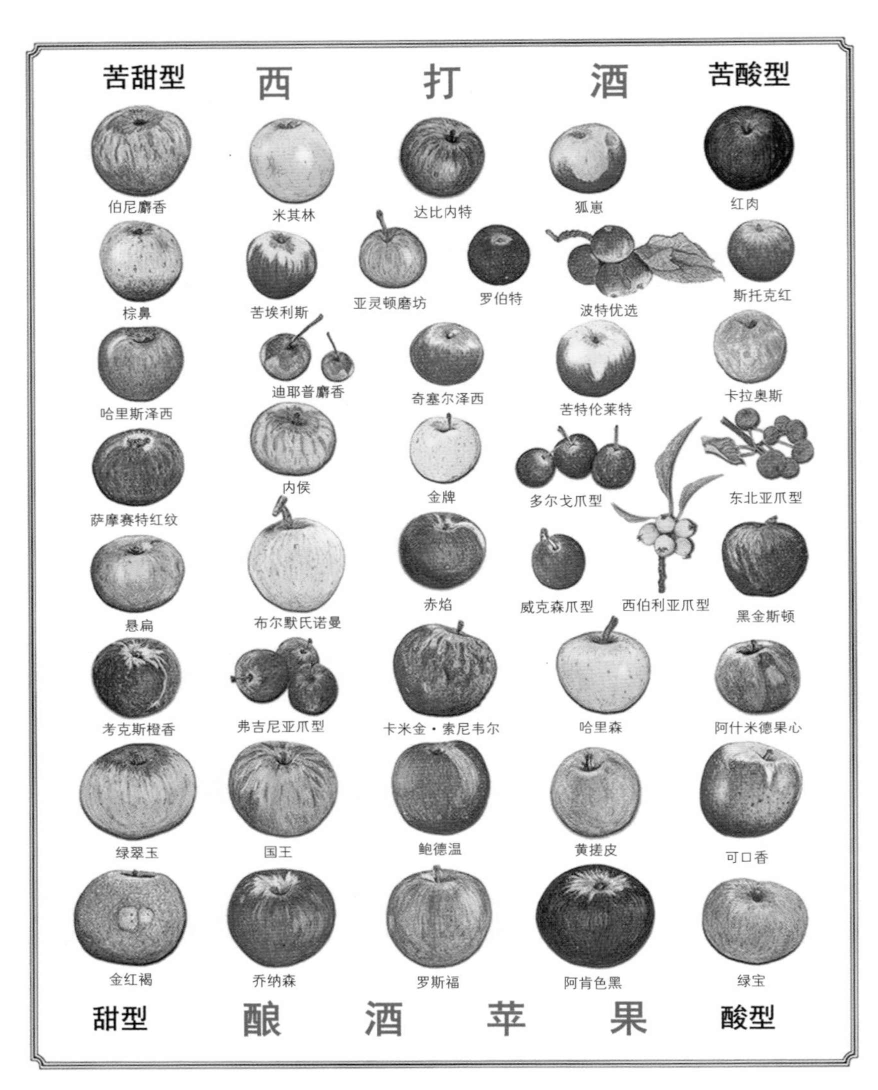

图 3-38 西打酒部分酿酒原料

色西打酒相较于标准西打酒有了更多的创新和变化。美国西打酒协会列出了一些特色风格的西打酒，包括水果味、加酒花、加香料、经过木桶桶陈的、酸味、冰西打酒等。水果西打酒是在发酵前后加入其他水果或果汁，比如樱桃、蓝莓和蔓越莓。加酒花的西打酒则是在发酵时加入酒花。加香料的西打酒可以在酿制的不同阶段加入各种肉桂和姜等香料。桶陈西打酒是利用不同种类的木桶来发酵或陈酿，这样可以让酒带有木头或土壤的味道。酸味西打酒是一种高酸度的西打酒，它是通过使用非常规的酵母和细菌来增强酸味。冰西打酒可以通过预压冰冻果汁或冰冻全果来制作。不过，根据美国酒精和烟草税务贸易局（TTB）的规定，只有在苹果是在户外自然冻结的情况下制成的，生产商才能称其为“冰西打”。除了明确提出的一些特色西打酒外，还有像玫瑰色西打酒这类特色西打酒。玫瑰色西打酒可以使用果肉带粉红色的苹果品种酿制，或者通过添加食用色素、红葡萄皮、红色水果、玫瑰花瓣等来制作。

与葡萄酒类似，西打酒也有平静起泡、干型甜型之分。起泡西打酒可以通过直接碳酸化（添加二氧化碳）或采用香槟传统酿造法来生产。甜型西打酒是由甜苹果酿制而成，通常使用未完全成熟的苹果，也可通过在发酵前添加糖或其他甜味剂。干型西打酒是由完全成熟的低糖苹果酿制而成的，发酵时间更长。同样的，西打酒和葡萄酒类似，也有新旧世界风格之分。新世界风格的通常由低单宁、低酸的甜苹果酿造，口感清爽。而旧世界风格的西打酒的代表则是英式西打酒和法式西打酒，英式西打酒很多都是偏酸偏涩偏苦的口感较为强烈，法式西打酒则保留更多的糖分，更加香甜、饱满。除此之外，还有如新英格兰西打酒、白西打酒、黑西打酒等特色西打酒。

（3）西打酒的酿造

西打酒的生产过程看似简单，通常以新鲜的苹果为主要原料，经过破碎、压榨和发酵等步骤，但其独特之处却在于每一个细节的精心处理。图3-39简要介绍了西打酒的常规生产流程。

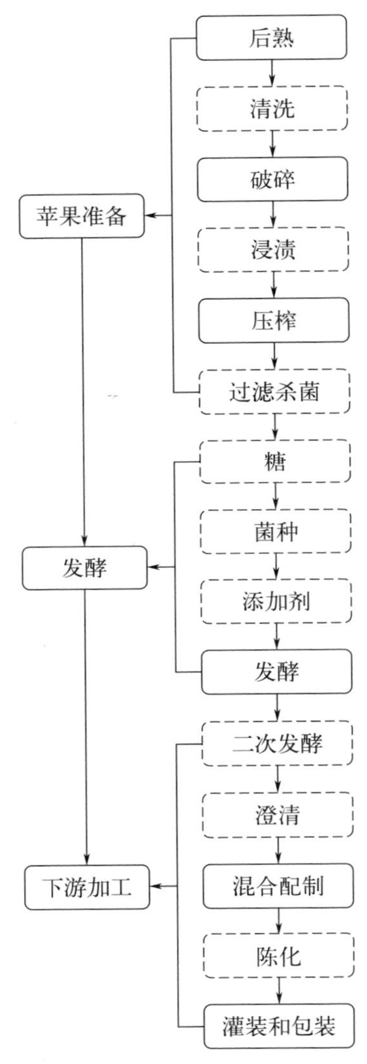

图3-39 西打酒生产工艺流程示意图（虚线框为可选流程）

① 苹果后熟

与葡萄不同，苹果是一种耐储存的水果。在采收后，苹果并不需要立即进行发酵，而是需要进行充分的后熟过程。这一过程的目的是将果肉中的淀粉转化为可发酵的糖分，使原料的成熟度趋于一致。同时，这也是为了等待最适宜的发酵气温的到来，以确保最佳的发酵效果。

② 清洗

在酿造前，苹果可以进行清洗。尽管这一步骤并不是非常必要，但由于苹果的皮较厚，肉质较粗糙，其表面积相对较小，因此不会残留过多的水分。有些苹果品种是专门为制作苹果酒而种植的，这些苹果大多外观不佳，体积小，分为甜型、酸型、甜涩型和酸涩型等几种。尽管它们的味道可能不如其他水果那么令人愉悦，但它们在酿制西打酒中起到了关键的作用。与酿酒葡萄不同，酿酒苹果并没有那么多的优势条件，为了酿出完美的西打酒，通常需要将不同品种的苹果进行混配发酵。这样，每种参与其中的苹果都能提供相应的糖、酸、单宁等口感支撑，共同创造出独特的风味。

③ 破碎

将清洗后的苹果进行研磨，这与葡萄仅需要去梗并轻微挤破果皮的过程有所不同。在这个过程中，苹果会受到强烈的机械作用，氧化也相当剧烈，然而苹果的大部分香气需要在适度氧化的条件下才能完全释放，因此不需要像葡萄那样小心翼翼地处理。

④ 浸渍

一些制造商在破碎后并不一定立即压榨。相反，通常会进行浸渍处理。值得注意的是，苹果的浸渍目的与葡萄的浸渍目的并不完全一致。苹果含有丰富的果胶，浸渍的主要目的是让苹果中的天然果胶酶分解果胶，从而充分提取香气。此外，浸渍还有助于软化果肉，便于压榨，同时也有利于果汁的澄清和单宁的增强。同样的，这也是非必要操作。

⑤ **压榨**

现代化生产通常是在破碎和浸渍后，使用大型圆柱形压榨机或连续带式压榨机压榨苹果果肉以提取汁液。传统西打酒生产中，苹果压榨采用的是“裹包压榨机”，通过层层叠叠的压板和布将包裹起来的苹果泥进行压榨出汁。

⑥ **发酵**

在传统西打酒的发酵过程中往往利用苹果自带的微生物进行发酵，这也是旧世界风格的西打酒香气更加复杂的原因之一。然而，在许多情况下，这些微生物可能不是适合的类型，无法产生预期的风味。因此，苹果酒制造商首先需要确保没有不良微生物的存在。一般可以经过过滤（以去除一些含有较多微生物的沉淀物）或者进行巴氏杀菌来达到这一目的，但最常见的方法是添加二氧化硫，等待其作用一段时间即可添加特定的酵母进行发酵。将提取的苹果汁转移到发酵罐中，加入酵母菌。在适宜的温度和环境下，酵母菌开始消耗苹果汁中的糖分，将其转化为酒精和二氧化碳。

⑦ **二次发酵**

初次发酵后的苹果酒可能会进行二次发酵，在这一步骤中，虽然不会产生大量的新酒精，但苹果酒的风味仍将继续发生变化以提升其口感和复杂度。二次发酵可以灌装后在瓶中进行，也可以在封闭的容器中进行。

⑧ **陈化**

一些高品质的西打酒会在特定的温度和湿度条件下进行陈化，以便让酒体更加圆润，风味更加丰富。

总之，西打酒的酿造工艺虽然看似简单，但在每一个细节上都体现了酿酒师的精心处理和对自然的尊重。这种酿酒艺术不仅为我们带来了美味的西打酒，更是传承了一种与自然和谐共生的智慧。

3.3.2 风味特点

（1）西打酒总体风味特点

西打酒的总体风味特点概括为如下几点：浓郁的苹果芳香、整体清爽怡人、入口微甜伴有果酸，是一种纯净且和谐的感官体验。首先，浓郁的苹果芳香归因于其中的酯类、醛类和醇类等挥发性有机化合物。其次，西打酒入口时的甜酸口感来自苹果中的天然糖分和酸性物质的平衡。在西打酒中，酸性物质起到了关键作用。苹果酸是苹果中的主要酸性成分，它不仅贡献了西打酒特有的酸涩和酸味，还有助于保持低pH值环境，从而抑制微生物生长并促进发酵过程。通常情况下，苹果酒的pH值在3.3~4.1之间，每升苹果酒中含有4.5~7.5克的苹果酸是最理想的状态。此外，乳酸也是西打酒中的常见成分，它是由苹果酸经过发酵转化而来的，这一过程不仅减少了酸度，还让苹果酒的风味更加圆润，同时还可以产生二氧化碳。至于甜味，如果发酵得很彻底，西打酒中的残糖含量会很低，呈现出干型特点，从而凸显出更多的苦味或酸味。而甜型西打酒中往往会保留有一定的糖分，这些糖分来源于苹果的自然糖分以及未完全转化的残余糖，它们与酸味相平衡，形成了独特的甜酸口感。甜味还可以通过回甜工艺在发酵后添加，以平衡酸度、单宁和苦味，其中使用的甜味剂可以是天然糖分也可以是人造甜味剂，但后者可能会产生余味或导致异味的产生。最后，西打酒中的酚类化合物，如单宁，对品质有着重要影响。单宁控制着西打酒的涩感和苦味，其含量根据使用的苹果品种而异。传统苹果酒通常含有较高的单宁水平，而知名品牌的苹果酒单宁含量则相对较低。不同地区生产的西打酒各有风味特色。例如，在法国和英国，一些制造商会采用“keeving”发酵法来放慢发酵速度，以保留更多的酯类和残余糖分，增加陈化过程中的气泡效果。

综上所述，苹果酒的总体风味特点是果香浓郁、甜酸适中、口感丰富，并且含有多种化学物质，如酯类、醛类、醇类、有机酸、糖分和酚类化合物等，这些成分共同作用，构成了西打酒独特且和谐的感官体验。

（2）不同品类风味特点

西打酒，作为一种发酵饮品，其风味的多样性源自不同制造商采用的独特原材料和生产工艺。传统西打酒与现代西打酒之间的主要区别在于酸涩度和香气的复杂度。传统西打酒的酿造方法倾向于更自然、更少干预的发酵过程，而现代西打酒的发酵技术则运用精确控制的发酵条件，以达到特定的风味和芳香特性，前文中有具体提及其风味差别，这里不再赘述。特色西打酒种类繁多，其风味特点随着原材料的选择和生产工艺的不同而有所差异（图3-40）。水果西打酒通过添加樱桃、蓝莓、蔓越莓等水果，带来了独特的浆果香气，这主要得益于这些水果中的芳樟醇、香叶醇等挥发性醇类化合物。啤酒花西打酒在发酵过程中加入啤酒花，如Cascade或Citra品种，不仅赋予了柑橘和热带水果般的独特香气，还贡献了爽快的苦味，这种苦味来源于啤酒花中的 α-酸、β-酸和多酚等。香料西打酒则通过添加诸如肉桂或生姜等香料来丰富其香味层次。此外，木质陈酿苹果酒是将苹果酒存放于各种类型的木桶中进行发酵或陈化，以融入类似木头和泥土的风味，从而赋予苹果酒更复杂的口感和香气，这得益于木桶内木质素、酚类和香草酮等化合物的自然融入。冰西打酒则是采用特殊工艺：使用冷冻的苹果浓缩糖分，从而酿造出具有浓郁苹果香气并伴有蜂蜜、焦糖和香料芳香的西打酒。

总之，不同的西打酒类型展现出各自独特的风味特点，从清新的果香到深沉的木香，都是酿酒师巧妙运用不同原料和工艺的结果。品鉴西打酒，就像是在品味不同酿酒文化的精髓，每一种都有其独特之处，值得我们细细探索和欣赏。

图 3-40 特色西打酒

3.3.3 生产国

西打酒在世界范围内有许多生产国，每个国家的西打酒都有其独特的历史渊源和风格。

（1）法国

苹果种植在法国有很悠久的历史，其西打酒历史经历了许多起起伏伏，特别是在第二次世界大战期间苹果园遭到了大规模的破坏。其中值得注意的是17世纪的两个重要事件：第一个是超强力玻璃瓶的开发，这种瓶子能够承受碳酸饮料的高内压。第二个是一种被称为“keeving”的生产方法，它利用天然酵母和一种缓慢、包含温度控制的发酵过程来酿造天然甜味、天然气泡、香气浓郁、酒精度相对较低的西打酒。虽然法国和英国都有实践这种方法，但在法国更为常见，这也是为什么很多法国的西打酒都是起泡西打酒。

法国西打酒的核心地区是诺曼底和布列塔尼，在那里的乡村随处都可以看见苹果园，西打酒通常以香槟的风格进行包装（配有软木塞和铁丝笼密封）。并且每个地区都有一些生产区域受到原产地命名控制（AOC）制度的严格规定，保证了西打酒的质量和传统。然而AOC的规定并不意味着阻止生产商进行创新，无论是在AOC区域内部还是外部，许多生产商都在尝试冰苹果酒、添加当地特产如栗子等风味的苹果酒。法国拥有许多知名的品牌西打酒，如Manoir de Grandouet、Domaine Dupont、Christian Drouin、L'Authentique等。

（2）英国

如果将白苹果酒划入西打酒的范畴（世界上很多其他国家不认可白苹果酒属于西打酒），英国就是世界上苹果酒饮用量最多的国家，同时还拥有世界上最大的苹果酒生产公司HP Bulmer。在英国种植的苹果中有56%都用于酿造苹果酒。因此，在英国购买西打酒非常方便。英国的苹果酒生产大多在西部地区、西米德兰兹及一些家乡郡和东安格利亚地区，如在萨默赛特、德文、赫里弗德、伍斯特、肯特、萨塞克斯、萨福克、诺福克这些地方苹果酒是非常常见的。英国比较著名的西打酒品牌包括Magners、Strongbow、Brothers、Aspall等。

（3）西班牙

西班牙的西打酒生产历史可以追溯到公元一世纪，传统的西班牙西打酒，被称为sidra，它与世界上一些较为著名的西打酒有很大的不同，它们通常甜度很低，酸味较强且浑浊，具有很自然的苹果风味，通常是酒精度含量在4%~8%（*v/v*）的静止西打酒。该酒饮用时最突出的特点是要从一定的高度以非常少的量倒入宽口玻璃杯中，这种技术还被专门命名为escanciado，目的是赋予酒体大量的气泡。西班牙的西打酒产区主要分布在北部如阿斯图里亚斯和巴斯克地区。其中阿斯图里亚斯的西打酒产量占西班牙总产量的80%以上，并以生产传统西打酒而闻名，该地区拥有250多家sidra生产商。除了阿斯图里亚斯地区，西打酒在巴斯克地区也已经有几百年的历史，该地区热衷于举办品酒会，人们能够用很低廉的价格买到各种西打酒。巴斯克地区的西打酒一般被称为“sagardoa”，其生产工艺以及风味特征与sidra较为相似，但通常具有较高的酒精含量。目前比较著名的一些西班牙西打酒品牌包括Trabanco、El Carrascu、Ramon Zabala、IZ等。

（4）美国

在美国的殖民时代，西打酒被叫作“cyder”，是当时大多数美国人的首选饮料。工业革命的到来带来了大量外国劳动力，也普及了啤酒，并开始逐渐取代苹果酒。到1900年，苹果酒的消费量已经降至5500万加仑[1]。随后，由于1920年《禁酒令》的颁布，许多苹果园被夷为平地，一些传统的苹果品种也随之消失。禁酒令撤销后，苹果酒行业虽未曾恢复以往的荣光，但也在不断发展。如今，美国大约有1000家苹果酒厂。主要分布在密歇根州、华盛顿、纽约和得克萨斯州等地。目前美国比较著名的西打酒品牌有Farnum Hill、Shacksbury、Windfall Orchards、Embark等。

（5）澳大利亚

苹果树是18世纪最早引入澳大利亚的果木之一，随着澳大利亚苹果产业的兴旺发展以及19世纪末冷藏技术的出口，苹果的发酵特性也逐渐被发现。澳大利亚西打酒的酿造可以追溯到1890年代，早在1907年在英格兰Bulmers西打酒档案中就有关于塔斯马尼亚苹果酒的记载。在过去的十几年中，澳大利亚西打酒的发展象征着新世界西打酒的迅猛发展。澳大利亚的新世界风格西打酒主要由大型酿酒商占据主导位置，通常代表着更甜、带有果味的西打酒，吸引着年轻人和嗜甜型的消费者。与此同时，以葡萄酒制造商为先锋，一股新的手工西打酒酿造浪潮也在兴起。澳大利亚大陆的一些避风港地区非常适合种植苹果，比如

---

[1] 1 加仑 =3.78541 升。

凉爽、温和的塔斯马尼亚岛，该地也被亲切地称为苹果岛。尽管在南澳大利亚、新南威尔士和维多利亚也能找到知名的西打酒生产商，但塔斯马尼亚仍是澳大利亚西打酒产业的核心。尽管澳大利亚已经种植了许多传统的英法品种的苹果，但澳大利亚的西打酒仍然以使用甜点苹果为主，并且在某些特别温暖的生长区域，苦甜和苦酸苹果中的天然糖分在发酵时可转化为超过10%（*v/v*）的酒精含量。目前比较著名的澳大利亚西打酒生产商有Barossa Cider Co、Kangaroo Island Ciders、William Smith & Sons、Pressman's、The Hills Cider Company、Kopparberg、Three Oaks Cider Co.等。

（6）加拿大

加拿大具有很悠久的西打酒酿造历史，可以追溯至1600年代，且加拿大西打酒产业至今仍在蓬勃发展，目前约有400多家生产商，每年的总产量约为3900万升，是仅次于啤酒、葡萄酒和烈酒的第四大酒精饮料。加拿大的西打酒通常被称为硬西打酒，以区别于不含酒精的西打酒，其酒精含量在2.5%~13%（*v/v*）之间。加拿大西打酒的主要产区包括魁北克、安大略、不列颠哥伦比亚、大西洋地区等。其中大西洋地区的西打酒以柔和、甜味为主要特点，魁北克的西打酒则是以富含单宁和酸度较高为特点，安大略地区的西打酒通常有较高的酒精含量以及更纯净的风味，不列颠哥伦比亚的西打酒以矿物质含量较高为特点。无论是喜欢干型起泡西打酒还是甜型西打酒，加拿大西打酒都能满足每个人的需求。非常值得一提的是独具特色的魁北克的冰西打酒，魁北克的气候以其显著的季节变化和地区差异而闻名，夏季温和，冬季寒冷且多雪，非常适合冰西打酒的酿造。比较著名的加拿大西打酒品牌有：Thornbury、Somersby、Duntroon Cyder House、Duxbury Cider Co.、Pommies等。

3.3.4 名酒

（1）夏日纷西打酒（Somersby）

夏日纷（Somersby，图3-41），该品牌于2008年创立于丹麦，目前是嘉士伯旗下的西打酒品牌。该品牌最初是为丹麦市场量身打造的，现今已经开拓了欧洲、澳大利亚、新西兰等超过46个国家的市场，是世界上最大的国际西打酒品牌。目前品牌旗下有起泡西打酒、无酒精西打酒、半甜型起泡西打酒、苏打水等多种类型的产品。其组成通常是水、苹果酒、糖、浓缩苹果汁、天然香料以及一些食品添加剂，具有清新的苹果香味，酸甜均衡。其中起泡型西打酒包括经典原味西打酒、黑莓味西打酒、芒果＆青柠西打酒、西瓜西打酒、梨味西打酒、接骨木花＆青柠西打酒、蓝莓味西打酒、红大黄西打酒；半甜型起泡西打酒有桃红型西打酒、白色西打酒、橙味西打酒。夏日纷旗下的西打酒酒精度通常较低，一般都在4.5%（*v/v*）左右。

图 3-41 夏日纷经典西打酒

（2）库帕伯格西打酒（Kopparberg）

库帕伯格（Kopparberg, 图3-42），既是指酒的品牌，也是瑞典中部的一个小镇，该品牌属于铜山酿酒厂（Kopparberg Brewery），是一家瑞典的啤酒和西打酒公司，也是瑞典最大的西打酒酿造公司。该酒厂于1882年由36个精酿啤酒厂联手打造，并于1930年推出第一款西打酒。在1994年被Peter Bronsman买下并重建，并在1996年促进了西打酒在瑞典全国的普及，随后在2015年推出了世界上第一款冷冻水果西打酒。目前该品牌旗下的产品在30多个国家或地区进行销售，旗下有西打酒、啤酒、伏特加、金酒等多种类型的产品。其中西打酒包括热带混合水果味（百香果、菠萝、芒果）、百香果＆橙子味、樱桃味、百香果味、混合水果味（黑醋栗和覆盆子）、大黄味、梨味、草莓＆青柠味、纯苹果味等，酒精度一般在4%~7%（*v/v*）。除此之外，该品牌旗下还生产几款不含酒精的西打酒。

图3-42 库帕伯格混合水果西打酒

（3）愤怒果园西打酒（Angry orchard）

愤怒果园（Angry orchard，图3-43），该名字来源于位于纽约哈德逊河谷的60英亩的愤怒苹果园，并且该品牌通常都使用该果园中的苹果来酿造硬西打酒。据说，取名为愤怒果园主要是由于该果园种植的苹果都是一些不宜食用的（酸度和涩度较高）且外形奇怪的苹果。愤怒果园是一家位于美国纽约州瓦尔登附近的硬西打酒公司，目前该公司隶属于波士顿啤酒公司旗下。2013年，愤怒果园超过Woodchuck，成为美国销量最大的西打酒品牌，随后迅速占据了美国硬西打酒市场的大部分份额。目前该品牌旗下有多款产品：Crisp Apple、Crisp Imperial、Crisp Light、Ginger、Cranberry Pomegranate、Green Apple、Rosé等。酒精度范围低至4.3%（*v*/*v*），高至8%（*v*/*v*）。

图 3-43 愤怒果园脆苹果西打酒

（4）强弓西打酒（Strongbow）

强弓（Strongbow, 图3-44），是由HP Bulmer公司于1960年在英国推出的西打酒，是世界领先的西打酒品牌。强弓的名字来源于英格兰最伟大的骑士之一Richard de Clare（其绰号就是强弓），因此它最初被推销为“男士烈性西打酒”。到1970年，强弓晋升成为世界上销量第二的西打酒，直至今日销量依然稳居前茅，在全球西打酒市场占有15%的份额，在英国西打酒市场占有29%的份额。Strongbow采用多种苹果品种混合酿制（高达50多种不同品种的苹果，包括苦甜苹果、烹饪苹果等），不含任何人造甜味剂、调味剂或色素。目前强弓旗下有金苹果西打酒、经典干型西打酒、接骨木花味西打酒、蜂蜜味西打酒、红莓味西打酒等多款产品。

图 3-44 强弓金苹果西打酒

3.4 普逵酒

3.4.1 定义及基本酿造工艺

（1）普逵酒定义

普逵酒（Pulque）是墨西哥的一种最传统和古老的饮料酒之一（图3-45），也常被认为是墨西哥历史中最重要的饮料酒。与前文提到的龙舌兰酒相比，特基拉酒（Tequila）和梅斯卡尔酒（Mezcal）属于蒸馏酒，而普逵酒是一种非蒸馏酒。

图 3-45 普逵酒

普逵酒的酒精度为4%~7%（*v/v*），以其独特的制作过程和风味而受到当地人民的喜爱。此外，它的pH值介于3.5至4.2之间，呈微弱酸性，这进一步增加了其丰富的味觉层次。龙舌兰成熟的时间约为7~10年，在其长出花茎前，收集龙舌兰[主要品种为大叶龙舌兰（*Agave salmiana*），属于巨型龙舌兰的一种]中心的汁液，这种汁液富有甜味，被称为“龙舌兰蜜汁”（aguamiel）；将这种蜜汁收集起来，放到密闭的房间（当地人称为tinacal）内，在牛皮、木制、玻璃纤维、塑料等材质的容器中进行自然发酵，进而获得普逵酒。普逵酒的生产过程非常朴素自然，依靠存在于龙舌兰蜜汁中的天然微生物进行短时间的发酵，通常只需15~20天即可完成，使得龙舌兰蜜汁转变为普逵酒。这一迅速的发酵周期使得普逵酒保持了更多的原始风味，与经过长时间蒸馏和陈酿的龙舌兰酒相比，它显得更加轻盈、酸甜，且带有类似康普茶（Kombucha）的气味。普逵酒最引人注目的特点是其独特的质地，即呈现黏稠的乳白色液体，有点像秋葵（Okra）植物分泌的黏液。这种特殊的质感不仅为普逵酒增添了视觉上的新奇，也为饮用者带来了独一无二的感官体验。除了其特有质地外，普逵酒还散发着淡淡的草本香气，这来自所使用的龙舌兰植物本身的香味特性及其在发酵过程中产生的芳香化合物。近10~15年，普逵酒的消费得到了复苏，主要流行于20~30岁的年轻群体。人们可以购买到原味的普逵酒（乳白色），或者不同颜色、不同风味的版本，如辣的、巧克力薄荷、仙人掌风味等。

17世纪中后期，由于墨西哥地区较大的消费量（约为2625000L），普逵酒的生产和销售成了当地一项相关的经济活动。从1984年到2019年，普逵酒的产量出现了两次最大峰值，分别是在1987年（大约5.5亿升，在墨西哥城生产）和2013年（大约5.04亿升，在伊达尔戈生产）。伊达尔戈是普逵酒的中心生产区，在过去10年中平均占全国产量的73%。

从1900年到1910年，普逵酒占墨西哥收入的25%，但此后其产量开始下降。2016年，普逵酒在墨西哥主要产区的产量达到了248443L，主要分布在伊达尔戈（78.2%）、特拉斯卡拉（15.4%）、普埃布拉（4.2%）、埃斯塔多（1.7%）和韦拉克鲁斯（0.4%）。在2017年、2018年和2019年间，每年的产量分别下降了约13%、29%和31%。2019年，普逵酒的产量为172774L，主要产区为伊达尔戈（67.3%）、特拉斯卡拉（21.70%）、普埃布拉（8.9%）、墨西哥城（2.5%）、韦拉克鲁斯（2.1%）、圣路易斯波托西（0.4%）、瓜纳华托（0.06%）和格雷罗（0.04%）。

长期以来，在墨西哥，普逵酒与多种营养及健康益处密切相关。早在西班牙殖民前的时期，当地人们认识到这些自然发酵饮品对健康具有积极影响。Anderson等人开展了有关普逵酒消费及其营养益处系统研究，发现在七天的饮食中，每天摄入普逵酒（最多2L）可提供热量（12%）、总蛋白质（6%）、硫胺素（10%）、核黄素（24%）、烟酸（23%）、维生素C（48%）、钙（8%）和铁（51%）；除了这些基本营养素之外，普逵酒还含有多种生物活性化合物，包括叶酸、甾体皂苷、植酸酶和果聚糖等，这些都对人体健康有着潜在的积极作用。除了作为饮料酒食用外，普逵酒还可作为食品配方的一部分，例如普逵酒面包，它将普逵酒的营养和感官特性带入了烘焙领域。对该产品的研究已经证明了它作为功能性食品的潜力，因为它的纤维含量高，升糖指数低，并且富含益生元。普逵酒面包所含的高纤维不仅有助于消化系统的健康，还能促进饱腹感，有助于控制体重；低升糖指数意味着普逵酒面包在血糖管理方面可能表现得更好，这对于糖尿病患者或希望避免血糖波动的人来说是一个积极的特质；普逵酒中含有的益生元化合物为肠道微生物提供了丰富的营养来源，有助于维持健康的肠道环境，促进消化系统的整体健康。

尽管普逵酒具有历史和经济意义，但目前传统饮料生产面临着重大限制。首先，用于制作普逵酒的龙舌兰品种需要相当长的时间才能成熟到可以提取汁液的程度，这个过程至少需要5年。这种长期的等待期限制了生产效率和产量，不利于快速生产和上市销售。其次，自普逵酒生产的黄金时代，即19世纪末和20世纪初以来，生产过程几乎保持不变；可见尽管现代化技术和生产方法的发展有望提高产品质量和生产效率，但传统生产方式的停滞不前可能影响了改进。再者，缺乏关于龙舌兰汁液和普逵酒产品质量及其微生物、感官和物理化学特性的最新墨西哥规范，这对确保产品质量和消费者安全提出了挑战。明确的规范和标准是保障产品一致性和质量的关键，而在这方面现行标准的缺乏可能导致产品质量参差不齐。最后，传统生产商和消费者对于新鲜发酵饮料的偏好也是一个限制因素。许多消费者坚持传统的消费习惯（图3-46），而不是将新鲜发酵饮料转变为便于运输和保存的罐装或瓶装饮料。而新鲜饮料通常需要在较短的时间内消费，且不适合长途运输，这种对普逵酒的偏好限制了产品的市场范围和销售潜力。因此，普逵酒产业的生产现代化、市场规模化发展，需要引入更先进的农业生产技术，制定并实施标准化质量规范，同时通过市场营销策略改变消费者对普逵酒包装和保存方式的看法。只有这样，普逵酒行业才能既实现传统文化的传承，又适应现代市场的需求。

图 3-46 传统普逵酒的盛装饮用容器

近年来，食品工业不断发展促进了从生产方式到产品包装的创新，使得食品更加多样化、营养、安全与便捷。与此同时，普逵酒的生产却依旧保持着传统的手工技艺，多数生产者以家族企业的形式进行经营活动。普逵酒通常在专门的酒吧（称之为“pulquerias”）销售，有时也会直接在生产者家中销售，有部分普逵酒在街头市场等地销售，这种非正规渠道的分销可以满足特定社区或个体对传统饮料的需求。虽然普逵酒作为一种传统产品其基本特征并未改变，但为了适应现代消费者的需求和健康标准，人们提出了一些新的工艺技术来改善其特性，例如增强益生菌和益生元的效果以及提高营养价值等。总的来说，尽管普逵酒行业仍多采用传统生产方式，但也在探索和融入现代技术，以提升产品质量并满足现代消费者的健康和安全需求。

（2）普逵酒的酿造

普逵酒的酿造是以龙舌兰蜜汁（aguamiel）为原料，而龙舌兰植株需要5~15年的生长期才能成熟至可采收汁液。普逵酒的酿制通常包括以下步骤（图3-47），即提取龙舌兰蜜汁、制备发酵种液以及普逵酒的发酵等。

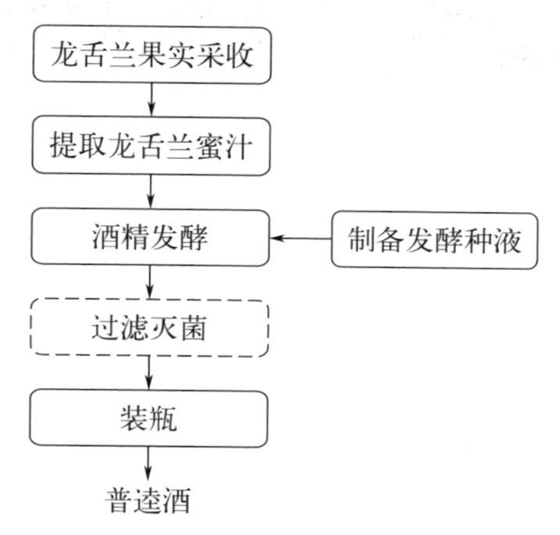

图 3-47 普逵酒生产工艺流程示意图（虚线框为可选流程）

① 提取龙舌兰蜜汁

选取成熟的龙舌兰植株，移除其花蕾周围的胚胎花梗，会有一个盆状的空腔，里面存有含有大量糖分的龙舌兰蜜汁（图3-48）；通过持续挖切口，会不断地分泌汁液，同时增加汁液中的糖分，然后用工具（acocote）或者软管来采收。在成熟期后，每天可进行两次（早晨和黄昏）汁液的采收过程。新鲜采集的龙舌兰蜜汁呈现淡淡的琥珀色、黏稠状，具有甜的、新鲜植物的香气，味道微酸。收集到的龙舌兰汁液被转移到塑料或木制容器中，龙舌兰蜜汁的采集者（当地称为tlachiquero）会将其运输到密闭的房间（tinacal）内，在牛皮、木制或塑料容器中进行龙舌兰汁液的发酵。龙舌兰汁液的产量因植物的年龄、大小（大型植物的直径可超过5米）和生产寿命（3~6个月）而异。

图 3-48 龙舌兰果实的蜜汁

② **制备发酵种液**

用于龙舌兰汁液发酵的大桶最初由牛皮制成，后来逐步被木头、砖石、玻璃纤维或塑料等材质取代，其中一些大桶的容积可高达1000L。普逵酒产区不同，制种方式也不一样。通常情况下，将10~15L品质较好的龙舌兰蜜汁放在专门用于制种的小桶中进行发酵，其中会加入一定量的提前发酵好的龙舌兰蜜汁。将制种容器的盖子盖好，在室温下发酵1~4周，直到出现上层（称之为“zurr ó n”）为止，然后进行少量普逵酒的发酵或者二次制种（称之为“pie de cuba”）。“pie de cuba”，是将四分之一的第一次的种液与四分之三的新采集的蜜汁在新桶中混合后进行制备。

③ **普逵酒的发酵**

在发酵桶中，加入前期制备好的种液，以及新鲜采集的龙舌兰蜜汁，填满容器。然后将桶中的样品分为两部分，分别放入新容器后，再次加入新鲜的龙舌兰蜜汁。品质管理员会依据一些感官属性的特点来确定发酵时间，例如酒精含量、酸味、泡沫、黏度和口感。通常，普逵酒的发酵时间为36h。对于大规模的生产过程，发酵时间需要长达72h，并在几个大桶（最多10个）中进行，每个大桶容积在750~1000L。较大的生产商将发酵好的普逵酒提供给普逵酒店（pulquer í as）或者餐馆进行售卖。

3.4.2 风味特点

普逵酒的感官特性被描述为一种白色、黏稠、微酸性饮料，具有独特的香气和味道。有研究发现，普逵酒中的挥发性化合物主要包括不同种类的挥发性物质，乙酸乙酯是普逵酒中含量最高的挥发性化合物之一，可为酒体提供果香和花香。此外，异戊醇、异丁醇等醇类化合物也对普逵酒的风味具有贡献作用，后续可进一步研究形成其风味的主要成分。

3.4.3 生产国

普逵酒扎根墨西哥的文化和历史，它的起源可以追溯到前西班牙时代。在当时，本地的土著将龙舌兰植物视为一种神圣的植物，认为由它酿造而成的普逵酒是众神赐予的珍贵饮品。因此，普逵酒不仅用来饮用，还在宗教仪式、祭祀活动中扮演着重要角色。在阿兹特克（Aztec）时期，即1300年代初至1521年，普逵酒的消费主要为祭司阶层；后来随着阿兹特克的衰落和西班牙人到来，普逵酒的消费才普及到了普通民众中。西班牙人到来后，试图禁止普逵酒的销售与消费，但普逵酒并未就此消亡。随着时间的推移，普逵酒的生产逐渐恢复，并成为墨西哥中部地区商业活动中的重要组成部分；于是，西班牙人开始对普逵酒的销售征税，并为王室带来了丰厚的收入，这也意味着普逵酒在墨西哥社会中得到了合法地位。

19世纪后期的墨西哥，铁路的发展极大地促进了地区间的联系，提高了运输效率，这也进一步带动了传统饮品普逵酒在全国范围内的传播。在这一时期，普逵酒成了墨西哥最主要的饮料酒之一，也因此推动了其原料龙舌兰植物的种植与生产。进入20世纪，普逵酒的受欢迎度开始下降，部分原因是新兴啤酒的生产与推广，这些啤酒采用了现代营销策略和规模化生产方式，逐渐占据了更大的市场份额。尽管如此，普逵酒并未完全退出市场，而是继续在忠实消费者中保持一定的影响力。近年来，随着人们对传统文化的重新评价，普逵酒正在经历复兴，它不再仅限于传统市场中的售卖，也出现在风格新颖、设计时尚的普逵酒店（pulquerías）中，通过传统与现代融合，使得普逵酒在年轻人中获得了新生。而普逵酒的复兴反映了墨西哥社会对本土文化的重视程度，以及全球范围内对传统食品和饮品日益增长的兴趣。

3.4.4 名酒

目前，生产并售卖的普逵酒品牌并不多。

女王拉雷纳（The Queen La Reina）的普逵酒有3种口味（图3-49），门店位于圣地亚哥老城。该品牌官网将普逵酒归类为龙舌兰酒（Agave Spirits），对普逵酒的描述为：普逵酒起源于墨西哥的传统，由100%墨西哥龙舌兰制成，自然发酵，保质期一年。

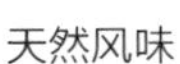
天然风味　　草莓风味　　芒果风味

图3-49 女王拉雷纳（The Queen La Reina）普逵酒系列产品

Pulque Penca Larga是一家以生产和销售普逵酒而闻名的墨西哥公司。该公司将普逵酒誉为“众神的甘露”，以表达对其深厚的敬意。这个称谓源于普逵酒在墨西哥悠久历史中独特而重要的地位，产品既保持了普逵酒的传统特色，还建立了新的质量和口味标准。

Pulque Penca Larga也有多种风味的普逵酒（图3-50），增加了产品的风味多样性。

图 3-50 Pulque Penca Larga 普逵酒

3.5 清酒

3.5.1 定义及基本酿造工艺

清酒（Sake）起源于中国，是以米为原料，经日本传统制法、发酵酿成的发酵酒（图3-51），是日本传统的酒精饮料。清酒是一种酿造米酒，其酒精度为16%~20%（*v/v*）。以米、米曲和水发酵后，形成浊酒，再经过过滤后，就成为清酒。清酒是日本最具代表性的酒类。

图 3-51 日本传统清酒

清酒酿造过程中所需的主要原料为水、米（图3-52）、米曲，除此之外还需要酵母和乳酸菌。上述几种原料为清酒的主原料，在主原料之外还需使用调整酒类酸度的副原料才能产出完美的清酒。在日本清酒酿造过程中，允许添加食用酒精，未添加食用酒精的为纯米型酒。在不同档次酒中添加食用酒精，其目的也不相同。在高档酒酿造过程中添加少量食用酒精，主要是为了提高酒的香气与风味；而在普通酒酿制过程中添加食用酒精，主要是为了提高产能。

用于酿造清酒的米叫作酒米（又称酒造好适米），其种类繁多，有123种不同类型的酒米。相比于传统食用大米，酒米的外形更大，且更

图 3-52 清酒的基本原料

为坚韧，含有较少的蛋白质与脂质，中心富含淀粉的部分呈现乳白不透明状，称为“心白”。心白有许多微小的空隙，利于曲菌菌丝深入，使淀粉转化为糖分。此外，食用大米（又称挂米）也可作清酒的酿造原料，但其品质与风味略逊一筹。为了减少杂味，酒米在使用前须比食用米磨掉更多米糠，留下的部分称为“精米”。精米占原米的比重，称为“精米率”，譬如将一粒米磨到剩下一半，其精米率为50%。酿造越高级的酒，必须将米粒外层磨掉越多。日本法令规定，吟酿酒的精米率须在60%以下，大吟酿酒则在50%以下。清酒用大米见图3-53。

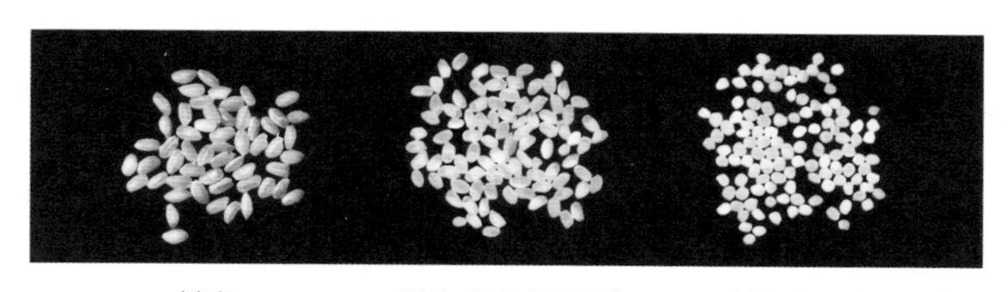

糙米　　精白大米（70%）　　精白大米（40%）

图 3-53 清酒用大米

酒米经过蒸煮处理后开启糖化、发酵过程，清酒的酿造周期约为60~90天。与白酒、黄酒酿造过程相似，清酒的酿造也需要曲的参与，其生产工艺流程如图3-54所示。米曲作为糖化剂，富含米曲霉等微生物，可分泌多种酶以水解原料中的淀粉等大分子物质，从而获得可供发酵的糖。酿酒酵母随后被接入其中以进行酒精发酵，清酒发酵专用的清酒酵母对酒的香气、风味影响较大，因此清酒发酵专用的清酒酵母系经过特殊筛选，由日本酿酒协会按编号提供给各酒厂使用。发酵完的清酒通常经过9~12个月的陈酿，以稳定风味，提高品质。

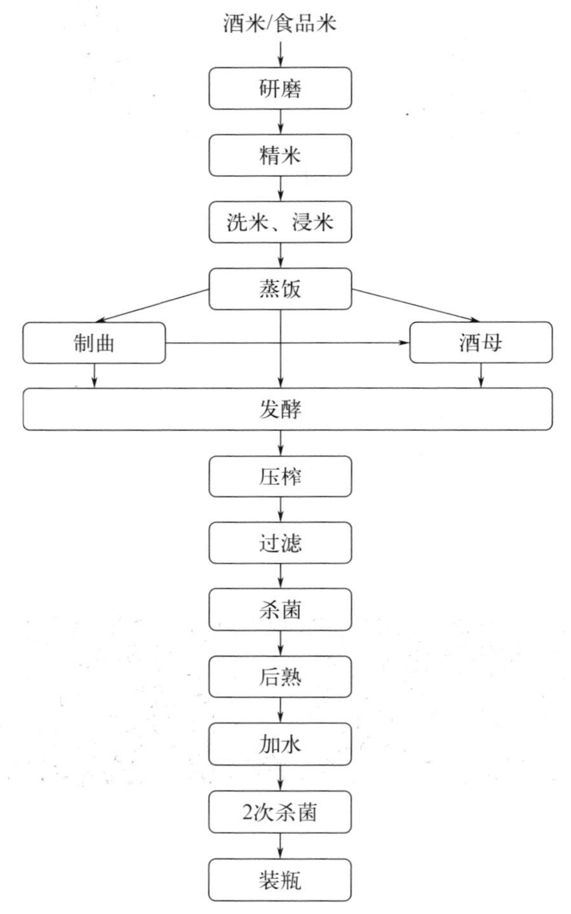

图 3-54 清酒生产工艺流程图

3.5.2 风味特点

日本清酒色泽呈淡黄色或无色，清亮透明，芳香宜人，口味纯正，绵柔爽口，其酸、甜、苦、涩、辣，诸味谐调，酒精含量在15%（*v/v*）

以上，富含多种氨基酸、维生素，是营养丰富的饮料酒。一般日本酒标上标注日本酒度（即含糖度指标），有些酒标标有酸度，很多日本酒品鉴手册上标注各款酒的酸度和氨基酸度。

日本清酒有自己的品鉴坐标，它的基本味道有四种，分别是甘口、辛口、淡丽、浓醇，如图3-55所示。甘口是指糖分较高，入口柔顺、清甜；辛口是指酒感明显，有辣味，入口有刺激感；淡丽就是口感比较清淡；浓醇就是口感比较浓厚，甚至有点黏稠的感觉。甘口和辛口是以日本酒中所含的糖分比例来判断的，糖分多的就是甘口，少的就是辛口。日本酒度如果成负值，就是甘口；正值的含糖量低，就是辛口。淡丽和浓醇主要是因为酸度造成的差异。日本酒中含有略多的酸类，如琥珀酸或苹果酸，口味就会变得浓醇。一般来说大致以1.3~1.5为标准，低于这个区间值的就是淡丽，高的就是浓醇。将这两个标准组合起来就会出现四种口味类型，分别是淡丽辛口、淡丽甘口、浓醇辛口、浓醇甘口。具体来说，淡丽辛口指口感畅快，后味清爽，易饮好入喉的酒款；淡丽甘口指口感柔顺，带点微甜却不腻口，后劲利落的酒款；浓醇辛口指有点厚实感，带有浑厚酯味，后劲也强的酒款；浓醇甘口指散发出米

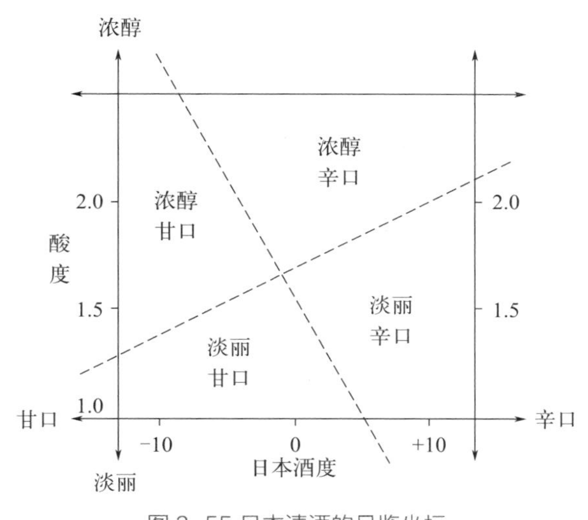

图 3-55 日本清酒的品鉴坐标

的甜味，口感丰醇带有甜香的酒款。

当然，这只是日本清酒的基本味道，尽管有一个参考数据的指标，但具体到每个人品酒的时候，还是要考虑个人感觉。可能日本清酒在数据上已经达到了甘口的标准，但是偏好甜味的饮者就会觉得还不算甘口，把它归为辛口类，还是需要具体的个人感觉来定。上述的基本味道也只是日本清酒的基本框架，在这个基本框架之外还有香气和口感等其他方面的因素也会在品鉴日本清酒中遇到，比如陈酿香、吟酿香等。

用来品饮日本清酒的酒杯材质不一，杯型繁多。猪口杯通常指杯口宽杯底窄的小容量酒杯，适合一口或两口喝完的酒杯。最初这种杯子是在吃本膳料理时，用来盛一些量少的凉拌菜，但从江户时代中期开始，被广泛当作酒器使用。猪口杯中最出名的就是杯底画有白色与蓝色间隔的蛇眼花纹的蛇目猪口杯（也有叫蛇目杯，图3-56），造型的颜色有些像我国的青花瓷。据说是因为蓝色的部分可用来检查酒中有没有悬浮的杂质，白色则可用来辨识酒的色泽，两种颜色之间的界线则可用来分辨酒质是否浑浊。之所以使用青色或蓝色，是因为清酒属于发酵酒，最初的颜色都是淡黄色，而蓝色是黄色的对比色。换而言之，酒体颜色会因为杯底的蓝色显得更为清晰。因此，蛇目猪口杯常被专业人士所使用，是传统的专业清酒品酒杯。

图 3-56 饮用清酒的蛇目猪口杯

3.5.3 生产国

日本清酒酿造历史悠久，大约有2000年，可以追溯到弥生时代（公元前3世纪）。“清酒”这一名字正式出现是在公元400年左右编成的《延喜式》中。公元8~9世纪，日本清酒酿造技术已初步形成，尤其在公元1100年后，日本在神社、寺院集中酿造清酒，极大地促进了日本清酒在酿造方法与技术上的进步，并形成了现代清酒的原型。近百年来，随着西方科学技术进入日本，日本清酒技术不断创新，取得了快速的进步与发展。

日本清酒依据精米率、产品风味品质等级从高到低依次为大吟酿类、吟酿类、本酿造类和普通酒类。吟酿类酒被誉为“清酒之王”。从其发明至今，只有40年左右的历史。不同级别的清酒间存在明显的风味差异，精米率越低，则越淡爽、柔和，香气越优雅。

日本清酒产量逐年下降，然而出口销量则呈逐年增长，尤其在美国市场，增幅较大，其他的主要出口国家和地区包括中国台湾、韩国、中国香港及加拿大。在激烈的市场竞争中，日本国内涌现出一批有规模、品牌知名度高的生产厂家，如位于日本兵库县的白鹤公司，其产量排名第一。

3.5.4 名酒

（1）月桂冠清酒（Gekkeikan）

月桂冠的最初商号名称为笠置屋，成立于宽永14年（1637年），当时的酒名为玉之泉，其创始者大仓治右卫门在山城笠置庄（现今的京都相乐郡笠置町伏见区）开始酿造清酒，至今已有380多年的历史。在明治38年（1905年），日本时兴竞酒比赛，优胜者可以获得象征最高荣誉的桂冠。笠置屋冀望赢得象征清酒的最高荣誉而采用“月桂冠”这个品牌名称。月桂冠清酒（图3-57）酿造选用的原料米是山田锦大米，水质属软水的伏水，所酿出的酒香醇淡雅。由于不断进行新技术研发与应用，月桂冠产品品质不断提升，在许多评鉴会中获得荣誉。

月桂冠株式会社一直讲究科学饮酒、健康饮酒，希望酒不是对人的身体造成伤害，而是一种别样的养护方式，它将人体的健康列为自己首要奋斗的目标。月桂冠清酒外部包装极其简约，采用金黄色为底色，同时为了环保，采用纸盒作为清酒的包装，只要将包装上的红色按钮旋转开就可以畅快地饮用。

图 3-57 月桂冠清酒

（2）菊正宗（Kiku-Masamune）

菊正宗在日本清酒行业的历史十分悠久，是日本清酒界的老牌企业之一，从1659年创办到当下已有360多年的历史。旗下大部分的产品都是烈酒，口味比较强烈，特别适合男士以及热爱烈酒的女士饮用。它所采用的酿造方式也别具一格，一直将江户时代传承的“生酛酿造法”沿用至今。外在包装十分经典传统，没有过多的花里胡哨，却可以让人铭记在心（图3-58）。

菊正宗的产品特色是：酒香味烈，日语表述为“うまい辛口”。这是日本第一酒乡——滩五乡酒厂的特有酒质，因为其酒气凛冽，故称为男人之酒。菊正宗公司在酿造过程中采用自行开发的“菊正酵母”作为酒母，该酵母菌的发酵力强，而且生命力旺盛，直到发酵末期也不会死亡，可以最大限度地将酒中的葡萄糖转化成酒精。

菊正宗的瓶装日式桶装酒——樽酒，也很具有特色。其制作方法是将酿出的菊正宗清酒放入杉木桶中，待其达到最佳口感时取出瓶装上市，一般来讲该工序持续10天左右，它在日本清酒的原风味之上兼具吉野杉木的特有清香味。只要含一口菊正宗樽酒，就有一股酒香与杉木清香气在口中缓缓展开。菊正宗如此表述樽酒：美酒佳酿自扶桑，香气怡人飘汉唐；酒香味烈含木香，菊正樽酒美名扬。

图 3-58 菊正宗清酒

（3）大关清酒（Ozeki）

大关在1711年就开始生产和销售清酒，到如今已有三百余年的历史，也是日本清酒颇具历史的领导品牌，而大关的品名是在1939年第一次被采用，作为特殊的清酒等级名称。“大关”的名称由来根源于日本传统的相扑运动：数百年前日本各地最勇猛的力士，每年都会聚集在一起进行摔跤比赛，优胜的选手则会赋予“大关”的头衔。相扑在日本是享有盛名的国家运动，大关在1958年颁发“大关杯”予优胜的相扑选手，此后大关清酒就与相扑运动结合，更成为优胜者在庆功宴最常饮用的清酒品牌。2018年在中国举办的首届Sake China清酒品评会，来自日本各地62家酒厂的137种清酒参加比赛，大关的极上甘口，凭借香甜、醇厚、顺滑的口感，得到了许多国人的认可，获得最高奖项“金龙奖”。

大关的瓶身设计十分低调，在瓶口设计上十分有特色，瓶口正面是牌子以及公司的名字；在封口部位，为了让消费者可以更加方便地打开，特别设定了一个小口，让人可以方便地将其撕开（图3-59）。

图 3-59 大关清酒

（4）日本盛清酒

日本盛清酒出品于西宫酒造株式会社。西宫酒造株式会社在明治22年（1889年）创立于日本兵库县著名的神户滩五乡中的西宫乡，为使品牌名称与酿造厂一致，于2000年更名为日本盛株式会社。日本盛清酒于1990年12月在公卖局的机场免税店试销成功后才正式引进中国台湾，其口味介于月桂冠（甜）与大关（辛）之间。日本清酒的酿造除了先天的气候环境条件，水质、用米等都是不可或缺的要素。若以水的性质区分，日本清酒有两种代表，一是用硬水酿造的滩酒，俗称为“男人的酒”；另一种是用软水酿造的京都伏见酒，称为“女人的酒”。前者如日本盛、白雪、白鹤等，后者如月桂冠。硬水与软水的区分在于水中所含矿物质（钙、磷、钾、铁）的多寡，硬水的矿物质含量较多，软水较少。日本盛采用日本最著名的山田锦大米，使用的水为“宫水”，其酒品特质为不易变色，口味淡雅甘醇，饮之十分的甜雅醇厚。

日本盛清酒（图3-60）的包装设计十分符合日本皇室的审美标准，节日味道十分厚重，让人看着就忍不住想将其带到日本烟火大会中就着烟花举杯饮用。

图 3-60 日本盛清酒

（5）白鹤清酒（Hakutsuru）

白鹤酒造株式会社成立于1743年，至今已经280余年。目前白鹤生产基地位于日本兵库县神户市。使用兵库县产白鹤锦制作米曲，以及山口县产中生新千本稻米作为酿造清酒所使用的挂米，充分展露大米的鲜甜感，酒香饱满，余味清爽。白鹤与月桂冠、大关、宝酒造、日本盛并称日本清酒界的“五大酒藏”，白鹤的产量常年位居第一。白鹤的经典标志（图3-61）早在19世纪的巴黎世博会上就已出现，是日本最早活跃在国际舞台的清酒品牌之一。

图 3-61 白鹤清酒

（6）松竹梅清酒

松竹梅清酒是由“宝酒造”（五大日本清酒酒庄之一）出品的一款清酒（图3-62），名字来源于中国传统文化的“岁寒三友”。此酒采用“菊花酵母”，酒味更加醇厚香浓，伴随淡淡的米香和木香。2011年推出的松竹梅白壁藏澪发泡性清酒最受欢迎，是一款微酸带甜的气泡清酒，5%的酒精度，深受年轻人的喜欢。有朋自远方来，三五知己把酒言欢，自然少不了冰上一壶松竹梅。

图 3-62 松竹梅清酒

（7）獭祭纯米大吟酿（Asahi shuzo dassai）

獭祭出自日本清酒著名制造商“旭酒造”，该公司致力于通过饮酒的方式传播日本的文化风俗以及本土的味道。獭祭适用于烟花大会等多种场合饮用。獭祭采用纯米大吟酿酒，为了方便消费者饮用，还出了很多不同毫升的酒供人们选择，不同的瓶身颜色则代表着酒口味的不同。“此酒不为豪饮，不为销售，只为品尝”是獭祭宣传语中的一句话，看似与世无争却让人跃跃欲试。獭祭是一个专做纯米大吟酿（图3-63）的品牌。日本曾将獭祭清酒定为国宴用酒，并将其赠予普京和奥巴马。

图 3-63 獭祭纯米大吟酿

（8）鲸裕清酒

鲸裕清酒是始创于中国的清酒品牌（图3-64），所属企业为赣州轻云清酒业有限公司（坐落于江西省赣州市），该企业专注于菌种和磨米技术的研发应用，自创立以来便致力于推广和革新传统清酒文化，推动中国清酒品牌的复兴。鲸裕清酒米香浓郁、香气纯正，入口口感细腻而柔和，入口即化，带有轻微的甜味和丰富的层次感；余味清爽而持久，带有淡淡的米香和微苦的回甘，令人回味无穷。鲸裕清酒以其独特的风味和精湛的酿造工艺，成为了清酒爱好者心目中的佳品。

图 3-64 梵清酒

3.6 韩国米酒

3.6.1 定义及基本酿造工艺

韩国米酒是韩国最具代表性的传统酒品（图3-65），有着悠久的历史和丰富的文化背景。韩国米酒的历史可以追溯到高句丽时期，当时文献记载了饮用韩国米酒的方式和习俗。韩国米酒是由大米和其他谷物（如小麦、大麦和发芽谷物）借助酵母和努鲁克（Nuruk）发酵而成的低酒度饮料，为白色至黄色的不透明液体。它主要由水、乙醇、蛋白质、碳水化合物、脂肪和膳食纤维组成，还含有维生素B和维生素C，以及大量的乳酸菌和活酵母。韩国米酒中丰富的营养物质赋予了其多样的生物活性，包括抗癌特性、抗衰老活性、调控血液循环和血脂代谢、增强免疫以及抗菌和抗氧化特性等。

图 3-65 韩国米酒

努鲁克是韩国米酒的主要发酵剂，也是生产韩国米酒的关键原料。它是含有天然和/或培养微生物的发酵谷物面团，是通过将各种微生物的混合物接种到湿润的小麦粉或大麦粉中制备的，这些微生物包括霉菌

（曲霉属、根霉属和毛霉属）、酵母菌（酵母属、毕赤酵母属、念珠菌属、球拟酵母属和汉逊酵母属）和乳酸菌（明串珠菌属、片球菌属和乳杆菌属）等（图3-66）。努鲁克的制作需在特定温度（低于40℃）条件下，在小麦粉和/或大麦粉捏制的饼块上生长真菌或细菌（约8~9天）。随后，将这些成型饼块进行较长时间的干燥（15~60天），并进行包装。在米酒生产中，努鲁克用于帮助大米淀粉糖化，从而产生葡萄糖，随后在发酵过程中产生乙醇和二氧化碳。

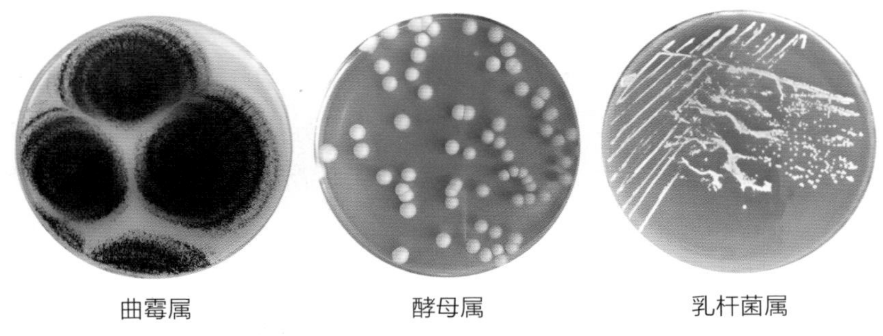

图3-66 努鲁克中的代表性微生物菌落

韩国米酒的酿造工艺如图3-67所示，将一定数量的大米和其他谷物原料彻底洗净，并用冷水浸泡至少2~3小时。将米在沸水中煮熟，然后在微风和阳光明媚的天气下干燥几小时，使米的质地处于外部干燥坚硬、内部湿润柔软。将煮熟的大米转移到陶罐中，然后加入努鲁克和市售的活性酵母，添加适量的水并混合均匀，进行糖化和酒精发酵的并行过程。由于发酵会使表面冒出很多气泡，应注意空气流通，第1天仅用棉布盖住陶罐。第2~5天，米浆变得流动，表面冒出的气泡减少，每天至少需要搅匀三到五次，并适当盖上陶罐盖。5天后，观察到细小的气泡，顶部有澄清液体漂浮，底部有浑浊的乳状浆液，再次搅匀，并盖上陶罐盖子。第8天或第9天，混合物分成两层，顶部是淡黄色澄清液体，底部是浓稠的米浆层。如果不再起泡，则可判定发酵完成。将内容物进行不同程度的过滤，滤液即为韩国米酒。

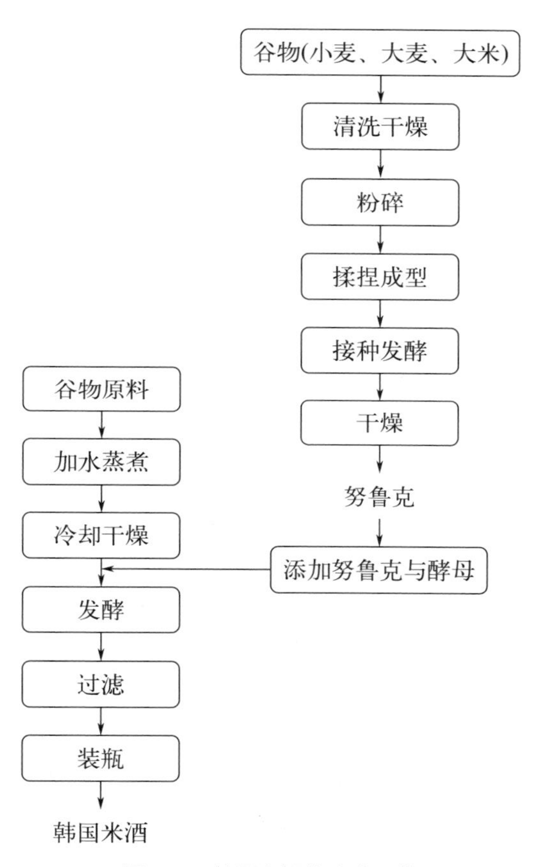

图 3-67 韩国米酒的酿造工艺

3.6.2 风味特点

与其他高酒度的蒸馏酒不同，韩国米酒的低度数使其成为一种非常容易入口的饮品。它不会让人感到灼热或刺激，而是带来一种温和、柔滑的口感，呈现甜香、果香、醇香、微苦和酸味。影响韩国米酒口味特征的化合物主要为非挥发性代谢物，包括有机酸、糖、氨基酸和多肽等成分。韩国米酒独特的香气取决于挥发性化合物，包括酯类、醇类、醛类、酸类、萜烯以及含硫化合物，是通过酵母代谢从大米的多种成分转化而来的。其中，酯类构成了最大的挥发性化合物组，影响韩国米酒的果香和花香，主要包括癸酸乙酯（葡萄香气）、辛酸乙酯（菠萝和梨香气）、己酸乙酯（苹果香气）、十二烷酸乙酯（果香）、乙酸苯乙酯（花香、玫瑰香气）等。韩国米酒含有多种高含量的醇类化合物，比如具有麦芽样和酒精样气味的3-甲基-1-丁醇，提供花香和甜味的苯乙醇。此外，韩国米酒还会在发酵过程中添加天然调味成分，如药用植物、香草、水果和香料，以增强风味的独特性。

3.6.3 种类

根据发酵过程和过滤技术的不同，韩国米酒分为三大类，包括马格利米酒、清酒和百岁酒。

（1）马格利米酒（Makgeolli）

发酵米酒醪仅通过粗滤，视觉上呈现浑浊的外观并带有白色颗粒的饮料，酒精含量6%~8%，pH值在3.6至4.4之间。在韩国，马格利米酒（图3-68）也被叫做浊酒、农酒，是农忙时用来解渴的饮料。清爽

图 3-68 马格利米酒

的酸味和绵软的口感是马格利米酒最大的特点，同时米中的糖分带来的甜味、发酵后的酸味、蛋白质的苦涩味完美融合在一起。马格利米酒一般是通过低温杀菌对酵母进行灭菌，而省略这一处理过程的则被叫做生马格利米酒。生马格利米酒要经过长时间的自然发酵，口感更加清凉，入口格外清香；而且放置的时间越长，酵母菌发酵产生的乳酸的酸味则更加爽口。

（2）清酒（Cheongju）

清酒的本质是马格利米酒过滤后留下的清澈液体，通常只用大米、水和努鲁克酿造。清酒以其清澈的外观和芳香的气味而闻名，广泛应用于各种传统仪式和庆典中，是一种价值高、酿造精良的酒。

（3）百岁酒（Baekse-ju）

百岁酒是由人参、甘草、枸杞、五味子等多种药草与大米混合酿造而成的。百岁酒的首次书面记载可以追溯到17世纪，但在1992年才首次对这种饮料进行现代诠释。百岁酒的特色在于其含有的药草味及高丽人参味，味道甜而不腻。它由生米发酵而成，通常以13%的酒精度装瓶。酒中含有大量的活性成分，不易宿醉且有益健康。

3.7 蜂蜜酒

3.7.1 定义及基本酿造工艺

蜂蜜酒（Mead）是以蜂蜜为主要原料，经发酵等生产工艺得到的含酒精饮料，是世界上最古老的酒精饮料。根据现存最古老的考古证据，在9000年前的中国贾湖遗址的储酒容器中发现蜂蜜的残留，由此证明早在9000年前的中国，已有蜂蜜酒的酿造、饮用习惯。我国最早的文字记录是在《楚辞·招魏》中，对于蜂蜜酒有“瑤浆蜜勺”的美誉，实物最早出现在西周周幽王的宫宴上。唐代《食疗草本》一书指明其食疗价值。苏轼的《蜜酒歌》记载了蜂蜜酿酒盛况：“一日小沸鱼吐沫，二日眩转清光活。三日开瓮香满城，快泻银瓶不须拨。”明代《本草纲目》设置专条对其进行分析，确定其可治疗风疹、风藓等疾病，同时记载了酿造蜂蜜酒的配方。以上均可看出蜂蜜酿酒在我国古代曾盛行一时，然而现今我国市场上蜂蜜酒已不多见。

在西方，波兰和英国较早开始生产及饮用蜂蜜酒。公元前200年左右，希腊、罗马、埃及等国家开始出现蜂蜜、粮食或水果混合酿制的酒。如今，蜂蜜酒在东欧和波罗的海地区广为流行，在英国、德国和非洲国家被大众所喜爱。蜂蜜酒的饮用传统起源于古代，新婚夫妇举行婚礼后的一个月称为蜜月（honeymoon），每天都要饮用由蜂蜜发酵制成的饮料，以祈求在婚礼9个月后诞下一个孩子。

（1）蜂蜜酒的定义与分类

蜂蜜酒是一种由稀释蜂蜜发酵得到的、酒精度在8%~18%（*v/v*）的酒精饮料。目前国内外市场上和研究报道的蜂蜜酒种类较多，尚无统一分类标准，按照常见酒类分类方法，将蜂蜜酒的种类和特点大致归纳如下。

按照波兰国家标准，蜂蜜酒根据蜂蜜/水稀释比分为：Półtorak（2∶1，体积比），Dwójniak（1∶1，体积比），Trójniak（1∶2，体积比），Czwórniak（1 ∶ 3，体积比）。蜂蜜酒按照含糖量（以还原糖计）分为蜂蜜干酒、蜂蜜半甜酒、蜂蜜甜酒以及蜂蜜浓甜酒。按照原料不同，蜂蜜酒分为单一蜂蜜发酵酒和混合蜂蜜发酵酒。按照色度分类，蜂蜜酒分为无色、浅色、深色和浓色4类，深色或浓色蜂蜜酒是因为蜂蜜中的糖类焦化，给酒带来太妃糖、巧克力般的味道。按照是否添加香料，分为非加香蜂蜜酒、加香蜂蜜酒和香精蜂蜜酒。此外，蜂蜜酒可以使用香料、酒花、水果等原料以增添风味，蜂蜜酒也可和其他类型的酒精饮料混酿，使蜂蜜酒的风味与种类丰富多彩。

（2）蜂蜜酒的酿造

蜂蜜酒的酿造一直以来靠的是经验传承，近年来，随着发酵工程及酿造科学技术的进步，蜂蜜酒的酿造工艺日趋成熟、严谨，其酿造工艺流程如图3-69所示。蜂蜜稀释至固形物含量20~23°Bx，补充营养

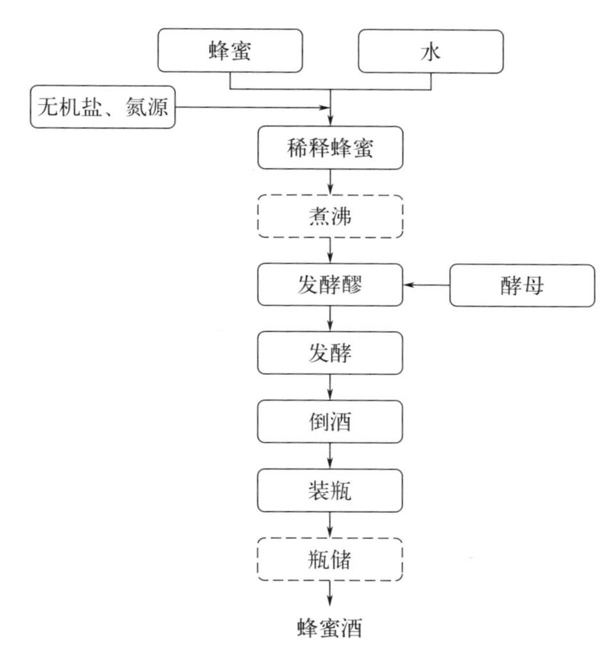

图 3-69 蜂蜜酒生产工艺流程图（虚线框为可选流程）

物质氮源和矿物质等，必要时调节pH至适宜酸度，依据产品风格类型进行煮沸、杀菌或添加硫化物等操作以起到阻止杂菌生长的作用，随后加入干酵母或已活化好的酵母菌进行发酵，控制好发酵温度，一般在22~25℃。发酵时间的长短因培养液营养物质种类和含量、发酵液体积和发酵条件而异。发酵结束后，采用膨润土、明胶、蛋清等进行澄清再过滤，可去除其中蛋白质以保持酒液澄清。澄清过滤后的酒液进一步陈酿熟化，可去除部分不良风味，使酒体变得柔和芳香。

3.7.2 风味特点

蜂蜜酒的风味物质主要来源于蜂蜜本身、酵母及发酵工艺和陈酿过程中产生的风味物质。蜂蜜的风味对感官品质的影响至关重要，蜂蜜的风味相当复杂，因产地不同和花蜜来源不同，成分有着巨大的差异。并非蜂蜜中的所有成分都会对香气产生影响，只有当物质的浓度超过嗅觉阈值时才会产生影响。蜂蜜的感官特征主要有花香、果香、木香、柑橘香、发酵香、酸、辛辣、草本味、蜡味、脂味等。

根据相关研究发现，单一蜜源的蜂蜜中具有独特的、对感官特征有贡献的香气特征。例如，柑橘蜂蜜具有新鲜水果和柠檬香气，其中含有大量的芳樟醇衍生物；桉树蜂蜜具有乳酪和干草香气，其中主要含有羟基酮和对伞花烃衍生物。而不同产地的同品种蜂蜜，其风味特点也各不相同。同为板栗花蜜，产自西班牙东北部的蜂蜜酒具有草本、木质和辛辣气味，主要含有醛类、醇类、内酯类和挥发性酚类；产自西班牙西北部的板栗花蜜具有花香和果香，其中以萜烯类、酯类和苯衍生物为主要挥发性物质。因此，不同蜂蜜原料的蜂蜜酒拥有各异的风味特色。

3.7.3 生产国

（1）波兰

波兰位于欧洲中部和东部，气候属海洋性向大陆性气候过渡的温带大陆性湿润气候，境内拥有丰富的湖泊、河流、丘陵、沼泽、海滩、岛屿和森林等地貌，景观多种多样。波兰森林资源较丰富，森林覆盖率31%，拥有丰富的蜂蜜资源，为蜂蜜酒的生产奠定良好的基础。

波兰拥有悠久的蜂蜜酒酿造、饮用历史，其有文字记载的酿造历史可追溯至中世纪。15世纪，一位威尼斯外交官如是描述波兰："……这里没有葡萄酒，当地居民用蜂蜜酿造某种饮品，饮用后比葡萄酒更让人沉醉。"波兰人饮用蜂蜜酒的形式和方法多种多样，通常在室温条件饮用。天气炎热时，可将蜂蜜酒降温至12℃，辅以薄荷或柠檬片饮用；在寒冷的冬季，人们喜欢饮用热蜂蜜酒，添加丁香、肉桂、香草、生姜、黑胡椒或橘子片等香料。

波兰的蜂蜜酒依据蜂蜜稀释比例、酒中含糖量及酒精含量分为四个等级，详见表3-1。该四个等级的波兰蜂蜜酒在2008年通过欧盟认证，作为地理标志产品，受到法律保护。在此后的4年间，波兰的蜂蜜酒产量大大增加，成为世界上最大的传统法酿造蜂蜜酒的生产国。此外，波兰的蜂蜜酒可额外添加水果汁、草药或香料以生产风味蜂蜜酒，充实蜂蜜酒市场。

表3-1 波兰的蜂蜜酒等级

等级	蜂蜜：水（体积比）	乙醇含量（*v/v*）	还原糖含量/（g/L）	甜度	最低陈酿时间
Czwórniak	1：3	9%～12%	35～90	干	9个月
Trójniak	1：2	12%～15%	65～120	半甜	1年
Dwójniak	1：1	15%～18%	175～230	甜	2年
Półtorak	2：1	15%～18%	>300	浓甜	3年

（2）立陶宛

立陶宛位于欧洲东北部，是波罗的海三国之一，是最早生产饮用蜂蜜酒的西方国家之一。立陶宛属温带大陆性湿润气候，位于北德平原边缘，地形平坦，没有高山，地貌包括草地、麦田与森林等，林业占全国产值的11%，因此拥有大量的蜂蜜资源。

2013年，立陶宛的蜂蜜酒Stakliškii mead通过欧盟认证，成为欧洲的地理标志保护产品。这类酒的名字源自立陶宛蜂蜜酒生产集中的小镇，Stakliškii蜂蜜酒呈琥珀色，必须经过自然发酵，不得添加糖、色素、香精物质等以额外获得风味。其发酵过程可长达90天，发酵醪液中可添加草本植物，如酒花、椴树花、杜松子等以增加草本风味。随后，该蜂蜜酒需陈酿至少9个月。此酒以香甜的口感、辛香料等香气，获得人们的喜爱。

3.7.4 名酒

（1）迷信蜂蜜酒（Superstition Lagrimas de Oro）

迷信蜂蜜酒厂2012年成立于美国亚利桑那州，是近期迅速崛起的蜂蜜酒风潮的领跑者之一。该州沙漠地区距离城市遥远，远离污染，花朵未受污染；同时，因地处沙漠，蜂蜜水分含量较低，较其他地区风味更为浓郁醇厚，在全球享有盛名。迷信蜂蜜酒以本地的牧豆树蜂蜜酿造而成（图3-70），再放入波本桶中进行陈酿。这款干型的蜂蜜酒曾在国际大赛中获奖。这款酒的酒液颜色呈现很淡的稻草黄。有蜜香、花香、果干、香草等风味。酒体中等，醇厚。

图3-70 迷信蜂蜜酒

（2）施拉姆蜂蜜酒（Schramm's）

施拉姆蜂蜜酒厂2013年成立于美国密歇根州，以水果风味蜂蜜酒和香料风味蜂蜜酒等闻名于世。该品牌的蜂蜜酒度数偏高，常添加覆盆子、黑醋栗和樱桃等水果平衡口感，增添风味。其中，玛德琳（Madeline）作为其代表性产品（图3-71），极负盛名，该酒酒度较高，为14%（*v/v*），口感甜美，由博伊森莓和密歇根蜂蜜酿造而成，莓果的香气和酸度平衡了蜂蜜的甜腻，酒体如蜂蜜般醇厚。

博伊森莓

玛德琳蜂蜜酒

图3-71 博伊森莓和玛德琳蜂蜜酒

万国酒闻

利口酒

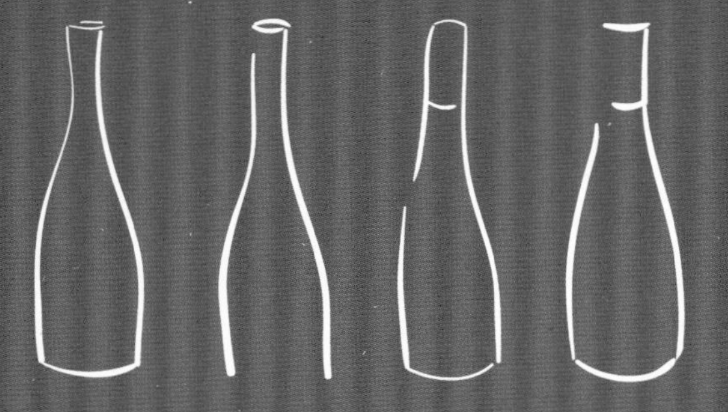

利口酒（Liqueur）别名利姣酒、利乔酒，是一种餐后甜酒。利口酒这个名字来自拉丁语liquefacer，它们大多由蒸馏酒、精制糖和从药物中提取的特殊香气物质制成。生活在古代的人们起初发现了将草药、水果和香料浸泡在酒中可以制作药品，而后这种最初的利用方式逐渐演变成了一种享受，即人们开始欣赏这些饮品的味道而非仅仅因为其药用价值。发展到今日，随着消费者对食品和饮料质量的要求日益提高，市场上出现了更多注重手工制作和有机原料的利口酒品牌。

根据法律规定，利口酒是通过乙醇或农业来源（水果、草本或香料）的馏出物生产的无色或有色加糖烈酒饮料，其中最低乙醇含量为15%（*v/v*），然而，许多传统利口酒含有35%~45%（*v/v*）的乙醇。利口酒与中国的果露酒非常相似，主要的原辅料分为基酒、芳香物质、甜味剂以及各种自然调味料。基酒主要以发酵酒、蒸馏酒（白兰地、朗姆酒、威士忌、伏特加、金酒）或者食用酒精为主。调味料可以是水果、草药或香料，它们赋予利口酒丰富的滋味和香气。利口酒的整体风味特征反映出其使用的原料的丰富性和生产工艺的复杂性。由于采用多样化的天然成分，如水果、草本植物和香料（图4-1），利口酒展现出复合的滋味轮廓，从甜味到苦味，再到芳香和辛辣。在生产过程中，精确的配方调配、温控、发酵和蒸馏技术是关键，它们共同确保了酒中风味成分的提取和保留。通过浸渍、配制、发酵和蒸馏等方法从草药、水果、花卉、种子中提取香气物质。浸渍主要是将果实、种子、草药等浸入食用酒精或者其他基酒中，一般分为热浸渍和冷浸渍。配制是指将果实、种子、草药等制成相应的成品后加入食用酒精中，再进行调色及糖度调整。发酵和蒸馏是指将果实进行发酵后蒸馏得到的白兰地，再进行调配。这种专业的制作方法使得利口酒能够作为独立饮品或在鸡尾酒中作为风味增强剂，提供给消费者独特的口感体验。

利口酒不仅仅是一种饮品，它在全球饮料文化中占有独特的地位，象征着品位、传统与创新的融合。随着全球化的加深，利口酒越来越成为国与国间文化交流的桥梁。它不仅被用作庆祝和社交的佳酿，也常在烹饪中作为提味剂，增加菜肴的层次和香气。此外，现代酒吧和餐厅常将利口酒作为调制创意鸡尾酒的基础，通过与其他饮品的混合，创造出无限可能的味觉体验。

图 4-1 利口酒原料种类繁多

4.1 水果利口酒

4.1.1 概述

水果利口酒通常以蒸馏酒（白兰地、威士忌、朗姆酒、金酒、伏特加、龙舌兰）为基酒，配制各种水果调味料，并经过甜化处理而制成。水果利口酒以其独特风味、丰富色彩和多样化的口感特点受到广泛喜爱，它巧妙地将水果的天然香气和甜味融入基酒之中，创造出一种既可以单独享用又可用于调制饮品的饮料酒。水果利口酒的口感清新，香气浓郁，甜度适中，适合作为餐后饮品。

各种水果利口酒的风味特点通常由其主要水果原料决定。如柠檬利口酒有鲜明的柠檬香和酸味，口感清新，略带甜味，后味中有轻微的苦味。橙子利口酒有突出的橙皮香气，甜中略带一点苦味。这些香气来源于水果中的挥发性化合物，如酯类、醇类和醛类等。水果利口酒的色彩鲜艳，这些色彩主要源自水果自身的色素，如花青素和类胡萝卜素，它们不仅提供了美丽的色泽，还有助于增强利口酒的整体风味体验。在口感上，水果利口酒展现了从清新轻盈到醇厚绵密的多样变化，这种口感的多样性是由不同水果的风味特征以及乙醇浓度和甜度的巧妙平衡决定的。水果利口酒中的风味化合物，如乙酸乙酯、丁酸乙酯、乳酸乙酯等酯类化合物，以及正丙醇、异丁醇等醇类化合物，共同诠释了其复杂而丰富的风味特征。这些化合物的含量和比例直接影响利口酒的风味表达和风格定位。如在不饱和蔗糖的山楂果冷冻干燥制成的利口酒中，含有54种挥发性化合物，分为12类化学物质，浓度较高的化合物有如下几种：十二酸乙酯（11.782g/100g）、内酯类（6.954g/100g）、单萜类（3.18g/100g）、芳烃类（1.293g/100g）、异苯呋喃（0.67g/100g）、醇-2-甲基-2-丙醇（0.059g/100g）和丙二酸酯（0.055g/100g）。此外，水果利口酒中还常添加糖分，以增加甜味和改善口感，这种甜味主要来源于蔗糖或果糖。

总的来说，水果利口酒通过巧妙地结合水果的天然香气、甜味以及基酒的口感，创造出一种风味独特、色彩鲜艳、口感丰富的酒类饮品。

4.1.2 名酒

（1）君度（Cointreau）

君度橙酒（图4-2）是法国人头马君度集团的产品之一，其历史可以追溯到1849年创立的君度酒厂。法国昂热的糖果制造商阿道夫・君度（Adolphe Cointreau）和他的兄弟爱德华・君度（Edouard-Jean Cointreau）在君度酒厂最初创制成功的是一款黑莓利口酒产品。随后，他们将甜橙和苦橙的皮与甜菜发酵的酒混合起来，并大获成功，第一瓶君度于1875年出售。君度橙酒的酿造原料主要产自于海地的毕加拉、西班牙的卡娜拉和巴西的皮拉等地区的甜味和苦味橙皮。制作工艺是将手剥的橙皮晒干直到果皮的含水量达到11%，然后将甜味和苦味橙皮按一定比例浸泡在水溶液中，接着采用蒸馏法获取甜味、苦味橙皮中的精华物质，再将蒸馏得到的液体与高品质的食用酒精、糖、水混合，最后调配成酒精度40%（*v/v*）的君度酒。君度橙酒以其浓厚的橙香而著称，橙皮中提取的精华赋予酒体丰富而清新的香气，橙香浓烈又不失酒体的柔和，入口清新，口感悠长。这种清新的香气和平衡的口感使得君度橙酒成为调制鸡尾酒的理想选择，受到广大调酒师和消费者的喜爱，如著名的马蒂尼鸡尾酒（Martini）。常用于调酒的君度利口酒的酒精度是40%（*v/v*），如今已是350余种鸡尾酒的核心成分。君度利口酒还有两种特殊风味：一种是与人头马干邑白兰地结合的黑色君度，入口水果香味厚重；另一种是在制作时加入科西嘉岛的血橙，提炼出更加强烈的香气，但是酒精含量比一般的君度橙酒要低，为30%（*v/v*）。自创建以来，君度荣获了300多个奖项，是全球多次获得连贯奖项的烈酒品牌之一和全球优质的橙味利口酒。1889年，君度在巴黎的世界博览会上赢得了创意法国烈酒奖。在英国知名的权威酒杂志*Drink International* 2015评选中，君度成为全球调酒师喜爱的利口酒品牌。

图 4-2 君度橙酒

（2）仙人掌酒（Bajtra）

仙人掌酒（Bajtra）的历史可以追溯到几百年前，是地中海小岛国家马耳他（Malta）的一种独特的酒精饮料，利用当地的刺梨（仙人掌果实）制成。在马耳他，温暖的地中海气候和每年约3000小时的日照时间，使得仙人掌茁壮生长。在8~9月份，这种多刺的肉质植物会产生粉红或紫色的果实。这些仙人掌果肉含有85%的水、15%的碳水化合物和维生素C等，纤维含量很高，热量很低，并带有甜瓜般的香气，不但能吃，还有消炎、抗氧化、提高免疫力的药用价值。当外部刺被去除后，这些果实浸泡于酒中会使其变成一种略带糖浆的粉红色利口酒。Zeppi's Bajtra利口酒越来越受欢迎，由Master Wine Holdings公司生产，于2002年8月推出。仙人掌酒（Bajtra）适宜冰镇饮用，可作为开胃酒也可作为餐后消化酒饮用，还能用于制作鸡尾酒。仙人掌酒（Bajtra）在马耳他广泛流传，可以在当地的酒店和餐厅找到。然而，在马耳他以外的地方，仙人掌酒（Bajtra）的知名度不高。

（3）柑曼怡（Grand Marnier）

柑曼怡（Grand Marnier）是一种产自法国的利口酒（图4-3）。柑曼怡的第一家酒厂于1827年由Jean Baptiste Lapostolle在Neauphle-le-Château村建立。Jean Baptiste Lapostolle的孙女Julia在1876年嫁给了Louis-Alexandre Marnier，四年后，Marnier家族发布了一款带有海地苦橙的标志性干邑。柑曼怡的最知名产品是Cordon Rouge，这是一种橙味利口酒，由Alexandre Marnier-Lapostolle于1880年创造。它以加勒比海野生柑橘为原料，搭配法国陈年干邑白兰地制成。首先将野生柑橘经过复杂、神秘、独特的工艺制作成野橘精华，再将其与陈年干邑白兰地按照一定的比例调配、混酿而成。其得到的成品酒中，干邑白兰地的含量必须达到51%，且酒精度必须为40%（*v/v*）才可以灌装出售。柑曼怡的风味特点是将干邑的高贵味道与苦橙的异国情调相结合，创造出一种独特的风味。柑曼怡具有明亮的黄玉色泽，浓郁的香橙芬芳中夹杂着丝丝甜香。柑曼怡既可作为经典的餐后酒，又能调配时尚鸡尾酒和制作甜点（法式火焰薄饼、圣诞树干蛋糕等），是法国出口量较大的利口酒品牌，90%以上的产品销往法国以外的国家与地区，畅销150多个国家。伦敦泰坦尼克号博物馆还有展示从沉船残骸打捞到的柑曼怡酒瓶。在2016年，被意大利金巴利集团收购。

图 4-3 柑曼怡利口酒

4.2 巧克力利口酒

4.2.1 概述

巧克力利口酒以其独特的甜美风味和浓郁的巧克力香气，在利口酒中占据了一席之地，成为许多人喜爱的饮品之一。巧克力利口酒的风味特征源于高质量的巧克力或可可粉与基酒的结合，具有强烈的巧克力香气，其中包括可可中的多种风味化合物，如丁香酚和香草醛，这些化合物赋予巧克力特有的香气和味道。通过在基酒中融入巧克力，这些化合物在巧克力利口酒中得以完美展现，带来深邃的巧克力香和细腻的口感。

在制作巧克力利口酒的过程中，巧克力或可可粉与基酒混合，并通常加入糖分来增强甜味，使得最终的饮品既有巧克力的浓郁口感，又有利口酒的甜美和醇厚。这种甜味主要来自添加的蔗糖，它不仅平衡了巧克力的苦味，还增加了饮品的口感层次。

巧克力利口酒（图4-4）的颜色通常是深棕色，这种色泽源自巧克力本身，反映了巧克力成分在乙醇中的充分融合。在口感上，巧克力利

图 4-4 巧克力利口酒

口酒展现了从顺滑细腻到浓郁厚重的不同层次，这种口感的多样性主要由巧克力的种类、加工方式以及酒精含量的不同决定。

巧克力利口酒中的风味化合物，尤其是可可中的酚类化合物和糖类反应产物，共同构成了其独特的风味特征。这些化合物的存在，让巧克力利口酒不仅仅是一种含有巧克力风味的酒精饮料，更是一种能够唤起人们对巧克力深沉爱好的艺术作品。

4.2.2 名酒

（1）亚非可可（Afrikoko）

亚非可可（Afrikoko）是一种巧克力利口酒，由可可豆和椰子制成，酒精度30%（*v/v*），口感浓郁，带有巧克力和椰子的味道。制酒时，可可豆经烘焙粉碎后浸入谷物酒中，取一部分直接蒸馏提取酒液，然后将浸泡后的谷物酒、蒸馏酒液和成熟的椰子汁勾兑调配，再加入糖浆制成。

（2）奶油可可（Crème de Cacao）

奶油可可（Crème de Cacao）是Tempus Fugit旗下的一款基于19世纪配方的巧克力利口酒，酒精度24%（*v/v*）。这款利口酒的原料主要来自委内瑞拉的可可和墨西哥的香草豆。制作工艺是先将可可进行蒸馏，然后将蒸馏物与额外的可可和整颗压碎的香草豆进行浸泡。这款利口酒的口感丰富，色泽为淡褐色，带有浓郁的可可粉和香草味，入口后有深厚的巧克力和黄油味，中段味道像黑巧克力，但既不苦也不甜，恰到好处的甜度。浸泡工艺不仅赋予了奶油可可深厚的特性，而且自然地将奶油可可染成了中等棕色。Tempus Fugit Spirits Crème de Cacao a la Vanilla在市场上的表现非常出色，在2016年被*Wine Enthusiast*杂志评为95分，是该杂志2016年评分最高的巧克力利口酒。

4.3 咖啡利口酒

4.3.1 概述

咖啡利口酒融合了咖啡的浓郁香气和基酒的温润口感，是一种风味独特的饮品，以其独有的风味特征在众多利口酒中脱颖而出。咖啡利口酒的核心特点是其浓郁的咖啡香味，这种香味源自咖啡豆中的多种挥发性化合物，如酚类化合物以及少量的硫化物和醛类，它们在咖啡烘焙过程中形成，赋予咖啡以及由其制成的利口酒独特的香气和风味。

在咖啡利口酒（图4-5）的制作过程中，精选的咖啡豆经过适当烘焙后浸泡在基酒中，有时还会添加适量的糖分来调和咖啡的苦味，使得最终的饮品既保留了咖啡的经典风味，又融入了利口酒的柔和甜美。这种甜味主要来自添加的蔗糖，它不仅平衡了咖啡的苦味，还增加了饮品的口感层次。

图 4-5 咖啡利口酒

咖啡利口酒的颜色通常为深褐色，这种色泽源自咖啡本身的色素，反映了咖啡浸泡过程中色素和风味物质的萃取及保留。在口感上，咖啡利口酒展现出了从绵密柔顺到浓郁厚重的不同层次，这种口感的多样性主要由咖啡豆的种类、烘焙程度以及酒精含量的不同决定。感官实验发现，颜色（视觉）与用于描述口感阶段的术语之间存在高度相关性。视觉参数、整体香气强度、咖啡香气和余味持久度是对咖啡利口酒整体评价影响较大的描述符。

咖啡利口酒中的风味化合物，尤其是糖褐素和焦糖，以及咖啡特有的苦味化合物如咖啡因，共同构成了其独特的风味。

4.3.2 名酒

（1）博盖蒂（Caffè Borghetti）

博盖蒂（Caffè Borghetti）利口酒采用乌戈·博尔赫蒂1860年的独创配方精制而成，是一种意式浓缩咖啡利口酒，最初是为了庆祝意大利著名的佩斯卡拉-安科纳铁路线的开通而制作。博盖蒂结合了阿拉比卡跟罗布斯塔咖啡豆，运用了意大利精湛的咖啡技术制成。博盖蒂散发着芳香，口感甜美、柔软、醇厚，香气浓郁，与浓烈酒感达到完美平衡，是用意大利浓缩咖啡制成的甜酒，已经在欧洲咖啡馆供应了一个多世纪。博盖蒂可以以多种方式享用，在室温下饮用，具有温暖、圆润、和谐的味道，冷藏后则极其清爽。此外，博盖蒂也常被用作鸡尾酒的变体，例如在White Russian或Bombardino中，甚至有时也被用在甜点，如提拉米苏中。它的酒精度为25%（*v/v*），以1000mL、700mL、100mL、30mL的瓶子销售。

（2）卡曼尼娜（Kahlúa）

卡曼尼娜（Kahlúa）咖啡利口酒（图4-6）最初由墨西哥的Pedro Domecq公司在1936年创制，其名字“Kahlúa”在墨西哥韦拉克鲁斯州纳瓦特尔语中是“阿科尔瓦人之家”的意思，表达了这款酒产品的本地特色和发源地，2005年被保乐力加（Pernod Ricard）集团收购。卡曼尼娜是由100%阿拉比卡咖啡豆制成的，这种咖啡豆需要长达六年的时间才能成熟，收获豆子后，还需静置六个月，然后才能烘烤。卡曼尼娜以朗姆酒为基酒，加入阿拉比卡咖啡、糖、甘蔗和香草，静置四周后形成含有20%（*v/v*）乙醇的利口酒。酒体融合了咖啡、太妃糖、香草、朗姆酒多重香气，层次丰富，品味伴随巧克力及异域香料香气，回味略带辛辣。卡曼尼娜于1936年正式推出，四年后被引入美国市场。由于黑俄罗斯、白俄罗斯和泥滑等鸡尾酒的流行，到20世纪80年代，卡曼尼娜成为世界上最畅销的咖啡利口酒。卡曼尼娜咖啡利口酒除了纯饮之外，亦可加入其它材料做成鸡尾酒。目前，卡曼尼娜咖啡利口酒可以调制超过220种鸡尾酒。卡曼尼娜咖啡利口酒在2003年的旧金山世界烈酒大赛中获得铜奖。2002年，一款更加昂贵、更加高端的卡曼尼娜咖啡利口酒—— 甘露特选（Kahl ú a Especial）在美国、加拿大和澳大利亚发售。甘露特选使用墨西哥韦拉克鲁斯州出产的高级阿拉比卡咖啡豆酿制，酒精度达36%，酒液的黏稠度和甜度都比普通版本要低。

图 4-6 卡曼尼娜咖啡利口酒

4.4 奶油利口酒

4.4.1 概述

奶油利口酒，一种以其丰富的奶油味和甜蜜口感闻名的酒精饮料，是在传统利口酒的基础上融入奶油和其他调味料创新而成的。其独特风味源于精心挑选的原料和独特的酿造工艺，其典型风味特征体现为浓郁的奶油香气，口感顺滑细腻，甜度适中且带有轻微的烈酒刺激感，余味长久而舒适。奶油利口酒通常含有奶油、酪蛋白酸钠、糖、乙醇、香精、色素和低分子量表面活性剂等物质。玉米糖浆、糖蜜、麦芽糖、核糖、半乳糖、蜂蜜、乳糖、蔗糖、糊精、变性淀粉和葡萄糖已被提议用作奶油含酒精饮料中的碳水化合物来源。奶油利口酒中含有多种微量风味成分，如乙酸乙酯、香草醛、丁酸乙酯、乳酸乙酯等，这些化合物共同构成了其独特的风味。

在奶油利口酒（图4-7）中，香草醛和酯类化合物总含量相对较高，尤其是乙酸乙酯，为其带来了特有的甜香和奶油香。乙酸乙酯的含

图 4-7 奶油利口酒

量通常在一定范围内，有助于平衡口感和增加香气的复杂度。香草醛，作为奶油利口酒中的关键风味化合物，赋予了饮品独特的甜香和馥郁的香草味，其含量的精确控制是奶油利口酒风味调配的关键。有机酸在奶油利口酒中的含量适中，其中乳酸的含量较为显著，有助于平衡甜度并增加口感的层次感。乳酸的存在，不仅为奶油利口酒带来轻微的酸味，还有助于增强整体的风味协调性。

总的来说，奶油利口酒通过其独特的原料选择和精心的酿造工艺，巧妙地融合了奶油的丰富口感和利口酒的独特风味，创造出一种既有甜美口感又带有微醺效果的现代酒精饮料，其复杂的风味构成和细腻的口感使其成为广受欢迎的甜品酒或餐后饮品。

4.4.2 名酒

百利甜（Baileys）

百利甜奶油利口酒是一种以爱尔兰威士忌为基酒的奶油利口酒（图4-8），是帝亚吉欧（Diageo）旗下著名的利口酒品牌，专为女性量身定制，在全球广受女性消费者的喜爱。百利甜最初是由W&A Gilbey的Thomas Edwin Jago于1974年创立的，是第一款爱尔兰奶油利口酒，酒精度17%（*v/v*）左右，其配方包括奶油、威士忌、香草和可可豆等成分，其中大部分乙醇是通过乳清发酵产生的，使用含有植物精油的乳化剂，将发酵产生的酒原液、奶油以及多种爱尔兰威士忌调和均匀，形成乳液状，这一工艺可以防止存储过程中乙醇与奶油相互分离。使用成熟的三重蒸馏圣帕特里克爱尔兰威士忌与可可、香草和焦糖来创造独特的招牌口味。百利甜的配方还包括糖与一些草药，以及其他一些保密的成分。生产商称酒中不含防腐剂，因为酒中的乙醇可以很好地起到防腐的作用。百利甜呈现出酒香、奶香、咖啡香、焦糖香交融的酒体风味，有奶茶般丝滑柔顺的口感，可以单独饮用，也可以加冰块饮用或作为鸡尾酒的配料。此外，因为百利甜含有奶油，接触到弱酸时会凝结，一些鸡尾酒利用百利甜的这一特性进行调制，如“爱尔兰汽车炸弹”。

图 4-8 百利甜奶油利口酒

4.5 花香利口酒

4.5.1 概述

花香利口酒，作为一种鲜明地以花香为特色的酒精饮料，其独特之处在于精心挑选的花卉原料和精细的酿造工艺的结合。这种酒不仅捕捉了花卉的自然香气，还通过乙醇的提取和调和，将花香的细腻与酒体的和谐完美融合。花香利口酒的风味特征展现为花香浓郁、口感柔和、甘甜清新、余味悠长，香气持久而纯净，酒体轻盈透明。该类酒精饮料通过巧妙地结合多种花卉的香气，如玫瑰、茉莉、橙花等，创造出一种全新的香型利口酒。

花香利口酒（图4-9）中有较多的多酚、类黄酮和花青素等物质。采用HPLC-QTOF-MS对玫瑰利口酒中鞣花酸、黄酮醇、黄烷-3-醇、没食子单宁和鞣花单宁等多酚类化合物进行了鉴定和定量，研究发现黄酮醇类化合物有杨梅苷类、槲皮素类、山柰酚类和异鼠李素类。多酚的提取率在72%至96%之间，鞣花单宁的平均提取率约为70%。在

图 4-9 花香利口酒

所检测的利口酒中，发现鞣花酸的含量较高，因为与原料相比，鞣花单宁的水解分子更高。

在醇类化合物方面，花香利口酒中以乙醇为主，总量保持在适度范围内，既保持了利口酒的基本特性，又不掩盖花香的细腻。此外，醇类化合物如正丙醇和异戊醇的适量存在，有助于增强饮品的风味深度，使得花香更加饱满而持久。

花香利口酒通过其特有的花卉选择和酿造工艺，在酒精饮料中创造出了一种全新的香型。它不仅是一种味觉上的享受，也是一种视觉和嗅觉的艺术作品，适合在各种场合中细细品味，享受其带来的花香盛宴。

4.5.2 名酒

（1）意大利佛手柑利口酒（Italicus Rosolio di Bergamotto）

意大利佛手柑利口酒（图4-10）是一种来自意大利的鸢尾花甜酒，是保乐力加（Pernod Ricard）集团旗下的产品，在意大利的Torino Distillati生产。Italicus Rosolio di Bergamotto是一种以佛手柑为基础的意大利佛手酒，这种酒是由意大利调酒师Giuseppe Gallo基于1850年的国王饮料“apreritivo di corte”配方创制，于2016年正式推出。意大利佛手柑利口酒采用来自卡拉布里亚的佛手柑和来自西西里的柠檬，以及来自意大利的花卉品种，如洋甘菊、薰衣草、黄玫瑰和柠檬香蜂草，使用“rosolio”风格制成，酒精度20%（*v/v*）。风味上呈淡淡的柑橘、玫瑰和薰衣草味，口感上融合成熟柑橘类水果的清新色调与淡淡的苦味和花香，余韵复杂而悠长，是一种轻盈、甜美、花香四溢的鸢尾花甜酒，通常用于制作开胃酒，如Italicus Spritz和Italicus Cup。2017年，这款利口酒在新奥尔良的鸡尾酒故事会上获得“最佳新烈酒/鸡尾酒成分”奖。

图 4-10 意大利佛手柑利口酒

（2）圣哲曼（St-Germain）

圣哲曼（St-Germain）是一种法国甜酒，由第三代蒸馏师Robert J. Cooper于2007年推出，引发了一场金黄色开花植物热潮，使沉寂的利口酒行业复苏。现在，圣哲曼酒由百加得公司（Bacardi Limited）拥有，是世界上使用最广泛的利口酒之一。圣哲曼由蔗糖、接骨木花提取物、食用酒精、水、白兰地调制而成，是世界上第一款以接骨木花为原料的甜酒（图4-11），酒精度20%（*v/v*）。每瓶圣哲曼酒都含有多达1000朵接骨木花提取的精华，这些花朵都是每年手工采摘。每年五月下旬，当花朵盛开时，农民们会花大约三到四周的时间收集用于制作利口酒的花朵。所有的花朵都是在早晨采摘，这能确保所收集的接骨木花的花朵刚刚开放，此时花蕾的香气和风味将达到最突出。圣哲曼酒体风味融合果香和花香，入口甜蜜顺滑，带有淡淡的梨和金银花的味道，是一种非常适合制作鸡尾酒的甜酒，如St-Germain Spritz和St-Germain Cocktail。由于手工采摘的微妙性和收获的有限产量，每年只生产有限批次的圣哲曼酒。

接骨木花

圣哲曼利口酒

图 4-11 接骨木花与圣哲曼利口酒

4.6 草药利口酒

4.6.1 概述

草药利口酒是以草本植物为原料制成的酒，有着悠久的历史。草药利口酒在生产过程中严格遵守规范，该规范对加工过程、使用的原料（基酒和植物）以及每种类型的草药酒精饮料所必须满足的法律参数建立了不同的规则，以确保其质量和消费者的饮用安全性。草药利口酒的乙醇含量在20%~40%（*v/v*），糖含量高于100g/L。

在草药利口酒的生产中，草药中的挥发性成分决定了该饮品的特色风味和气味。这种饮品通常会选用诸如迷迭香、薄荷、茴香、洋甘菊等具有显著香气和药用价值的草本植物，通过特定的提取过程保留这些植物的精华，然后与基酒融合，最终形成具有丰富层次和深邃内涵的草药利口酒。

草药利口酒的风味特征极为丰富，由于蒸馏液的初始成分和利口酒加工过程中使用的植物和香料不同，其中含有的风味物质显著不同。萜类含量比较高的是薄荷醇。异戊二烯类化合物由于阈值较低，对整体香气有重要影响。挥发性酸的乙酯类是草药利口酒中质量含量较高的一类挥发性化合物，它们在利口酒中的含量来自精制过程中使用的蒸馏液，丁酸乙酯、辛酸乙酯和癸酸乙酯是主要乙酯类物质。在挥发性酚类物质中，丁香酚对草药利口酒的整体香气也有贡献。此外，反式茴香烯在一些草药利口酒中出现了高浓度。所有挥发性酚类和异戊二烯类直接贡献了草药利口酒的整体香气，分别增加了香料香和花香。芳樟醇、香茅醇以及 β-苯乙醇增加了草药利口酒的花香。乙酸异戊酯、丁酸乙酯、己酸乙酯、辛酸乙酯和癸酸乙酯等化合物可以通过与其他香气活性成分协同作用增强酒的某些香气特征属性。

草药利口酒不仅在味觉上提供了丰富的体验，还在视觉和嗅觉上提供了享受。它适合在各种场合慢慢品尝，无论是作为一种餐前酒来开启味蕾，还是在一天结束时作为一种放松的方式，草药利口酒都能带来独特而深刻的体验。基于其独特的制作工艺和丰富的风味特点，草药利口酒不仅仅是一种酒精饮品，更是一种生活的艺术，还是一种探索自然和享受生活的旅程。

4.6.2 名酒

（1）野格（Jägermeister）

野格利口酒是一款源自德国下萨克森沃尔芬比特尔的草药开胃酒（图4-12），始创于1878年，是德国酒精类饮料第一品牌。1878年W. Mast先生在德国沃尔芬比特尔创建了野格公司，1934年公司继承人Curt Mast先生创造出了与众不同的野格利口酒。这款起初专属于猎人们的酒不仅逐渐成为德国的“国酒”，今天更是遍及100多个国家和地区。野格利口酒由56种草药和香料制成，包括柑橘皮、甘草、茴香、罂粟籽、藏红花、生姜、杜松子和人参等。这些原料按照比例研磨，然后在浓度大约是70%的酒和水的混合物里面浸提2~3天，使植物的香味成分和色素都浸提到液体里面，浸提的过程要进行多次，大约要持续5个月，直到所有香味成分和色素都浸提到野格基础成分里面，然后在橡木桶里经过一年的陈酿。最后这种野格利口酒基础成分要和酒、液体糖浆和软水进行调制，然后才制成酒精度35%（*v/v*）的植物利口酒。野格利口酒拥有草本植物的甜味、柑橘植物的果香，并与辛辣、略苦的口味融合，口感层次丰富。野格利口酒在2019年赢得了*LUXlife*杂志的食品和饮料奖。2010年野格创造了有史以来最佳销售业绩，在全球共销售出8460万瓶700毫升装产品，一举登上美国权威酒类杂志《国际影响力》的2010年度全球顶级烈酒品牌100强排行榜的第八位，同时也首次成为全球最畅销的利口酒品牌。

图 4-12 野格利口酒

（2）养命酒（Yomeishu）

养命酒（Yomeishu）是日本养命酒制造株式会社生产的一种草药酒，由伊那郡大草村（现：长野县上伊那郡中川村）的盐泽家家主——盐泽宗闲于1600年左右创制。养命酒的药材组成源自东方医学的理念，包含淫羊藿、姜黄、肉桂、红花、地黄、芍药、丁香、杜仲、肉苁蓉、人参、防风、益母草、反鼻、乌樟14种草药，起到养生益气、温热驱寒、改善血液循环之效。养命酒生产地位于日本长野县驹根市的养命酒驹根工厂，四周森林环绕，拥有经由中央阿尔卑斯山脉（木增山脉）的花岗岩层长年冲刷而成的极致软水。养命酒是将草药浸泡在葡萄酒基酒中并成熟两个月形成草药酒。养命酒除了具有草药组合发挥倍增效应之外，还是一种口感丰富的饮料。具有肉桂系的天然香气及微甜，酒精度14%（*v/v*），与葡萄酒相似。在东方传统医学中，草药利口酒有时被描述为："药物使用酒的力量，而酒支持药物的功效。药物的力量渗透到全身，并立即发挥其功效。"公司饮用指南指出，养命酒可少量而不间断地饮用方可见效。具体为：一天饮用3次，每次20mL，应在饭前、就寝前饮用。养命酒能促进血液循环和血液流动，其中活性药物成分在全身循环，激活全身新陈代谢以调节其功能。

（3）金巴利（Campari）

金巴利（Campari）是一款起源于意大利的利口酒（图4-13），在1860年由Gaspare Campari在意大利诺瓦拉创制，现由Davide Campari公司生产。根据出售国家不同，酒精浓度有多个版本，包括20.5%（*v/v*）、21%（*v/v*）、25%（*v/v*）及28%（*v/v*）。金巴利利口酒使用多种草药和水果酿制，包括厚叶橙、灌木巴豆苦柑、茴香、胡荽、龙胆草等，其鲜红的颜色是它独特的标志，味微苦，同时带有辛辣和甜味。金巴利利口酒最初以胭脂虫制作的胭脂红作为酒的着色剂，在2006年采用人工着色剂代替天然着色剂。金巴利利口酒因其亮丽的色彩被用于多种鸡尾酒的调制而广受欢迎，产品远销190多个国家。*Wine Enthusiast*杂志曾多次对金巴利利口酒进行评论，2023年的评分为“96/100”。

图 4-13 金巴利利口酒

4.7 蜂蜜利口酒

4.7.1 概述

蜂蜜利口酒是一种由蜂蜜和适当类型的烈性水果白兰地（通常是杏、木瓜、李子、苹果或其他品种的水果白兰地）制成的饮品，一般是在塞尔维亚和其他巴尔干地区的国家生产，类似于Drambuie（苏格兰威士忌和蜂蜜制成）和Bärenfang（德国以伏特加为基础的蜂蜜味利口酒）。它是通过将适量的蜂蜜（体积分数5%~20%）和白兰地混合并温和加热，在饮用之前将其放置一段时间以沉淀而制成。蜂蜜利口酒不同于其它的以蜂蜜为基础原料而进行发酵或者蒸馏制成的酒精饮料，如梅多瓦卡（Medovaca），这是一种由蜂蜜和水发酵并随后蒸馏而成的烈性酒精饮料，它使烈性酒精饮料具有更微妙的蜂蜜风味。

蜂蜜中的主要风味化合物包括多种糖类，如葡萄糖和果糖，以及具有不同香气的挥发性化合物，如酯类、醇类和酚类化合物等。这些化合物共同赋予蜂蜜以及由其制成的利口酒特有的香气，如花香、果香和某些独特的草本香。在蜂蜜利口酒的生产过程中，通过精心控制发酵和酿造条件，可以最大限度地保留这些风味化合物，确保饮品具有丰富的层次和深邃的香气。如Onisi ó wka利口酒是波兰地区的一种酒精饮料，有23种化合物可能对Onisi ó wka的整体风味有重要贡献，这些物质中种类最多的是酯类（13种），其次是醛类（6种）、醇类（3种）和萜类化合物（1种），主要包括辛烷、苯甲酸乙酯、十二烷、水杨酸己基、1-十二烷醇、4-叔丁基环己基乙酸酯、柠檬烯、苯乙酸乙酯、己酸乙酯、癸酸乙酯、壬酸乙酯、2-乙基己醇、苯甲醛、十四酸乙酯、癸醛、十二酸乙酯、β-苯乙醇、十六酸乙酯、2-呋喃甲醛、辛酸乙酯、壬醛等。

此外，在利口酒中蜂蜜的甜味与基酒所产生的温暖感觉相结合，为饮品带来了独特的口感。这种甜味与基酒的结合不仅提供了满足感，也增加了饮品的复杂度，使得蜂蜜利口酒在甜美中带有轻微的酒精刺激，形成了一种独特的平衡。通过添加蜂蜜，利口酒获得了一种天然的甜味和香气，这种天然来源的特性使得蜂蜜利口酒在众多利口酒中独树一帜。

蜂蜜利口酒的风味也受到蜂蜜原料采集地的影响，不同地区的花卉种类和环境条件会影响蜂蜜的风味特性，从而在最终的利口酒产品中体现出独特的地域特色。这种地域性不仅让蜂蜜利口酒成为探索不同风味的窗口，也使其成为传递特定地区文化和自然风貌的载体。

综上所述，蜂蜜利口酒通过其独特的风味特性和制作工艺，展现了蜂蜜在酿酒艺术中的多功能性和魅力。

4.7.2 名酒

（1）拉克美露（Rakomelo）

拉克美露（Rakomelo）蜂蜜利口酒是一种源自希腊的混合酒精饮料（图4-14），主要在克里特岛和爱琴海的其他岛屿以及希腊大陆生产。拉克美露蜂蜜利口酒的历史可以追溯到12世纪，它最初用于缓解喉咙

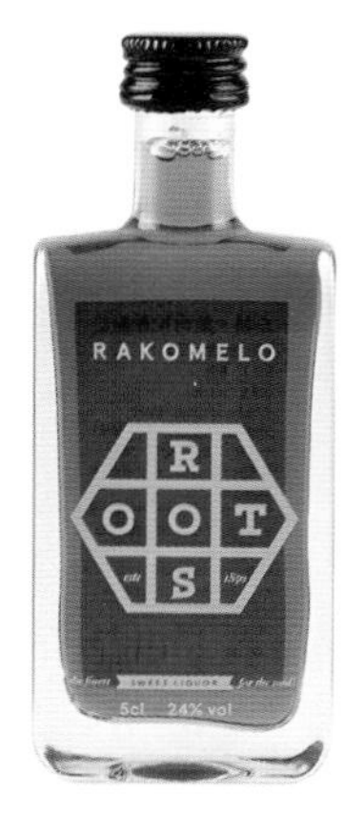

图 4-14 拉克美露蜂蜜利口酒

痛，现在也被用作开胃酒或消化饮料。它是由Raki或Tsipouro（两种葡萄渣白兰地）与蜂蜜和几种香料（如肉桂、丁香或其他地区的草药）混合制成的，完美地融合了天然蜂蜜和烈性烧酒。因含有蜂蜜，不需额外添加糖，可在冬天加热饮用，因而几百年来，希腊人已把它作为一种灵药来防治季节性流感和感冒。Mastrogiannis酿酒厂是拉克美露蜂蜜利口酒知名的生产商，他们的拉克美露蜂蜜利口酒被评为西北地区最好的白兰地。它使用华盛顿州当地的野花蜂蜜、锡兰的肉桂和一点丁香浸泡，得到酒精度30%~36%（*v/v*）的拉克美露蜂蜜利口酒。这款酒以其平滑甜美的口感和独特的风味赢得了人们的喜爱，曾被《卫报》评选为世界上10种最好的冬季暖饮之一。

（2）克鲁普尼克（Krupnik）

克鲁普尼克（Krupnik）蜂蜜利口酒（图4-15）起源于17世纪的白俄罗斯，由Belvéd è re公司生产，主要以伏特加和蜂蜜，以及少量香料、香草制成，在波兰和立陶宛很流行，其中含有40%~50%乙醇的克鲁普尼克蜂蜜利口酒被大规模生产。蜂蜜的品牌和调味料的比例是决定

图 4-15 克鲁普尼克蜂蜜利口酒

克鲁普尼克蜂蜜利口酒最终味道的关键因素。克鲁普尼克蜂蜜利口酒通常以伏特加和蜂蜜为基础，添加香料后经过稀释、煮沸并过滤后，加入伏特加酒中。其中的蜂蜜通常是三叶草蜂蜜，是增加甜味的主要成分，同时还加入了许多香料和草药以增加风味。克鲁普尼克蜂蜜利口酒口感甜美，同时融入了多达50种不同草药的香气。克鲁普尼克蜂蜜利口酒的风味会根据使用的蜂蜜种类和添加的香料或草药的比例而变化。克鲁普尼克蜂蜜利口酒的饮用方式可以是热的、室温的或者冰镇的。

4.8 坚果利口酒

4.8.1 概述

坚果利口酒是一种将坚果的丰富香气和油脂口感与乙醇进行精细融合的饮品，体现出了人们对坚果特性的深入挖掘和利用。这种利口酒通过选用各种坚果，如核桃、杏仁、榛子等，使得酒体具有坚果独有的香气和味道。坚果利口酒的独特之处在于它能够展现坚果在自然状态下的多样化风味，包括其天然的甜味、略带苦涩的口感以及浓郁的香气。

坚果中的风味化合物，如酚类化合物、醛类和酯类等，这些化合物赋予了坚果以及由其制成的利口酒特有的风味。如核桃利口酒中含有的酚类物质有没食子酸、鞣花酸、香草酸、原儿茶酸、丁香酸和对香豆酸、胡桃醌和1,4-萘醌。在制作坚果利口酒的过程中，这些化合物被精心提取并与基酒结合，保留了坚果的原始风味同时也赋予了利口酒新的味道层次。特别是坚果中的油脂，它在利口酒中提供了一种独特的口感，使得饮品具有更加丰富的质感和顺滑的口感。

此外，坚果利口酒在甜度和酒精度的平衡上也显示出了高度的技艺。通过调整乙醇含量和可能的糖分添加，制作者能够平衡坚果的天然味道与酒精的强度，确保最终产品既能展现坚果的特色，又具有利口酒的醇厚和适度的甜感。这种平衡不仅提高了饮品的可饮用性，也使得坚果利口酒成为可以单独享用或作为鸡尾酒成分的多功能饮品。

坚果利口酒的风味特性不仅受到所选坚果种类的影响，还与坚果的产地、收获季节以及处理工艺有关。这些因素共同作用，使得每种坚果利口酒都有其独特的风味特点和口感体验。例如，杏仁利口酒可能带有轻微的苦味和芳香的香气，而榛子利口酒则展现出浓郁的香气和绵密的口感。

4.8.2 名酒

（1）帝萨诺（Disaronno Originale）

帝萨诺（Disaronno Originale）是一款意大利苦杏酒（Amaretto，图4-16），起源于1525年，由Illva Saronno公司在意大利的Saronno生产。由于市场营销的原因其名字从“Amaretto di Saronno”演变成了“Disaronno Originale”。帝萨诺声称其原创的秘密配方自1525年来从未改变过。生产商Disaronno使用杏仁油与无水酒精和焦糖酿造，其成分还包括17种精挑细选的草药和水果萃取物，最终得到酒精度为28%（*v/v*）的利口酒。帝萨诺具有独特的苦甜杏仁的味道，可以加冰块饮用，或混合可乐、果汁饮用，也可以用来调制鸡尾酒。

图 4-16 帝萨诺利口酒

（2）诺赛珞（Nocello）

诺赛珞（Nocello，图4-17）的起源地是意大利的Emilia-Romagna地区，由位于Savignano sul Panaro的Toschi Vignola公司生产。该公司于1945年在维诺拉（摩德纳）成立，当时Giancarlo和

Lanfranco Toschi第一次将著名的维诺拉樱桃浸泡在酒中。20世纪80年代首次推出诺赛珞（Nocello）。诺赛珞利口酒呈清澈的琥珀色，带有金色的反光，释放出水果味，口感甜美，带有圆润和平衡的核桃风味和香草味，香气细腻而芬芳，可以单独加冰一起享用，也可以作为调制鸡尾酒的配料。诺赛珞是根据Toschi家族的古老配方制作。诺赛珞在美国被标记为“仿制利口酒”，酒精度为24%（*v/v*）。2004年，诺赛珞在IWSC（英国国际葡萄酒和烈酒大赛）的坚果酒类比赛中获得金牌。

图 4-17 诺赛珞利口酒

4.9 蛋奶利口酒

荷兰蛋酒（Advocaat）是一种传统的荷兰利口酒（图4-18），它的起源可以追溯到17世纪。当时，荷兰殖民者在巴西发现了一种名为“abacate”的酒精饮料，这种饮料由牛油果制成。由于牛油果无法在北欧生长，人们才用鸡蛋黄代替了牛油果，尽管这种饮料不再含有牛油果，但是牛油果的名字仍然保留下来。Advocaat是由鸡蛋、糖和白兰地制成的酒精饮料。口感平滑，像奶油一样。乙醇含量通常在14%（*v/v*）和20%（*v/v*）之间。目前，Advocaat由Warninks、Bols、Darna Ovo Liker、DeKuyper、Verpoorten公司生产，其中Warninks是英国最畅销的领导者，占有50%的市场份额。Warninks Advocaat是一款纯天然产品，只使用白兰地、蛋黄、糖和香草制成，不含任何添加剂和人工增稠剂，外观不透明，呈香蕉黄色，口感浓厚甘甜，带有微妙的奶油香草、白兰地口感，还有一丝熟蛋黄的味道。制作荷兰蛋酒（Advocaat）的一般过程是将鸡蛋黄、糖、盐和香草提取物放入碗中混合，然后将白兰地慢慢地加入并继续搅拌，直到混合物变得浓稠。然后将混合物用低温加热，同时不断搅拌。当混合物变得浓稠且非常热时，从热源上移开，然后加入香草提取物。荷兰蛋酒（Advocaat）主要在荷兰和比利时销售，一般作为鸡尾酒的一种配料。

图 4-18 荷兰蛋酒

参考文献

[1] McGovern P E, Zhang J, Tang J, et al. Fermented Beverages of Pre- and Proto-Historic China[J]. Proceedings of the National Academy of Sciences of the United States of America, 2004, 101 (51): 17593.

[2]（英）瑟奇·林奇. 改变世界的十大名酒[M]. 北京：中国摄影出版社，2020.

[3]（法）戈贝尔-蒂尔潘，（法）比安基. 请给我一张世界名酒地图[M]. 北京：中信出版集团股份有限公司，2022.

[4]（英）麦克·莱恩. 威士忌百科全书[M]. 北京：中信出版集团股份有限公司，2023.

[5]（英）戴夫·布鲁姆. 金酒[M]. 武汉：华中科技大学出版社，2021.

[6]（美）爱泼斯坦. 白兰地[M]. 北京：北京联合出版公司，2023.

[7]（美）约翰·瓦里亚诺. 葡萄酒：一部微醺文化史[M]. 上海：文汇出版社，2024.

[8]（日）山本博. 葡萄酒的世界史：自然惠赐与人类智慧[M]. 北京：商务印书馆，2023.

[9]（英）戴夫·布鲁姆. 朗姆酒[M]. 武汉：华中科技大学出版社，2021.

[10] Liu Huilin, Sun Baoguo. Effect of Fermentation Processing on the Flavor of Baijiu[J]. Journal of Agricultural and Food Chemistry, 2018, 66 (22): 5425-5432.

[11] 谢晶. 新瓶旧酒：传统文化融入司法的价值与路径[J]. 浙江大学学报：人文社会科学版，2024，54（01）：138-155.

[12] 程飞阳，姚守宇，王春峰，等. 地区酒文化与股价崩盘风险：来自A股市场的经验证据[J]. 系统管理学报，2023，32（05）：1086-1102.

[13] 贡华南. 酒的形上之维——以《浊醪有妙理赋》为中心[J]. 社会科学战线，2022，（12）：11-18.

[14] 傅道彬. 酒神精神与“兴”的诗学话语生成[J]. 中国文学批评，2022，(01)：85-97.

[15] 陈丽琴. 探索中国酒文化在大学思政教育中的应用价值[J]. 中国酒，2024，(04)：72-73.

[16] 马月. 酒文化思维培育互联网创新创业人才的探索[J]. 中国酒，2024，(04)：78-79.

[17] 杨洁. 藏语“酒”类词语的文化探讨[J]. 高原文化研究，2024，2 (01)：152-160.

[18] 熊柳.“丝绸之路经济带”沿线中东欧国家白酒市场研究[J]. 中国酿造，2023，42 (04)：262-266.

[19] 崔利. 彰显中国风俗、中国风流、中国风度、中国风范的中国酒文化[J]. 酿酒，2023，50 (06)：127-131.

[20] 杨雁翔. 探析文化自信的历史根基[J]. 今古文创，2021，(26)：112-114.

[21] 王诗晓. 酒神神话与墓葬艺术的跨媒介研究[J]. 广西民族大学学报：哲学社会科学版，2023，45 (05)：143-151.

[22] 何立波. 布匿、希腊、罗马文明在西西里岛的传入及其共生与互动[J]. 历史教学：下半月刊，2024，(02)：41-54.

[23] 张红梅，曹晶晶. 葡萄酒文化旅游[M]. 南京：南京大学出版社，2021：223.

[24] 陈凯鹏. 论酒在中世纪西欧社会中的地位[J]. 内蒙古民族大学学报：社会科学版，2022，48 (05)：67-72.

[25] Phillips N. Craft Beer Culture and Modern Medievalism：Brewing Dissent[M]. Arc Humanities Press, Amsterdam University Press, 2019.

[26] 谢静. 中国传统饮食文化文献研究[M]. 北京：中国广播影视出版社，2017：345.

[27] 陈泽翠. 论宗教和艺术的关系[J]. 西北民族大学学报：哲学社会科学版，1987，(03)：42-50.

[28] 薛化松，孙绪芹. 中国白酒发展史与中国地域文明考察方法探索[J]. 产业与科技论坛，2017，16（21）：58-59.
[29] 黄筱鹂，黄永光. 从黄河到布鲁塞尔——近现代中国白酒发展及国际化历程[J]. 酿酒科技，2015，（08）：142-146.
[30] 傅建伟. 阳春白雪　和众曲高——近、现代名人、伟人与绍兴酒的不解之缘（上）[J]. 中国酒，2005，（04）：36-37.
[31] 张世保. “连续”还是“断裂”——读《观念的选择》[J]. 东方论坛（青岛大学学报），2003，（02）：124-127.
[32] 秦宗文. 醉驾案件酒精检测结果边缘值问题研究[J]. 法商研究，2024，41（03）：91-105.
[33] 韦小玉，张丽娜，李晓芳. 基于问题导向的梯度护理在酒精戒断综合征患者中的应用效果[J]. 中国民康医学，2024，36（08）：167-170.
[34] 李君利，尚超娜，严芳. 基于随访系统的延续性护理干预在酒精依赖患者中的应用[J]. 护士进修杂志，2024，39（08）：883-887.
[35] 樊晓璐. 朗姆酒发酵过程中微生物群落结构及丁酸菌对其风味物质的影响[D]. 南宁：广西大学，2018.
[36] 刘波，杨晓光，戴晓，等. 甘蔗的华丽转变——朗姆酒 [J]. 轻工科技，2017，（01）：18-20，91.
[37] 鲁龙，张惟广. 朗姆酒的香气与品质 [J]. 酿酒科技，2013，（11）：104-108.
[38] 杨华峰. 银朗姆酒风味形成及氨基甲酸乙酯控制研究[D]. 广州：华南理工大学，2017.
[39] 曾文生. 朗姆酒工艺技术的探讨 [J]. 轻工科技，2016，32（02）：16-18.
[40] 张莲珍. 略谈朗姆酒的生产过程 [J]. 酿酒，1990，（04）：41-42.
[41] Jorge A Pinoa，Sebastian Tolleb，Recep Gökb，Peter Winterhalter. Characterisation of odour-active compounds in aged rum [J]. Food Chemistry，2012，132（3）：1436-1441.
[42] 王淋靓，艾静汶，刘功德，等. 朗姆酒风味物质的研究进展[J]. 中国酿

造，2014，（9）：9-12.

[43] 晓泉.朗姆酒市场概况[J].中国酒，2000，（01）：58.

[44] 杨华峰，王松磊，于淑娟，等.银朗姆酒不同蒸馏段香气物质的鉴定[J].现代食品科技，2013，29（09）：2252-2257，2105.

[45] Gately I. Drink：A cultural history of alcohol[M]. New York：Gotham Books，2008.

[46] 邹毅，方基胜，高伟，等.陈酿朗姆酒用橡木桶生产工艺研究[J].林业机械与木工设备，2015，43（06）：39-42.

[47] 西萨古尔·汉斯.期待毛里求斯朗姆酒走进中国[J].中国投资（中英文），2021，（Z2）：100-103.

[48] 潘莉.酒中甜品——朗姆酒[J].中国检验检疫，2013，（09）：61.

[49] Lea A G，Piggott J R. Fermented beverage production[M]. New York：Springer，2003.

[50] 郑向平.世界六大蒸馏酒挥发性成分比较[D].烟台：烟台大学，2013.

[51] 朗姆酒——酒中的航海家[J].酒世界，2013，（7）：92-95.

[52] 崔洪.世界传统酒——古巴朗姆酒[J].中国食品，2014，（16）：92-97.

[53] DOU Y, MAKINEN M, JANIS J. Analysis of Volatile and Nonvolatile Constituents in Gin by Direct-Infusion Ultrahigh-Resolution ESI/APPI FT-ICR Mass Spectrometry[J]. J Agric Food Chem, 2023，71（18）：7082-7089.

[54] BUCK N, GOBLIRSCH T，BEAUCHAMP J, et al. Key Aroma Compounds in Two Bavarian Gins[J]. Applied Sciences, 2020，10（20）.

[55] 中国食品发酵工业研究院有限公司，中国酒业协会，泸州老窖股份有限公司，等.GB/T 17204—2021饮料酒术语和分类[S].国家市场监督管理总局，国家标准化管理委员会，2021：36.

[56] KOURTIS L K，ARVANITOYANNIS-I-S. Implementation of Hazard Analysis Critical Control Point（Haccp）System To the Alcoholic Beverages Industry[J]. Food Reviews International, 2001，17（1）：1-44.

[57] Miguel Cedeño C. Tequila Production [J]. Crirical Reviews in Biorechnology, 1995, 15 (1): 1-11.
[58] Terán-Bustamante Antonia, Martínez-Velasco Antonieta, Castillo-Girón Víctor Manuel, Ayala-Ramírez Suhey. Innovation and Technological Management Model in the Tequila Sector in Mexico[J]. Sustainability, 2022, 14 (12): 7450.
[59] Ma de Lourdes Pérez-Zavala, Juan C Hernández-Arzaba, Dennis K Bideshic, José E Barboza-Corona. Agave: a natural renewable resource with multiple applications[J]. Journal of the Science of Food and Agriculture, 2020, 100 (15): 5324-5333.
[60] Walter M Warren-Vega, Rocío Fonseca-Aguiñaga, Linda V González-Gutiérrez, Luis A Romero-Cano. A critical review on the assessment of the quality and authenticity of Tequila by different analytical techniques: Recent advances and perspectives [J]. Food Chemistry, 2023, 48: 135223.
[61] Patricia Alejandra Becerra-Lucio, Elia Diego-García, Karina Guillén-Navarro, Yuri Jorge Peña-Ramírez. Unveiling the Microbial Ecology behind Mezcal: A Spirit Drink with a Growing Global Demand[J]. Fermentation-Basel, 2022, 8 (11): 662.
[62] Osvaldo Aguilar-Méndez, José Arnoldo López-Álvarez, Alma Laura Díaz-Pérez, Josue Altamirano, Homero Reyes De la Cruz, José Guadalupe Rutiaga-Quiñones, Jesús Campos-García. Volatile compound profle conferred to tequila beverage by maturation in recycled and regenerated white oak barrels from Quercus alba[J]. European food research and technology, 2017, 243 (12): 2073-2082.
[63] Sara Gisela Sánchez-Ureña, Roberto Emmanuel Bolaños-Rosales, Oscar Aguilar-Juárez, Luis Manuel Rosales-Colunga, Silvia Maribel Contreras-

Ramos, Erika Nahomy Marino-Marmolejo. Tequila Production Process Infuences on Vinasses Characteristics. A Comparative Study Between Traditional Process and Non-cooked Agave Process[J]. Waste and Biomass Valorization, 2022, 13 (7): 3183-3195.

[64] Etienne Waleckx, Juan Carlos Mateos-Diaz, Anne Gschaedler, Benoît Colonna-Ceccaldi, Nicolas Brin, Guadalupe García-Quezada, Socorro Villanueva-Rodríguez, Pierre Monsan. Use of inulinases to improve fermentable carbohydrate recovery during tequila production[J]. Food Chemistry, 2011, 124 (4): 1533-1542.

[65] Silvia G Ceballos-Magaña, Fernando de Pablos, José Marcos Jurado, María Jesús Martín, Ángela Alcázar, Roberto Muñiz-Valencia, Raquel Gonzalo-Lumbreras, Roberto Izquierdo-Hornillos. Characterisation of tequila according to their major volatile composition using multilayer perceptron neural networks [J]. Food Chemistry, 2013, 136 (3-4): 1309-1315.

[66] Scot M Benn Terry L Peppard. Characterization of tequila flavor by instrumental and sensory analysis[J]. Journal of Agricultural of Food Chemistry, 1996, 44 (2): 557-566.

[67] Belinda Vallejo-Cordoba, Aarón Fernando González-Córdova, María del Carmen Estrada-Montoya. Tequila Volatile Characterization and Ethyl Ester Determination by Solid Phase Microextraction Gas Chromatography/Mass Spectrometry Analysis [J]. Journal of Agricultural of Food Chemistry, 2004, 52 (18): 5567-5571.

[68] Araceli Peña-Alvarez, Santiago Capella, Rocío Juárez, Carmen Labastida. Determination of terpenes in tequila by solid phase microextraction-gas chromatography-mass spectrometry [J]. Journal of Chromatography A, 2006, 1134 (1-2): 291-297.

[69] Ana Celia Muñoz-Muñoz, Adam Charles Grenier, Humberto Gutiérrez-Pulido, Jesús Cervantes-Martínez. Development and validation of a High Performance Liquid Chromatography-Diode Array Detection method for the determination of aging markers in tequila [J]. Journal of Chromatography A, 2008, 1213 (2): 218-223.
[70] Marianne N Lund, Colin A Ray. Control of Maillard Reactions in Foods: Strategies and Chemical Mechanisms[J]. Journal of Agricultural of Food Chemistry, 2017, 65 (23): 4537-4552.
[71] Norma A Mancilla-Margalli, Mercedes G López. Generation of Maillard Compounds from Inulin during the Thermal Processing of Agave tequilana Weber Var. azul [J]. Journal of Agricultural of Food Chemistry, 2002, 50 (4): 806-812.
[72] Ivonne Wendolyne González-Robles, David J Cook. The impact of maturation on concentrations of key odour active compounds which determine the aroma of tequila [J]. Journal of The Institute of Brewing, 2016, 122 (3): 369-380.
[73] Luis Fernando Mejia Diaz, Katarzyna Wrobel, Alma Rosa Corrales Escobosa, Daniel Antonio Aguilera Ojeda, Kazimierz Wrobel. Identification of potential indicators of time-dependent tequila maturation and their determination by selected ion monitoring gas chromatography–mass spectrometry, using salting-out liquid-liquid extraction [J]. European Food Research and Technology, 2019, 245 (7): 1421-1430.
[74] Luis J Pérez-Prieto, Jose M López-Roca, Adrián Martínez-Cutillas, Francisco Pardo-Mínguez, Encarna Gómez-Plaza. Extraction and Formation Dynamic of Oak-Related Volatile Compounds from Different Volume Barrels to Wine and Their Behavior during Bottle Storage [J]. Journal of Agricultural of Food Chemistry, 2003, 51 (18): 5444-5449.

[75] Duthie G G, Pedersen M W, Gardner P T, Morrice P C, Jenkinson A Mc E, McPhail D B, Steele G M. The effect of whisky and wine consumption on total phenol content and antioxidant capacity of plasma from healthy volunteers[J]. European Journal of Clinical Nutrition, 1998，52（10）：733-736.

[76] Walter M Warren-Vega, Rocío Fonseca-Aguiñaga, Linda V González-Gutiérrez, Francisco Carrasco-Marín, Ana I Zárate-Guzmán, Luis A Romero-Cano. Chemical characterization of tequila maturation process and their connection with the physicochemical properties of the cask [J]. Journal of Food Composition and Analysis, 2021，98：103804.

[77] Efraín Acosta-Salazar, Rocío Fonseca-Aguiñaga, Walter M Warren-Vega, Ana I Zárate-Guzmán Marco A Zárate-Navarro, Luis A Romero-Cano, Armando Campos-Rodríguez. Effect of Age of Agave tequilana Weber Blue Variety on Quality and Authenticity Parameters for the Tequila 100% Agave Silver Class: Evaluation at the Industrial Scale Level [J]. Foods, 2021，10（12）：3103.

[78] 范文来，徐岩. 蒸馏酒工艺学[M]. 北京：中国轻工业出版社，2023.

[79] 王薇，邢龙飞. 韩国烧酒[J]. 酿酒，2009：36（3）：56-57.

[80] 宋怡田. 韩国烧酒的起源和发展[J]. 漯河职业技术学院学报，2012，11（4）：80-81.

[81] 方志. 韩国真露烧酎的特点[J]. 酿酒科技，2001，（5）：46.

[82] 周恒刚. 日本烧酒呈味物质[J]. 酿酒，1996，（6）：44-46.

[83]（日）西谷尚道. 日本烧酒的商品知识（上）[J]. 丁匀成，译. 酿酒科技，1994，（5）：60-63.

[84]（日）西谷尚道. 日本烧酒的商品知识（中）[J]. 丁匀成，译. 酿酒科技，1994，（6）：64-66.

[85]（日）西谷尚道. 日本烧酒的商品知识（下）[J]. 丁匀成，译. 酿酒科技，1995，（1）：48-52.

[86] 高筠. 我国白酒和国外蒸馏酒酒瓶形态比较研究[M]. 无锡：江南大学，2004.

[87] Śliwińska M, Wiśniewska P, Dymerski T, Wardencki W; Namieśnik J, Authenticity Assessment of the "Onisiówka" Nalewka Liqueurs Using Two-Dimensional Gas Chromatography and Sensory Evaluation[J]. Food Anal Method，2017，10（6）：1709-1720.

[88] Heffernan S P, Kelly A L, Mulvihill D M, Lambrich U, Schuchmann H P. Efficiency of a range of homogenisation technologies in the emulsification and stabilization of cream liqueurs[J]. Innov Food Sci Emerg Technol，2011，12（4）：628-634.

[89] Petrovic M, Vukosavljevic P, Durovic S, Antic M, Gorjanovic S, New herbal bitter liqueur with high antioxidant activity and lower sugar content: innovative approach to liqueurs formulations[J]. J Food Sci Technol-Mysore, 2019，56（10）：4465-4473.

[90] Heffernan S P, Kelly A L, Mulvihill D M. High-pressure-homogenised cream liqueurs：Emulsification and stabilization efficiency[J]. J Food Eng, 2009，95（3）：525-531.

[91] Bayram M, Kaya C, Effects of different tea concentrations and extraction durations on caffeine and phenolics of tea liqueurs: Some properties of tea liqueurs[J]. J Food Meas Charact, 2018，12（1）：285-291.

[92] Rodríguez Solana R, Salgado, J M, Domínguez J M, Cortés Diéguez S, Phenolic compounds and aroma‐impact odorants in herb liqueurs elaborated by maceration of aromatic and medicinal plants in grape marc distillates[J]. J Inst Brew, 2016，122（4）：653-660.

[93] Cendrowski A, Ścibisz I, Kieliszek M, Kolniak-Ostek J, Mitek M. UPLC-PDA-Q/TOF-MS Profile of Polyphenolic Compounds of Liqueurs from Rose Petals（*Rosa rugosa*）[J]. Molecules, 2017，22（11）：1832.

[94] Tabaszewska M, Najgebauer-Lejko D, Zbylut-Gorska M. The Effect of Crataegus Fruit Pre-Treatment and Preservation Methods on the Extractability of Aroma Compounds during Liqueur Production[J]. Molecules, 2022，27（5）.

[95] Fascella G, D Angiolillo F, Mammano M M, Granata G, Napoli E. Effect of Petal Color， Water Status， and Extraction Method on Qualitative Characteristics of Rosa rugosa Liqueur[J]. Plants, 2022，11（14）：1859.

[96] Smith D T. The Gin Dictionary[M]. London：Mitchell Beazley, 2018.

[97] Takabayashi T，Sasaki H，Shintaku Y，et al. Effects of a Medicinal Herbal Liqueur，‘Yomeishu’, on Post-operative Gynecological Patients[J]. Am J Chinese Med, 1990，18（1-2）：51-58.

[98] Kägi M K, Wüthrich B, Johansson S G O. Campari-Orange anaphylaxis due to carmine allergy[J]. The Lancet, 1994，344（8914）：60-61.

[99] 余畅. 中国啤酒产业市场结构、经营效率和绩效的关系研究[J]. 商展经济，2023，(15)：139-142.

[100] 林智平. 浅析中国啤酒高端化市场渠道发现与产品定位[J]. 中外酒业，2023，(13)：22-37.

[101] 刘群艺. 啤酒史话　为什么叫“啤”酒？[J]. 中外酒业，2023，(01)：10-11.

[102] RIVOLLAT M, JEONG C, SCHIFFELS S, et al. Ancient genome-wide DNA from France highlights the complexity of interactions between Mesolithic hunter-gatherers and Neolithic farmers[J]. SCIENCE ADVANCES, 2020，6（eaaz534422）.

[103] 刘憨憨，徐晨，孙明炀，等. 大麦中的重要蛋白质及其对啤酒酿造的影响研究进展[J]. 食品科学，2023，44（23）：194-201.

[104] 于欣禾，李明慧，孙珍. LC-MS/MS分析结合优化提取工艺探究啤酒中麸质蛋白[J]. 质谱学报，2022，43（02）：242-251.

[105] 倪敬田，夏鹏，代浩东，等．茶叶添加方式对酿造啤酒理化特性及感官品质的影响[J]. 农业工程学报，2021，37（13）：299-305.
[106] 于洪梅，赵寿经，王妮．低双乙酰啤酒酵母菌种的诱变及对啤酒酿造的影响[J]. 吉林大学学报：工学版，2021，51（05）：1919-1925.
[107] 周康熙，倪莉．制酒废弃物的来源、成分分析及综合利用途径[J]. 中国食品学报，2021，21（03）：392-404.
[108] 曾莉芬，吴凡．中国精酿观察[M]. 杭州：浙江工商大学出版社，258.
[109] 肖琳，刘倩，梁会朋，等．啤酒花挥发性有机化合物及感官特征分析[J]. 食品工业科技，2024，（16）：292-300.
[110] 尹瑞旸，刘霞，郭立芸，等．美拉德反应对啤酒风味的影响研究进展[J]. 中国酿造，2023，42（12）：1-8.
[111] 刘倩，贾建华，白艳龙，等．啤酒风味物质及分析技术研究进展[J]. 中国酿造，2023，42（08）：20-27.
[112] 魏华阳，武亚帅，侯雅馨，等．精酿啤酒风味及功能性研究进展[J]. 食品研究与开发，2023，44（16）：193-199.
[113] 陈华磊，黄克兴，郑敏，等．基于非靶向风味组学分析3种品牌啤酒的风味差异[J]. 食品科学，2021，42（06）：223-228.
[114] 赵川艳，尹永祺，杨正飞，等．制麦工艺对特种麦芽品质的影响[J]. 食品科学，2020，41（10）：21-28.
[115] Rogelio Valadez-Blanco, Griselda Bravo-Villa, Norma F Santos-Sánchez, Sandra I Velasco-Almendarez, Thomas J Montville. The Artisanal Production of Pulque, a Traditional Beverage of the Mexican Highlands [J]. Probiotics and Antimicrobial Proteins, 2012，4（2）：140-144.
[116] Dulce Gabriela Valdivieso Solís, Carlota Amadea Vargas Escamilla, Nayeli Mondragón Contreras, Gustavo Adolfo Galván Valle, Martha Gilés-Gómez, Francisco Bolívar, Adelfo Escalante. Sustainable Production of Pulque and Maguey in Mexico：Current Situation and Perspectives [J].

Frontiers in Sustainable Food Systems, 2021, 5: 678168.

[117] Castañeda-Ovando A, Moreno-Vilet L, Jaimez-Ordaz J,Ramírez-Godínez J, Pérez-Escalante E, Cruz-Guerrero A E, Contreras-López E, Alatorre-Santamaría S A, Guzmán-Rodríguezd F J, González-Olivares L G. Aguamiel syrup as a technological diversification product: Composition, bioactivity and present panorama[J]. Future Foods, 2023, 8: 100249.

[118] Robledo-Márquez K, Ramírez V, González-Córdova A F, Ramírez-Rodríguez Y, García-Ortega L, Trujillo J. Research opportunities: Traditional fermented beverages in Mexico. Cultural, microbiological, chemical, and functional aspects[J]. Food Research International, 2021, 147: 110482.

[119] Haydee Eliza Romero-Luna, Humberto Hernández-Sánchez, Gloria Dávila-Ortiz. Traditional fermented beverages from Mexico as a potential probiotic source[J]. Annals of Microbiology, 2017, 67 (9): 577-586.

[120] Sarah C Davis, Hector G Ortiz-Cano. Lessons from the history of Agave: ecological and cultural context for valuation of CAM[J]. Annals of Botany, 2023, 132 (4): 819-833.

[121] Rosa Isela Ortiz-Basurto, Gérald Pourcelly, Thierry Doco, Pascale Williams, Manuel Dornier, Marie-Pierre Belleville. Analysis of the Main Components of the Aguamiel Produced by the Maguey-Pulquero (*Agave mapisaga*) throughout the Harvest Period[J]. Journal of Agricultural and Food Chemistry, 2008, 56 (10): 3682-3687.

[122] Zahirid Patricia Garcia-Arce, Roberto Castro-Muñoz. Exploring the potentialities of the Mexican fermented beverage: Pulque [J]. Journal of Ethnic Foods, 2021, 8: 35.

[123] 顾复昌. 清酒——日本国家的名酒[J]. 酿酒科技, 2001, (01): 81-82.

[124] Nancy Matsumoto. Exploring the World of Japanese Craft Sake: Rice,

Water, Earth [M]. Clarendon: Tuttle Publishing, 2022.

[125] 杨荣华. 日本清酒的历史[J]. 酿酒，2005，(01)：98-100.

[126] 徐静波. 漫谈日本清酒[J]. 经济，2018，(21)：52-54.

[127] Yoshizawa K. Sake: Production and flavor[J]. Food Reviews International, 1999，15（1）：83-107.

[128] 郑佐兴. 日本清酒酿造工艺[J]. 微生物学杂志，1994，(02)：58-61.

[129] Zhang Kaizheng, Wu Wenchi, Yan Qin. Research advances on sake rice, koji, and sake yeast: A review[J]. Food Science & Nutrition, 2020, 8（7）：2995-3003.

[130] 陈曾三. 日本清酒酿造用米品质要求[J]. 酿酒科技，2002，(04)：75-76.

[131] 吕永轩. 清酒风味品质及其关键影响因素的研究[D]. 无锡：江南大学，2023.

[132] 傅金泉. 日本清酒芳香成分研究概述[J]. 酿酒科技，2000，(02)：73-76.

[133] 方建清. 日本清酒标签之解读[J]. 酿酒，2011，38（06）：58-60.

[134] 李颖，郑博文，李新月，程蒙，刘根喜，王雅南，王红阳，杨光. 浅谈中国黄酒与日本清酒[J]. 中国食品药品监管，2024，(04)：134-139.

[135] 李艳华. 日本清酒及其饮法[J]. 保健医苑，2007，(10)：48-49.

[136] 段宏芳. 日本饮食文化中专有名词的隐喻认知——评《日本饮食文化历史与现实》[J]. 中国酿造，2021，40（06）：218.

[137] 日本枻出版社. 清酒：一本书读懂清酒和清酒文化[M]. 海口：南海出版公司，2018.

[138] 马艳波，程跃. 清酒与日本原生文化关系研究[J]. 酿酒科技，2014，(12)：106-108.

[139] 周江. 日本酒文化散论——以居酒屋为例[J]. 河南农业，2018，(18)：60-61.

[140] 陈强. 中国白酒与日本清酒酒名命名方法比较[J]. 辽宁师专学报：社会科学版，2022，(01)：21-23.

[141] 王月. 日本清酒包装中的字体设计研究[D]. 南京：南京师范大学，2021.

[142] 陈中慧. 如何发挥企业纪念馆的社会价值——以日本京都月桂冠酒厂大仓纪念馆为例[J]. 文化产业，2020，(05)：92-93.

[143] 陈升钦. 日本KZ株式会社的发展战略研究[D]. 泉州：华侨大学，2021.

[144] 叶潇蕊. 白鹤清酒广告设计[D]. 杭州：浙江理工大学，2015.

[145] Kim M K, Nam P W, Lee S J, Lee K G. Antioxidant activities of volatile and non-volatile fractions of selected traditionally brewed Korean rice wines[J]. Journal of the Institute of Brewing, 2014，120（4）：537-542.

[146] Nile S H. The nutritional, biochemical and health effects of makgeolli—a traditional Korean fermented cereal beverage[J]. Journal of the Institute of Brewing, 2015，121（4）：457-463.

[147] Park J S, Song S H, Choi J B, Kim Y S, Kwon S H, Park Y S. Physicochemical properties of Korean rice wine（Makgeolli）fermented using yeasts isolated from Korean traditional nuruk, a starter culture[J]. Food Science and Biotechnology, 2014，23（5）：1577-1585.

[148] Shimoga G, Kim S Y. Makgeolli—The Traditional Choice of Korean Fermented Beverage from Cereal: An Overview on its Composition and Health Benefits[J]. Food Science and Technology, 2021，42：e43920.

[149] Wong B, Muchangi K, Quach E, Chen T, Owens A, Otter D, Phillips M, Kam R. Characterisation of Korean rice wine（makgeolli）prepared by different processing methods[J]. Current Research in Food Science, 2023，6：100420.